跨境流域水文变化归因及生态影响

——澜沧江-湄公河案例

何大明　季　漩　罗　贤　李运刚等　著

科 学 出 版 社

北　京

内 容 简 介

跨境流域的资源环境问题，具有区域独特、问题敏感、归因复杂的极大研究难度。本书以研究基础较好、广受国内外关注的澜沧江-湄公河流域为案例，分析跨境流域研究进展与水文地理特征；构建流域水环境变化监测与大数据平台；量化揭示流域水文过程对气候变化与梯级水电开发、土地利用与覆盖变化等驱动的区域响应及其生态影响；多尺度评估流域水文变化对鱼类的生态效应，提出鱼类资源保护模式。

本书作为认知跨境流域水文变化归因及生态影响的科学基础，可为水文、地理、气候、生态、农业、遥感、环境等领域的相关科研人员、政府管理人员及高校师生提供参考。

审图号：GS 川(2023)214 号

图书在版编目(CIP)数据

跨境流域水文变化归因及生态影响：澜沧江-湄公河案例 / 何大明等著. —北京：科学出版社，2024.3
ISBN 978-7-03-069499-7

Ⅰ. ①跨… Ⅱ. ①何… Ⅲ. ①澜沧江-流域-区域水文学-研究②湄公河-流域-区域水文学-研究 Ⅳ. ①P344.27 ②P344.35

中国版本图书馆 CIP 数据核字（2021）第 154571 号

责任编辑：李小锐 郑述方 / 责任校对：彭 映
责任印制：罗 科 / 封面设计：墨创文化

科 学 出 版 社 出版

北京东黄城根北街16号
邮政编码：100717
http://www.sciencep.com

成都锦瑞印刷有限责任公司 印刷
科学出版社发行 各地新华书店经销

*

2024 年 3 月第 一 版 开本：787×1092 1/16
2024 年 3 月第一次印刷 印张：14 1/4
字数：338 000
定价：228.00 元
（如有印装质量问题，我社负责调换）

本书的撰写和出版，得到国家重点研发计划项目"跨境水资源科学调控与利益共享研究"（2016YFA0601600）和云南省人才发展专项"云南省何大明国际河流研究工作室"（K264202011220）等资助。

《跨境流域水文变化归因及生态影响
——澜沧江–湄公河案例》

著 者 名 单

主笔　何大明　季　漩　罗　贤　李运刚

成员　王海龙　樊　辉　陆　颖　王国庆

　　　丁城志　杨璐忆　王　芬　罗　璇

　　　李娅婷　张　静　袁　旭　程馨雨

　　　王加红　杨　科

前　　言

21 世纪以来，全球变化及影响日益加强趋势下，厘清地表过程对气候变化与人类活动驱动的响应规律及作用机制，是全球变化研究的一个核心科学问题；揭示并量化表达气候变化与人类活动对地表过程关键要素变异驱动的贡献分解，既是其研究的前沿，也是其研究的难点。在跨境流域尺度上，水道系统的连通性、河水的流动性和生态系统的完整性，突破了流域国家边界的约束，其跨境资源环境问题，具有区域独特、问题敏感、归因复杂的极大研究难度。

2020 年与 2021 年《联合国世界水发展报告》指出，气候变化下的亚洲跨境流域面临着较高的水安全风险，尤其是大尺度跨境流域存在观测站点稀疏、信息不对称等因素导致的基础资料缺失，对流域的水资源管理提出极大的挑战。面对越来越强烈的全球变化影响和地缘政治经济关系变化影响，如何有效地揭示跨境流域水文变化归因及生态影响，需要新的知识体系：①新的科学知识，如流域尺度的变化归因、变化影响及区域(流域上下游、左右岸、干支流以及流域国间的差异)响应研究，流域尺度的综合发展战略和协调管理机制研究等；②新的监测与评估方法技术，如流域尺度的监测、模拟、预测、评价方法技术等；③新的信息技术，如流域跨境资源环境和社会经济大数据平台等。

在跨境流域尺度上揭示水文变化归因及生态影响，更强调国际河流水系集水区的整体性和研究的综合性与国际视野。长期以来，因研究问题敏感、复杂并需要流域国家间的合作，导致研究进展较滞后。从世界范围看，跨境流域集中、区域社会经济条件和国际地缘关系相对好的欧洲，其对跨境流域的研究、开发和保护，进展比其他各大洲都好；其次是国际关系相对稳定的美洲，其中，经济条件和地缘关系较好的北美洲比南美洲情况更好一些；社会经济发展相对滞后的非洲，由于前期研究和合作基础好，其对跨境流域的研究整体上也优于亚洲；亚洲一些跨境流域的地缘合作开展得早，但从流域尺度进行研究、开发和管理的合作进展较慢。

在跨境流域的资源环境问题中，跨境水安全与生态安全问题最为敏感。21 世纪以来，在澜沧江-湄公河流域，因水文及生态变化引发的水安全及生态安全问题，影响极为广泛，引发的跨境纠纷也最多。如何从流域尺度揭示其水文、生态、生源要素过程及归因，量化评估变化的累计效应、跨境影响及其时空分异特征，明晰在各流域国家的差异，不仅是澜沧江-湄公河流域国家合理开发利用其跨境水资源、保护生态环境、保障水安全与生态安全的科学基础，也是国家间通过外交途径解决跨境争端问题的科学基础。

本书以研究基础较好、广受国内外关注的澜沧江-湄公河流域为案例，分析了跨境流域研究进展与水文地理特征；构建了流域水环境变化监测与大数据平台；量化揭示了流域水文过程对气候变化与梯级水电开发、土地利用/覆盖变化等驱动的区域响应及其生态影响；多尺度评估了流域水文变化对鱼类的生态效应，提出了鱼类资源保护模式。

本书由多位作者参与撰写完成。其中：第 1 章，何大明；第 2 章，季漩、杨璐忆；第 3 章，罗贤、王芬；第 4 章，王国庆；第 5 章，李运刚、罗璇；第 6 章，樊辉、李娅婷、张静；第 7 章，陆颖、王海龙、袁旭、王加红；第 8 章，王海龙、丁城志、程馨雨、杨科。

澜沧江-湄公河流域观测数据缺乏、气候变化及人类活动对地表过程影响复杂，对全面及正确认识流域水文变化归因及生态影响造成了一定的困难。另外，我们的认知水平及积累尚有不足，本书存在疏漏之处，竭诚欢迎广大读者批评指正。

二〇二四年一月十五日

目　　录

第1章　跨境流域研究综述

跨越或形成国家边界的河流，统称国际河流(international river)，其有别于国内河流的最大特点是"跨境"(何大明等，2014)。国际河流所在的集水区称为跨境流域(transboundary river basin 或 transboundary watershed)或国际河流流域(international river basin)(De Stefano et al.，2012)。国际河流的内涵相对宽泛，但缺乏整体概念，其研究范围通常是跨境流域的一部分；跨境流域更强调国际河流水系集水区的整体性、研究的综合性及国际或跨境视野。因此，本书统一采用"跨境流域"。

1.1　跨境流域概况

在自然属性方面，跨境流域与国内河流没有本质的不同，其根本的区别在于社会属性的差异(跨越或形成国家边界)。各流域国之间的社会经济发展层次、科学技术发展水平(包括技术标准)和管理政策(包括体制或机制)等的差异，导致同一跨境流域下垫面条件及其变化驱动因子的差异。在跨境流域尺度上，水道系统的连通性、河水的流动性和生态系统的完整性，突破了流域国家边界的约束，其跨境资源环境问题，如水文与生态环境变化的跨境影响，因涉及国家主权和地缘安全，具有区域独特、问题敏感、归因复杂的极高研究难度。

相对于国内河流而言，跨境流域的变化，特别是其数量的变化，不仅受自然因素(如地震、洪水)的影响，更受地缘政治关系的影响。自20世纪90年代初期以来，随着国家政治地理疆界的变化和空间信息科学技术(主要是全球数字高程模型)的进步，跨境流域数量也发生了极大变化，从1978年的214个增至2017年的310个(表1.1)。

表 1.1　1978～2017 年全球跨境流域数量的变化

年份	跨境流域数量 /个	跨境流域面积占 全球陆地面积的 比例/%	跨境流域水资源占 全球河川径流水资 源的比例/%	跨境流域人口 占全球人口的 比例/%	涉及国家 /个	来源
1978	214	—	—	—	—	UN，1978
1999	263	47	60	40	145	Wolf et al.，1999
2013	276	—	—	—	148	UN-Water，2013
2016	286	42	54	42	151	UNEP，2016
2017	310	47	—	52	—	De Stefano et al.，2017

全球跨境流域分布广泛，如 2016 年统计的 286 个跨境流域，其跨境流域面积占全球陆地面积的 42%，跨境流域水资源占全球河川径流水资源的 54%，跨境流域人口占全球人口的 42%，涉及 151 个国家(表 1.1)。中国与周边国家主要的跨境流域有 17 个(表 1.2)，其中，近 20 年最受关注的有鸭绿江流域、图们江流域、黑龙江-阿穆尔河流域、伊犁河流域、阿克苏河-塔里木河流域、森格藏布-印度河流域、澎曲-恒河流域、雅鲁藏布江-布拉马普特拉河流域、独龙江-伊洛瓦底江流域、怒江-萨尔温江流域、澜沧江-湄公河流域(简称澜湄流域)、元江-红河流域。珠江流域虽然流域面积大、水量丰富、社会经济较发达，但因只有 2 条支流发源于越南，99%的流域面积在我国，其在跨境流域方面的战略地位并不突出。

表 1.2　中国与周边国家主要跨境流域

区位	名称	所属水系	流域国家
中国东北-东北亚	(1)黑龙江-阿穆尔河	太平洋	中国、俄罗斯、蒙古国
	(2)鸭绿江	太平洋	中国、朝鲜
	(3)图们江	太平洋	中国、朝鲜、俄罗斯
	(4)绥芬河	太平洋	中国、俄罗斯
中国西北-中亚	(1)额尔齐斯河-鄂毕河	北冰洋	中国、哈萨克斯坦、俄罗斯、蒙古国
	(2)乌伦古河	内陆河	中国、蒙古国
	(3)额敏河	内陆河	中国、哈萨克斯坦
	(4)伊犁河	内陆河	哈萨克斯坦、中国
	(5)阿克苏河-塔里木河	内陆河	中国、吉尔吉斯斯坦、塔吉克斯坦
中国西南-南亚	(1)雅鲁藏布江-布拉马普特拉河	印度洋	中国、不丹、印度、孟加拉国
	(2)澎曲-恒河	印度洋	中国、尼泊尔、印度、孟加拉国
	(3)森格藏布-印度河	印度洋	中国、印度、巴基斯坦、阿富汗
	(4)独龙江-伊洛瓦底江	印度洋	中国、缅甸、印度
	(5)怒江-萨尔温江	印度洋	中国、缅甸、泰国
中国西南-东南亚	(1)澜沧江-湄公河	太平洋	中国、缅甸、老挝、泰国、柬埔寨、越南
	(2)元江-红河	太平洋	中国、越南、老挝
	(3)珠江	太平洋	中国、越南

中国因发育了亚洲主要国际河流，是亚洲乃至全球最为重要的跨境流域上游国家。中国跨境流域面积约占陆地国土面积的 1/4，地表跨境流域水资源约占全国河川径流水资源的 1/3，中国 50%以上的水能资源和 1/3 的陆疆边境线分布于跨境流域区(何大明等，2014)。因此，中国跨境流域的资源环境问题直接关系到国家的西部发展、水安全、粮食安全、能源安全、生态安全、国土安全及周边安全，其对国家的可持续发展、地缘政治经济合作以及国家的周边水外交与环境外交等有重大影响。

跨境流域的资源环境问题中，水文及生态变化引发的水安全及生态问题影响极为广泛，引发的跨境纠纷也最多；跨境流域水资源的合理利用与科学调控、国际水分配与利益共享、跨境补偿与权益保障等，涉及科技、政治、外交、法律等多个层面，应在全流域尺度上照顾各流域国的合理关切，平衡各流域国的正当利益诉求；解决跨境流域水安全调控与利益共享所涉及的关键问题，亟须相关学科的深度交叉融合。

1.2　研究进展与存在问题

1.2.1　研究进展

从流域尺度和国际视野对跨境流域资源环境的研究，因涉及问题敏感、复杂和需要流域国家间的合作，进展较滞后。从世界范围看，跨境流域集中、区域社会经济条件和国际地缘关系相对好的欧洲，其对跨境流域的研究、开发和保护进展比其他各大洲都好；其次是国际关系相对稳定的美洲，其中，经济条件和地缘关系较好的北美洲比南美洲情况更好一些；社会经济发展相对滞后的非洲，由于前期研究和合作基础好，其对跨境流域的研究整体上也优于亚洲；亚洲一些跨境流域的地缘合作开展得早，但从流域尺度进行研究、开发和管理的合作进展较慢。

20 世纪 90 年代后期，云南省地理研究所的国际河流研究小组，在国家自然科学基金重点项目等支持下，在国内率先从流域尺度和跨境视野开展跨境流域研究，对中国与周边国家共享的 15 个跨境流域的水文地理特征、社会经济现状和面临的问题等方面进行了综合研究，出版了中国第一部国际河流著作《中国国际河流》(何大明等，2000)。在此基础上，该研究团队开展了我国西南与东南亚、南亚五大跨境流域资源环境本底、水文地理特征、水文生态过程变化规律及归因、国际水分配和多目标合理利用、区域生态环境变化与跨境影响、界河变动与国土安全、国际河流开发与地缘合作等综合研究，系统性地发表了大量学术论文，出版了系列著作，逐步建立起中国跨境流域研究的理论基础。

进入 21 世纪，在经济全球化和全球变化日益加强趋势下，相关研究从不同尺度探讨全球环境变化和人类活动影响下的水循环及与之相关的资源与环境问题，使其成为水科学研究的热点和前沿(Vörösmarty et al.，2000，2010)。在跨境流域，气候变化与人类活动对流域水文-水生态-水环境的影响、跨境水资源冲突与合作等是研究的前沿问题；跨境水纠纷、跨境水分配与利用则是研究的热点；合理的水权界定与划分规则，水资源公平合理利用模式与权益保障机制，以及跨境生态安全、跨界含水层、跨境水争端解决机制等是研究的难点；跨境水安全-粮食安全-能源安全-生态安全的关联研究是当前的主要发展趋势(He et al.，2017)。

《国际水道非航行使用法公约》于 2014 年生效后，国际上对跨境流域的研究进一步受到广泛关注，但从跨境流域尺度特别是从全球跨境流域尺度进行的研究仍然缺乏。近年来，联合国环境规划署(United Nations Environment Programme，UNEP)等基于水量、水质、生态系统、治理和社会经济 5 个专题组别的 15 项核心评估指标对全球 286 个跨境流域进行了全面的分析和评估。研究表明(UNEP，2016)，受气候变化、水利水电工程建设和社会经济用水增加等影响，跨境流域的水压力特别是环境用水压力增大，约 9 亿人生活在受水灾和旱灾威胁程度很高的流域(这些跨境流域主要集中在亚洲中部及西南部、美洲中南部和非洲的大部分地区)；生活在跨境流域的 14 亿人(约占总人口的 50%)面临日益严峻的富营养化风险；跨境流域 80%以上的人口和 70%的面积面临中等到很高的生物灭绝风险。

研究认为，随着气候变化、社会经济发展及人口增长，这些风险在今后 15～30 年将上升。针对人口增长和水需求增加对全球跨境流域水压力的影响，De Stefanoa 等(2017)分析了跨境流域上游国家水资源开发对下游国家水压力的影响，认为全球 288 个跨境流域中，下游国家的水压力因上游的水利用至少增加 1%，影响 2.9 亿～11.3 亿人口。

发源于我国西南地区的澎曲-恒河、森格藏布-印度河、雅鲁藏布江-布拉马普特拉河、独龙江-伊洛瓦底江、怒江-萨尔温江、澜沧江-湄公河、元江-红河，是亚洲大陆水资源、水电能源、生物多样性和文化多样性等的集中分布区；其上游在我国境内，也是国家水电能源基地、生态屏障和我国与东南亚、南亚国家地缘政治经济合作的关键区。21 世纪以来，该区系列大规模的基础设施建设，如梯级水电站、交通运输体系(特别是跨境公路、铁路、航道、油气管道)等所引起的日益突出的跨境资源环境问题，不仅在国内引起过诸多争议，更在国际上引发了广泛的讨论。Kattelus 等(2015)评估了这些跨境流域的生态环境和社会经济状况，认为各跨境流域下游地区的变化更具复杂性和敏感性，而地处上游的中国在这些跨境流域的社会经济发展和生态环境保护中发挥着举足轻重的作用；研究进一步指出，面对大规模的水利水电工程建设、快速的城市化过程和农业灌溉发展，需要流域国家共同参与，多尺度地开展流域-区域跨境资源环境问题的研究。

在亚洲大陆的跨境流域中，研究进展差距极大。中国西南与南亚最为重要的雅鲁藏布江-布拉马普特拉河流域，是目前全世界整体综合研究基础最为薄弱的大型跨境流域。中国与东南亚最大的跨境流域——澜湄流域研究进展最好，主要得益于湄公河委员会过去 50 多年来的持续贡献和 21 世纪以来中国对该流域合作的大力支持。近年来，除了气候变化影响外，从流域国家到国际社会，都较为关注该跨境流域梯级水电开发的社会经济和生态环境变化的影响。

跨境流域水文水资源与生态环境变化的影响跨越国界，成为科学研究难题，其中，尤以水电开发相关的跨境影响问题最为敏感。梯级大坝的建设和运行，极大地改变了流域天然河川径流的时空分配模式、河流泥沙输送和冲淤变化规律，来自上游的污染物在水库中滞留转化，使水库成为二次污染源，对河流水域生态环境产生影响，并通过水库泄水将影响带至下游；大坝阻断了河流的连通性，导致水域生态系统(包括河岸两侧的陆生生态系统)破碎化，影响生物多样性；大坝库区和移民安置区人居环境、土地利用方式、社会经济发展等也会发生较大改变。在流域及区域层面，大规模梯级水电开发，会带来下垫面条件和近地表水汽循环的改变，进而大尺度影响水文过程及生态过程。

2000 年以来，在中国与东南亚、南亚跨境流域，针对备受关注的重大工程主驱动下水文生态变化归因、影响评估及安全调控等关键难题，本研究团队通过自主研发，克服了跨境流域研究基础薄弱、关键数据和技术规范缺失等诸多瓶颈，创建了跨境流域水文生态变化评估体系，团队研发的相关调控技术在境内外跨境流域得以应用，取得如下突出创新研发成果。

1)跨境流域生态环境大数据

以澜沧江流域为案例建立的跨境流域水环境监测信息系统，实现了流域水环境、气象环境历史与实时数据的统一管理，预设了水动力水质模拟预警功能，可接收野外示范区长效、免维护、自动监测设备的回传数据和计划开展的常规性水环境监测数据，实现了 20 世纪 90 年代以来流域内 70 万条各类水环境、生态要素和水库运行数据的同源异构规整化；统一规范了澜沧江鱼类 184 个物种名称，建立的鱼类多样性及栖息地空间格局数据库具有按物种或河段(库区)快速查询等功能。在此基础上，进一步开展了跨境流域遥感信息采集与分析，目前正待出版的《东南亚南亚国际河流生态与环境遥感图集》，首次系统性地介绍东南亚、南亚跨境流域生态与环境现状。

2) 跨境流域梯级水电开发生态风险评估与多尺度规避

以怒江流域为案例，提出并应用了关键生态敏感对象概念和评估理论框架，界定了生态敏感对象类型和评判指标；制定了关键生态敏感对象(如具有高保护价值的自然和人文对象、需要规避的大型山地灾害等)判识及类型划分标准，从生态功能性、脆弱性和管理相关性等维度，进行敏感度评估和风险区划；针对大坝建设关键风险源，从梯级电站开发规模与强度(大坝高、大坝数)、空间布局(坝址选取)、开发方式(堤坝式、引水式、混合式)等方面提出了生态风险多尺度规避模式；将该成果推广应用到"三江并流区"，构建了流域-区域多尺度梯级水电开发生态风险综合规避方案。

3) 跨境流域高坝大库生态环境变化累积效应监测评估

以小湾高坝大库为原型，自主研发了水温、泥沙分层采集，超深水探视，坝下溶解性气体监测，分布式消落带土壤水分和重金属变化监测，网箱养殖水环境自动化监测等成套技术，攻克了水深大于 150m 高坝大库水域生态环境变化监测技术瓶颈，首次实现了库区水下 200m 范围内水温数据连续采集；在糯扎渡等电站对该成果进行推广应用，建立了含 21 个干支流站点的澜沧江流域水环境同步连续监测和评估示范基地；基于多要素监测数据，明晰了大坝的水文生态累积影响。

4) 跨境流域梯级水电开发对水生生物影响评估与保护

以澜沧江流域为案例，基于多年鱼类和底栖动物监测数据，系统研究了梯级水电开发后水生生物物种组成及其空间分布格局的变化规律，并从分类、系统发育和功能多样性层面量化了鱼类和底栖动物群落结构和功能的变化，明确了水生生物群落变化的主要驱动力及其机制。在对不同河段的水生生物威胁因素进行分析和识别的基础上，研发并实践了梯级水电开发科学规划、支流拆坝与生境替代、受威胁鱼类增殖放流等措施，并取得显著的保护成效。

5) 跨境流域绿色水电开发多尺度评估

将生态成本、生态红线纳入流域水电生态风险评估体系，多尺度判识水电开发对河流生态系统服务功能的影响，从自然和社会两方面，构建了水电梯级开发评估准则、指标及阈值体系；从"单级电站—梯级开发河段—流域—区域"多尺度，构建了水电开发生态成本的表征指标体系和量化方法，建立了兼顾生态成本的单级和梯级开发适宜性评价方法，制定了绿色水电评价技术标准，形成了流域水电可持续发展评价规范；通过评估水电开发的环境-经济-社会综合影响，建立了绿色水电评价技术导则。

6) 跨境流域多国界河段枢纽工程水安全及生态安全调控

以澜湄流域中国-缅甸-老挝-泰国界河段为案例，基于长系列水文观测数据、生态环境变化监测数据和航电枢纽工程运行信息，利用系统动力学和累积影响分析方法，建立了河流水文、生态变化特征与枢纽工程联合运行的关系，研发出耦合生态与发电目标的水库群优化调度新技术，提出了缓解工程生态影响的调控方案，解决了多国界河枢纽工程水-生态-经济多目标优化调度难题，极大地减少了跨境水冲突，消除了下游国家对上游枢纽工程跨境影响的疑虑。

1.2.2　存在问题

全球跨境流域分布广泛，各自所处的自然环境、社会经济条件、科技发展水平、地缘关系等，都具极大的时空分异性，其科学研究、合作开发和管理协调等也表现出明显的差异。总体上，各跨境流域都面临一些共同的挑战，如监测站网稀缺，标准不规范，流域尺度的基础信息缺失、数据混乱，信息共享与多边合作困难等，导致全球大多数跨境流域的研究基础薄弱，达成共识的综合科学认识缺乏，阻碍了流域国家特别是上下游国家之间的互信与合作(何大明等，2014；He et al.，2017)。目前，从跨境流域尺度开展科学研究、合理利用和协调管理的科技合作，面临如下三大挑战。

1) 跨境流域资源环境本底不清、关键数据缺失、信息共享困难

跨境流域的资源环境本底不清、关键数据缺失、信息共享困难的影响因素主要来自四方面：①跨境流域资源环境问题，涉及流域国家间的资源与环境安全、发展权益和地缘关系等多方面，历来敏感，难以合作开展科学考察和研究；②各流域国家以行政单元统计的社会经济信息，不能真实地反映流域的实际情况；③在许多跨境流域，对一些敏感的数据，如水文与生态环境监测数据、矿产资源信息和社会经济发展规划信息等，流域国家将其列入保密范畴，限制共享；④流域国家之间获取资源环境信息的采集设备、技术规范、记录长度等有差异，导致跨境信息不对称、数据不一致和流域管理碎片化。这些状况的存在，使得流域国家和国际社会在应对跨境纠纷时，缺乏足够的科学依据来评估跨境影响、消除误解和促进增信释疑。

2) 缺乏从流域整体、多学科和历史思路角度的综合研究

缺乏跨境流域的综合研究，有许多的现实制约因素。例如，跨境流域的水资源从易到难大致有三种分配模式：按项目分配、按流域总水量分配和按流域综合规划方案分配。按流域综合规划方案分配是最高层次的分配模式，能充分考虑各流域国家的水利用现状、发展需求和共同利益。但是这种分配模式，在全球众多的跨境流域中很少实现，其根本原因就是缺乏流域水资源综合发展规划方案。通常，流域国家都倾向于将其领土内的依托关键资源发展的支柱产业(特别是具备战略资源价值的优势资源产业)计划、国家发展规划和地缘战略等，视为资源主权、发展优先权乃至国家安全的敏感范畴，难以开展流域尺度、多

学科和历史思路角度的综合研究；如果流域国家间没有强烈的合作意愿和坚实的传统友谊，更不可能从流域尺度上进行合作开发利用、协调管理和有效保护。

3) 缺乏跨境重大灾害特别是突发事件的风险管控机制及应对策略研究

在亚洲大陆的跨境流域，其生态环境的变化受到季风的强烈驱动，上游地区大面积位于地势高寒的冰冻圈内，中下游地区的界河较多，在气候变化与人类活动影响下，突发性跨境灾害多发、频发，跨境水安全与生态安全风险日益突出。诸如中国东北部与东北亚地区的跨境水污染问题、地下水位下降问题和界河区国土安全问题，西北地区与中亚的干旱缺水问题、国际水分配问题和跨境含水层变化问题，中国西藏与南亚地区的极端水文事件(突发性冰湖溃缺洪水)问题、冰雪融水变化与径流响应问题，中国云南与东南亚地区的水文情势多变(出境水位、流量变化)与梯级水电站生态调度问题等，尽管影响强烈，但在流域尺度上的研究基础却极为薄弱，导致跨境问题的误解、误判风险高，灾害预警与危机管控能力弱。特别地，缺乏流域水资源系统脆弱性及其时空分异对气候变化的响应研究，导致跨境水安全风险评估及管控困难。

1.3 研 究 展 望

面对越来越强烈的全球变化影响和日益突出的地缘政治经济关系变化，有效地揭示跨境流域水文变化归因及生态影响，需要新的知识体系：①新的科学知识，如流域尺度的变化归因、变化影响及区域(流域上下游、流域国之间)响应研究，流域尺度的发展战略和协调管理机制研究等；②新的方法技术，如流域尺度的监测、模拟、预测、评价方法技术等；③新的信息技术，如流域跨境资源环境和社会经济大数据平台等。

1.3.1 跨境流域资源环境与社会经济大数据

数据资料的不确定性是影响流域水循环模拟不确定性的关键因素之一。基于空间信息和人工智能(artificial intelligence，AI)技术，开展多源信息融合技术研究，构建大数据平台，可能是解决跨境流域资源环境信息一致性、规范化监测数据缺失和信息共享难题的有效途径。

研发大尺度跨境流域多源信息融合技术，综合构建气候、水文和陆面综合信息计算与服务平台，是未来跨境流域研究技术突破的新增长点。通过 Python 编程持续采集跨境流域的多级遥感影像、地形地貌、基础矢量、三维模型、河流流域信息、水文要素、土地利用类型、人口分布、交通网络及经济指标等多源、多类别数据，基于地理结构单元进行数据多源异构融合，可形成大数据平台基础结构；整合遥感特征识别技术[局部二元模式、空间金字塔匹配(spatial pyramid matching，SPM)]、长短期记忆网络(long short term memory，LSTM)、信息熵及互信息等理论模型，可研发跨境流域多时空尺度水文过程模拟、资源承载能力、环境风险预测等技术；基于此平台可促成流域地表过程模拟、季风交汇与流域水文循环模拟、水域生态与河流健康监测与跨境生态安全等方向的实践应用。

澜湄流域正在构建和完善的大数据平台着眼于以下三个方面：①深度耦合用电需求、电网负载、发电能力和生态目标，提出兼顾上下游水生生态保护与发电效益的澜沧江绿色水电调度方案和实施规程，解决以往生态研究与电站实际运行脱节的难题；②利用开源遥感及实际观测数据，基于机器视觉、深度学习和信息熵理论，研发大数据驱动的流域中短期水情预测和水旱灾害预警技术；③汇总积累各类数据，发展流域水文模型和水生态系统模型，揭示气候变化和人类活动(大型水电开发等)对澜湄流域生态系统的影响机理，为全球变化区域响应研究及南亚、东南亚大河流域生态保护与修复积累基础数据。这类研究，可服务于地方可持续发展、国家生态安全屏障建设和绿色"一带一路"倡议等生态环境信息需求。

1.3.2　跨境流域水文、生态变化归因及影响

厘清地表过程对气候变化与人类活动驱动的响应规律及作用机制，是全球变化研究的一个核心科学问题；揭示并量化表达气候变化与人类活动对地表过程关键要素变化驱动的贡献，既是研究的前沿，也是研究的难点。在国际河流区，跨境水安全与生态安全问题最为敏感，产生的跨境纠纷最多；从流域尺度揭示水文、生态、生源要素过程及归因，量化评估变化的累积效应、跨境影响及其时空分异特征，明晰各流域国家的差异，不仅是流域国家合理开发利用其跨境水资源、保护生态环境、保障水安全与生态安全的科学基础，也是国家间通过外交途径解决跨境争端问题的科学基础。因此，量化揭示气候变化和人类活动影响下跨境流域水文及生态过程变化归因、累积效应及跨境影响，对流域国家合理分配跨境水资源、共享水利益和管控跨境水安全风险至关重要。

在澜湄流域，其水文、生态过程的关键影响因素主要包括季风交汇，梯级水电站、航道整治工程建设及其运行扰动，流域国家社会经济发展与区域多层次地缘合作对下垫面条件的改变等。可通过多传感器降水测量资料的有效融合构建高分辨率气象数据集，并据此驱动地表水文机理模型，模拟冰雪积累与消融，以及与河流、湖泊和湿地有关的水文过程，进而对相关水文循环的历史过程进行解析；在此基础上，集成研发适用于"季风交汇区-复杂下垫面"的分布式流域水文模型，揭示径流对气候变化、土地利用/覆盖变化(land use-cover change，LUCC)、梯级水电开发等的响应机制，系统辨识并量化表达气候变化和人类活动对径流变化的贡献以及区域差异，预估全球气候变化和人类活动双重驱动下流域未来水文情势及其生态影响。以上这些研究，可为该流域的合作开发、保护与管理等提供科技支持。

1.3.3　跨境流域"水-能源-粮食-生态"耦合关系

从流域尺度强调跨境流域"水-能源-粮食-生态"耦合关系的综合研究，是当前水文水资源科学、地理学、生态学与环境科学等对流域资源环境问题进行多学科交叉研究的热点(何大明等，2016；罗贤等，2019)。全球化与全球变化趋势下，国际河流跨境水资源的公

平分配、合理利用、有效保护和协调管理,已成为维护区域食物安全、饮水安全、能源安全,消除地区差异和冲突,推动地缘政治经济合作的重要议题。亚洲大陆的跨境流域,特别是中国西南与东南亚、南亚的跨境流域,在水资源、水能资源、土地资源和生物多样性资源等多方面,上下游之间具有较好的互补优势。在绿色"一带一路"倡议下,发挥亚洲大陆跨境流域国家在资源、市场、技术等方面的互补优势,为流域国家从跨境流域-地缘合作区域多尺度,开展"水-能源-粮食-生态"耦合关系研究,提供了得天独厚的地缘优势和难得的历史机遇。其中,澜湄流域合作,在 6 个流域国家的共同参与和推动下,发展迅速,作为旗舰合作领域的跨境水资源合作,虽然取得了突出的合作成效,但在跨境流域尺度上的水资源科学调控与利益共享等问题仍面临诸多挑战。

2016~2021 年,云南大学与清华大学、武汉大学、水利部交通运输部国家能源局南京水利科学研究院、水利部国际经济技术合作交流中心和中国水利水电科学研究院的跨境水资源研发团队,在国家重点研发计划项目"跨境水资源科学调控与利益共享研究"的支持下,将河流健康与流域生态安全思路引入跨境水资源研究领域,按照提出的跨境流域"水-能源-粮食-生态"耦合关系—水资源多目标利用与利益共享—跨境生态补偿创新研究思路,遵循"理论-技术-应用"联合研发机制和"政产学研用"一体化实施机制,通过开展多学科交叉研究,创建了适应全球变化的跨境水资源科学调控与利益共享的新理论、新模式、新机制,为跨境流域水资源的合理利用、共享共管和跨境水外交等,提供重要的科技支撑(何大明等,2021)。

(1)以澜湄流域为案例并兼顾其他跨境流域,从气候变化(季风交汇)驱动、高强度人类活动(大规模梯级水电工程建设)与地缘合作影响、LUCC 水文及生态效应等多方面,揭示了大尺度复杂下垫面跨境水文过程的变化归因、梯级大坝径流调节对关键生态系统(鱼类)健康维持和关键生态功能区(洞里萨湖、干流河道等)变化的关联效应,量化了跨境流域多级权属"水-能源-粮食-生态"耦合关系;从全球尺度量化评价了流域国家在国际河流法/国际水法中的国家立场。研发成果丰富和发展了跨境流域资源环境对全球变化区域响应研究的理论方法,为跨境流域水资源合作利用、保护和管理与利益共享等提供了科学依据和数据基础。

(2)解决了国际水法对全球变化的适应性评估与规则量化表达、跨境流域水资源多级权属界定及水利益计算、基于水利益共享的多目标分配指标体系及模型构建、跨境流域"水-能源-粮食-生态-外交"互馈关系分析模型构建、跨境流域多级权属利益主体的水文经济效应量化解析和利益共享集成演算平台研发等技术难题;揭示了全球变化对现行国际水法体系带来的挑战,评估了气候变化和梯级水库调度影响下的跨境水安全风险;研发出跨境流域水资源合作和利益共享模拟平台、跨境流域水资源科学调控和利益共享方案集,提出了解决澜湄流域跨境水问题的中国方案。研发成果提升了全球变化下我国管控跨境水安全风险和解决跨境水纷争等的科技支撑能力,维护和促进了澜湄流域水利益合作。

(3)创设了跨境流域水利益共享的国际法规则体系、利益共享协调机制与利益分享分配机制、利益失衡预防与争端解决机制以及跨境流域生态补偿机制;通过构建起政府间跨境河流协商、澜湄合作高端论坛、学术交流、机构能力建设等多层次支持平台,创建了系统解决跨境水问题的战略平台。研发成果为跨境流域水资源利益共享与国家水权益保障等提供了理论基础、法律依据，并为国家跨境流域合作、周边外交及绿色"一带一路"倡议等提供了决策支撑。

参 考 文 献

何大明, 汤奇成, 等. 2000. 中国国际河流[M]. 北京: 科学出版社.

何大明, 刘昌明, 冯彦, 等. 2014. 中国国际河流研究进展及展望[J]. 地理学报, 69(9): 1284-1294.

何大明, 刘恒, 冯彦, 等. 2016. 全球变化下跨境水资源理论与方法研究展望[J]. 水科学进展, 27(6): 928-934.

何大明, 倪广恒, 孔令杰, 等. 2021. 跨境水资源科学调控与利益共享研究(项目综合绩效自评价报告)[R]. 云南大学, 清华大学, 武汉大学, 水利部交通运输部国家能源局南京水利科学研究院, 水利部国际经济技术合作交流中心, 中国水利水电科学研究院.

罗贤, 倪广恒, 孔令杰, 等. 2019. 全球变化下的跨境水资源科学调控与利益共享研究[J]. 中国基础科学, 21(4): 28-34.

De Stefano L, Duncan J, Dinar S, et al. 2012. Climate change and the institutional resilience of international river basins[J]. Journal of Peace Research, 49(1): 193-209.

De Stefano L, Petersen-Perlman J D, Sproles E A, et al. 2017. Assessment of transboundary river basins for potential hydro-political tensions[J]. Global Environmental Change, 45: 35-46.

He D, Chen X, Ji X, et al. 2017. International rivers and transboundary environment and resources[M]//The geographical sciences during 1986—2015. Singapore: Springer: 469-480.

Kattelus M, Kummu M, Keskinen M, et al. 2015. China's southbound transboundary river basins: a case of asymmetry[J]. Water International, 40(1): 113-138.

Munia H, Guillaume J A, Mirumachi N, et al. 2016. Water stress in global transboundary river basins: significance of upstream water use on downstream stress[J]. Environmental Research Letters, 11(1): 014002.

UN. 1978. Register of international rivers[M]. Oxford: Pergamon Press.

UNEP. 2016. Transboundary river basins: status and trends[R]. Nairobi: United Nations Environment Programme (UNEP).

UN-Water. 2013. Water security & the global water agenda: a UN-water analytical brief[DB/OL]. https://www.unwater.org/sites/default/files/app/uploads/2017/05/ analytical_brief_oct2013_web.pdf[2023-8-29].

Vörösmarty C J, Green P, Salisbury J, et al. 2000. Global water resources: vulnerability from climate change and population growth[J]. Science, 289(5477): 284-288.

Vörösmarty C J, McIntyre P B, Gessner M O, et al. 2010. Global threats to human water security and river biodiversity[J]. Nature, 467(7315): 555-561.

Wolf A T, Natharius J A, Danielson J J, et al. 1999. International river basins of the world[J]. International Journal of Water Resources Development, 15(4): 387-427.

第 2 章　澜湄流域概况

2.1　流域自然概况

2.1.1　地理位置

澜沧江-湄公河是中国与东南亚极为重要的国际河流,也是世界著名的纵向发育大河。澜沧江-湄公河属太平洋水系,发源于中国青藏高原中部唐古拉山脉北麓岗果日山,源头海拔 5167m;东源名扎曲,西源为吉曲,一般以扎曲为正源,两源于昌都汇合后始称澜沧江(何大明等,2007)。澜沧江自北向南,先后经中国的青海、西藏和云南三省(区),从云南省西双版纳出境成为中缅界河。从支流南阿河汇入点以下称湄公河(Mekong River),流经缅甸、老挝、泰国、柬埔寨和越南五国,在越南的胡志明市南部注入南海(刘昌明,2014)。澜湄流域位置如图 2.1 所示。

澜湄流域地处 93.63°E～108.47°E,8.55°N～33.56°N,纵跨 25 个纬度。干流全长约 4880km,居世界第 12 位(Gupta and Liew,2007);在中国境内的澜沧江长达 2160km,在老挝境内长 777km,随后约 234km 在老挝和缅甸之间穿过,有约 976km 为老挝和泰国的界河,在柬埔寨境内长 502km,在越南境内长约 230km。流域面积为 79.75 万 km²,居世界第 21 位;流域在老挝境内的面积占比最高,为 25.33%,其次泰国、中国、柬埔寨分别为 23.07%、21.00% 和 19.44%,在越南和缅甸境内比例低于 10%,分别为 8.15% 和 3.01%(表 2.1)。年平均流量约为 446km³,位居世界第八(MRC,2019a)。流域共涉及中国 9 个市(州)、缅甸 1 个邦、老挝 17 个省(市)、泰国 25 个府、柬埔寨 23 个省(区)、越南 22 个省(市),详细情况参见表 2.2。

表 2.1　澜湄流域在各国的面积分布(何大明,1995)

国家	流域面积/万 km²	占全流域比例/%	占国家面积比重/%
中国	16.75	21.00	1.75
缅甸	2.40	3.01	3.61
老挝	20.20	25.33	88.04
泰国	18.40	23.07	35.98
柬埔寨	15.50	19.44	85.13
越南	6.50	8.15	20.06
全流域	79.75	100	—

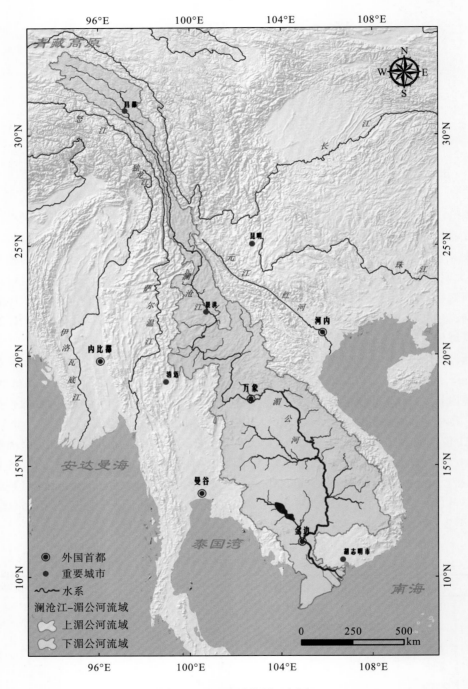

图 2.1   澜湄流域位置示意图

表 2.2　澜湄流域涉及各国行政区情况

中国		缅甸		老挝		泰国		柬埔寨		越南	
市(州)	数量/个	邦	数量/个	省(市)	数量/个	府	数量/个	省(区)	数量/个	省(市)	数量/个
玉树藏族自治州	3	掸邦	7	阿速坡省	5	安纳乍能府	7	班达棉吉省	9	安江省	11
昌都市	3			波乔省	5	武里南府	23	马德望省	14	薄辽省	7
迪庆藏族自治州	2			波里坎塞省	6	猜也奔府	16	磅湛省	16	槟椥省	8
怒江傈僳族自治州	1			占巴塞省	10	庄他武里府	2	磅清扬省	8	平福省	1
保山市	2			华潘省	3	清迈府	4	磅士卑省	8	金瓯省	9
大理白族自治州	8			甘蒙省	9	清莱府	19	磅同省	8	芹苴市	8
临沧市	6			南塔省	5	加拉信府	18	贡布省	6	多乐省	13
普洱市	8			琅勃拉邦省	11	孔敬府	25	干丹省	11	得农省	5
西双版纳傣族自治州	3			乌多姆赛省	7	黎府	14	戈公省	2	奠边省	1
				丰沙里省	7	玛哈沙拉堪府	13	桔井省	6	同塔省	11
				沙拉湾省	8	穆达汉府	7	蒙多基里省	5	嘉莱省	8
				沙湾拿吉省	15	那空帕侬府	12	奥多棉吉省	5	后江省	7
				塞公省	4	呵叻府	32	拜林省	2	坚江省	12
				万象省	12	依布兰普府	6	金边省	8	昆嵩省	7
				万象市	9	廊开府	17	西哈努克省	1	林同省	2
				沙耶武里省	10	帕尧府	8	柏威夏省	8	隆安省	2
				川圹省	7	碧差汶府	5	波萝勉省	11	广治省	3
						黎逸府	20	菩萨省	6	朔庄省	9
						沙缴府	5	腊塔纳基里省	9	顺化省	1
						色军府	18	暹粒省	12	前江省	11
						四色菊府	22	上丁省	5	茶荣省	8
						素林府	17	茶胶省	10	永隆省	7
						乌汶府	25	洞里萨湖区	1		
						乌隆府	20				
						益梭通府	9				
合计：9个市(州)，36个县(市)		合计：1个邦，7个县(市)		合计：17个省(市)，133县(市)		合计：25个府，364县(市)		合计：23个省(区)，171个县(市)		合计：22个省(市)，151个县(市)	

注：老挝、泰国、柬埔寨、越南数据参考长江水利委员会国际合作与科技局(2016)。

2.1.2　地形与地貌

　　澜湄流域地质上属特提斯-喜马拉雅构造域，是古特提斯洋域分布的主体地带。该区域是在漫长的陆核形成、板块运动、板内活动和陆内汇聚的地质演变阶段中，经过错综复杂的地质构造活动，由中国南方-东印支板块、昌都-兰坪-思茅-南邦中间板块、毛淡棉-金边移动板块，以及掸泰马板块缝合、拼接而成的。根据陈永清等（2010）对滇西和东南亚地区地层的划分总结，澜沧江-湄公河地区分属三个地层区：华南-印支地层区、昌宁-孟连-清迈-宋卡地层区和滇缅泰地层区。板块运动和地壳变化导致区域岩石圈断裂，形成流域内十余条断裂带。尽管如此，澜湄流域大部分地区位于相对稳定的大陆板块上，并非地震活跃区。流域内部分区域，如老挝北部、泰国北部、缅甸和中国部分地区，曾发生过的地震很少超过里氏 6.5 级，没有形成大的损害（Fenton et al.，2009）。

　　复杂的地质条件造就了澜湄流域多样的地形、地貌。流域呈由北向南走向，地势北部最高，逐渐向南下降，海拔悬殊。地形起伏度表现出很强的垂直地带性，低海拔地区地形起伏度较小，高海拔地区地形起伏度较大；其中地形起伏度最大的区域均位于横断山脉地区，最小的区域位于柬埔寨的豆蔻山脉地区（游珍等，2012）。

　　国际上习惯将干流清盛水文站以上集水区称为上湄公河流域（流域在中国和缅甸部分），主体是澜沧江流域，其地貌单元可分为高原区、高山峡谷区和中低山河谷区三部分；清盛水文站以下区域称为下湄公河流域（流域在泰国、老挝、越南和柬埔寨部分），可分为北部高地、呵叻台地、洞里萨盆地和三角洲四个部分（MRC，2019a），如图 2.2 所示。

　　1）高原区

　　流域河源部分主要在青藏高原区，平均海拔 4500m 以上，除高山地区终年积雪、冰川发育外，一般地势平缓，相间分布着宽浅的河谷和阶地。杂多—昌都地段的地貌由高山-河谷平原地貌向高山-峡谷地貌过渡。总体来看，在高原上，澜沧江干支流的走向受到青藏高原构造结构的强烈影响，大致呈西北到东南方向。

　　2）高山峡谷区

　　该区域属高山峡谷，河流穿行于横断山脉之间；河流下蚀作用强烈，河谷深切、窄深，河床坡度大，地形陡峻，是世界上典型的南北走向"V"形谷，最窄处只有 20km 宽，是全流域最狭窄的地段；地面海拔 2500～5000m，谷岭高差多在 2000m。水系多沿断层发育，两岸支流短小，与干流直交，呈"非"形排列（何大明等，2001）。

　　3）中低山河谷区

　　该区域属于横断山脉的延伸地带，同时也是青藏高原向云贵高原的过渡区。怒江和金沙江分别向西部和东部分流，而澜沧江继续沿陡峭的坡度向南流动，流域逐渐变宽，呈中低山宽谷盆地地貌，地面海拔 500～3000m，地形较为破碎。在区域的北部，河谷右侧为起伏较小的中山，海拔 1800～2300m，坡度为 15°～25°，相对高差不大，河谷左侧为侵

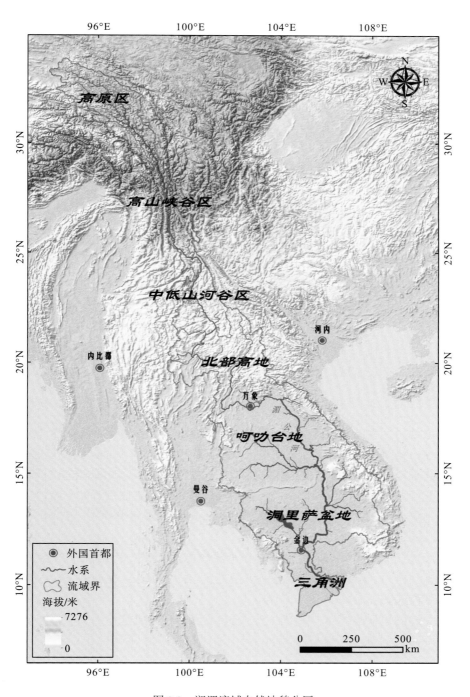

图 2.2 澜湄流域自然地貌分区

蚀大起伏高中山，海拔 2000～2500m，相对高差为 500～1000m，坡度为 20°～25°，个别地区达 35°以上。进入西双版纳傣族自治州后河谷地势趋于降低，地貌类型由中山向低山过渡。由于构造断裂作用，区域分布着面积较大的盆地。河谷地貌在橄榄坝以上，以峡谷居多，宽谷较少，而在其以下河段，则出现宽谷盆地与峡谷相间的河谷地貌，其间分布着一系列坝子，此外还有大量的岩溶地貌分布(何大明等，2001)。

4) 北部高地

北部高地由缅甸掸邦东北、泰国北部黎府、清莱府山区和老挝北部的丘陵、山地构成，是云贵高原向南延续的部分。该区域主要受水流侵蚀的影响，地形破碎程度高，山地、丘陵、山间盆地以及平原相间分布，有少量的高地平原和河谷冲积台地。该地区河网密布，两岸均有较大的支流汇入湄公河干流。这些支流大多流经陡峭的岩质河谷，但有些支流河谷宽阔而发育成河漫滩。

5) 呵叻台地

呵叻台地横跨泰国和老挝两国，海拔 150～300m，地势由西向东平坦倾斜，为长宽各约 500km 的碟形台地，边缘为高抗性砂岩群形成的陡峭单面山。台地西部和西北部与黎府-碧差汶褶皱带相接，东部和东北部与长山山脉相连，单面山南侧为低矮山脊，其南方是洞里萨湖流域。

该区域内部主要地形是由低山丘陵组成的普潘山脉，由西北向东南贯穿整个区域，将高原分割为南北两个子流域，北部为色军-沙湾拿吉流域，南部为蒙河、锡河流域。

6) 洞里萨盆地

洞里萨盆地呈巨大的穹顶状结构，顶部被蚀去，留下一个山丘边缘矗立在冲积平原之上，冲积平原占据整个区域的中央部分。盆地西部和中部的特点是低坡度和低起伏景观。洞里萨盆地北部以呵叻台地南缘的山脊和西南部的豆蔻山脉为界，东侧为波罗芬高原。湄公河从巴色北部流入，随后流经宽阔的峡谷河段，经过峡谷南段后开始分岔，然后再度汇合，构成复杂的河网，如老挝南部西潘敦地区，岛屿和河道星罗棋布，有 4000 多个岛屿(Gupta and Liew，2007)。

湄公河经过孔恩瀑布后进入柬埔寨冲积平原，沿着盆地东部边缘向南流动，形成一段分支河道，直到桔井。在这里，干流河道再呈直角转向西流去；在桔井下游，干流形成了广阔的冲积漫滩(Gupta and Liew，2007)。

洞里萨盆地的中、西部为广阔的洪泛平原，地势低平，支流河网繁多，洞里萨湖坐落其中。洞里萨河是下湄公河和洞里萨湖的天然通道，具有世界罕见的水流特征。在旱季，河水从柬埔寨洪泛平原及周围的集水区流入湄公河干流；然而在雨季，湄公河干流水位上涨，无法及时通过湄公河三角洲地区的河网下泄，导致湄公河干流水位高于洞里萨河。此时，洞里萨河的水流方向会逆转，河流倒灌流入洞里萨湖并淹没其周围的低地。每年汛期，洞里萨湖面积从 2500km^2 增至 15000km^2，水量从 1.5km^3 增至 60～70km^3(MRC，2010)。雨季结束时，湄公河干流流量下降，洞里萨湖周围泛滥的洪水通过洞里萨河排到湄公河。

7）三角洲

湄公河三角洲东部、北部及西部被高地和山地环绕，地势上呈现出三面高、中间低的特点。三角洲的顶部位于金边附近，在金边以南，三角洲迅速扩张，形成楔形三角洲平原，面积达 62520km^2（Van Lap Nguyen et al.，2000）。三角洲有两条主要的分汊河道——湄公河和巴萨河，这两条河流又分裂成许多较小的河道，被称为九龙江，最终流入南海。三角洲平原可分为两部分：以河流过程为主的内部三角洲平原和以潮汐、波浪等海洋过程为主的外部三角洲平原（Ta et al.，2002）。内部三角洲平原位于上游，地势低洼，接近海平面；而由沿海平原沉积物构成的外部三角洲平原则被红树林沼泽、海滩脊、沙丘、沙嘴和滩涂环绕（Ta et al.，2002），海拔略高于内部三角洲平原。

2.1.3　土壤与植被

地形、地貌、气候、生物等环境因素，综合影响澜湄流域成土过程，造成土壤类型十分多样。图 2.3 为基于世界土壤数据库（harmonized world soil database，HWSD）的澜湄流域的土壤类型分布。

流域在青藏高原部分主要为高山土类，如草毡土、黑毡土、草甸土、寒冻土等；在云南境内，则形成了红壤、棕壤、棕色针叶林土、水稻土、沼泽土、冲积土等。土壤的类型一般呈垂直状分布。北部高山地区以棕壤、棕色针叶林土和高山草甸土为主；中部以红壤、石灰岩土、棕壤为主；南部则多为赤红壤、砖红壤等。整个流域按土纲分，则包含冰川雪被、始成土、半水成土、铁铝土等（仇国新，1996；李丽娟等，2016）。

湄公河流域的山地丘陵地区广泛分布着淋溶土，长山山脉西南部的低谷区还分布有铁铝土。湄公河三角洲的土壤分布主要受海水和河流的双重影响，同时也受到红树林分布的影响。沿海为常年盐土、常年盐渍土以及潜在酸性硫酸盐土；大河两岸可资灌溉的地区为肥沃的冲积土，是水稻的主要产地；在某些低洼处有一定面积的潜育土分布；在三角洲的西北隅有小面积的丘陵山地，分布着红黄壤类的土壤。其中酸性硫酸盐土、盐土和冲积土分布最广，三者相加占总面积的 90% 以上（李鸣蝉，2019）。

湄公河三角洲的土壤类型分布在很大程度上由沉积环境的类型决定（长江水利委员会国际合作与科技局，2016）。湄公河三角洲的酸性硫酸盐土分布最广，占三角洲部分的面积比例超过了 40%。酸性硫酸盐土通常都存在于远离主要支流的低洼漫滩沼泽。湄公河三角洲的冲积土沿主要支流呈带状分布。冲积土是溢岸泛滥时沉积的产物，这些新冲积层沉积物对维持三角洲土壤肥力非常重要。在湄公河三角洲的海岸地区，有 20～50km 宽的盐碱土带占据了金瓯半岛的绝大部分。盐碱土的面积超过了 7000km^2，但永久性和强盐碱土出现在沿海滩涂和红树林沼泽等低海拔地区（长江水利委员会国际合作与科技局，2016）。这种土壤以碱性为主，通常含磷量极低。弱盐碱土分布广泛，通常可见于远离主河道的漫滩沼泽及排水较差的地区。湄公河三角洲地区还存在其他面积较小的土壤类型，如泥炭土、沙土、崩积土和阶地土等。在人类活动的干扰下，泥炭层遭到破坏，泥炭土的范围已大大减少。红树林分布区域的泥炭土一般属于盐碱土，大部分已演化为酸性硫酸盐土。

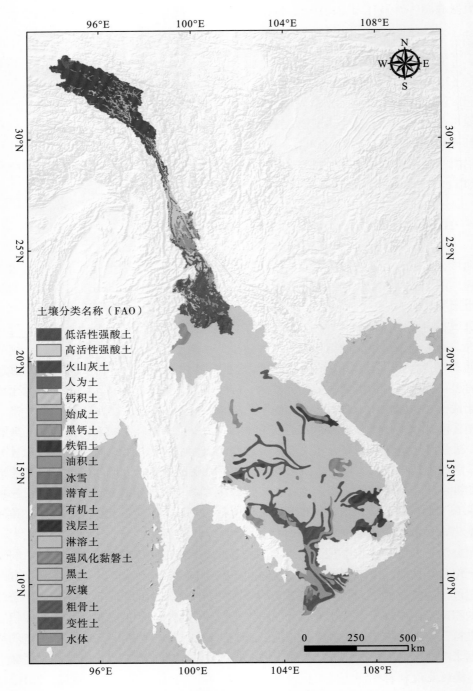

土壤分类名称（FAO）

- 低活性强酸土
- 高活性强酸土
- 火山灰土
- 人为土
- 钙积土
- 始成土
- 黑钙土
- 铁铝土
- 油积土
- 冰雪
- 潜育土
- 有机土
- 浅层土
- 淋溶土
- 强风化黏磐土
- 黑土
- 灰壤
- 粗骨土
- 变性土
- 水体

图 2.3　澜湄流域土壤类型分布图

数据来源：harmonized world soil database version 1.2。其中，澜湄流域中国境内数据来源为中国第二次土地调查由中国科学院南京土壤研究所提供的 1∶1000000 土壤数据，中国境外数据为联合国粮食及农业组织，联合国教育、科学及文化组织提供的 1∶5000000 的土壤数据（FAO/IIASA/ISRIC/ISSCAS/JRC，2012）。

　　根据欧洲航天局(European Space Agency，ESA)发布的全球土地利用覆盖数据(ESA，2017)，澜湄流域土地覆盖主要有 7 种类型，各土地覆盖类型的面积比例如表 2.3 所示。可以看出，农田和林地是流域内占比最多的两种覆盖类型，分别占到流域面积的 37.68% 和 36.92%(表 2.3)。流域内农田主要分布在下湄公河流域，而上湄公河流域农田的面积占比相对较小。对于林地和灌木而言，上、下湄公河流域的面积比例较为接近。草地主要集中在上湄公河区域。

表 2.3　澜湄流域土地覆盖类型及其面积比例

土壤覆盖类型	全流域 面积占比/%	在上湄公河流域内 面积占例/%	在下湄公河流域内 面积占比/%
农田	37.68	11.05	46.40
林地	36.92	38.87	36.28
草地	9.15	35.84	0.41
灌木	14.43	13.34	14.79
水体	1.41	0.26	1.79
建筑用地	0.29	0.17	0.33
其他	0.12	0.47	0.00

　　图 2.4 展示了澜湄流域土地覆盖类型的分布情况。青藏高原高海拔地区主要由高山草原、草甸以及少量冰雪覆盖，中低海拔区域分布有针叶林和灌木林。进入澜沧江云南段后，森林覆盖比例明显增大，自北向南森林类型由北温带森林逐渐向东南亚热带森林和亚热带森林过渡(李鸣蝉，2019)。云南西北部海拔 3000～3400m 的温暖干燥山坡上，典型代表是高山松，林间空地常分布有亚高山灌丛和亚高山草甸；海拔 3100～3800m 的区域分布有寒温性针叶林带，典型植被为云杉，覆盖率可达 80%。海拔 3500～4300m 的区域分布着以冷杉林为主的针叶林，更高海拔地区镶嵌分布着亚高山灌木丛和高山草甸(尹晓雪，2020)。澜沧江上游河谷区，在海拔 2800～3100m 处，常分布有以铁杉为优势种的温凉性针叶林(李丽娟等，2016)。澜沧江流域中等海拔的大部分地区主要被亚热带针叶林覆盖，其中云南松分布范围较广，但通常分布在海拔 1500～3000m 的区域，华山松分布在海拔 2500～3000m 的区域。大部分海拔 2700m 以上的山地分布着以铁杉为主的针叶林，且与冷杉、云杉、华山松以及常绿阔叶乔木等混合分布(李鸣蝉，2019)。海拔 1000～2000m 或南面 2500m 的大部分低海拔坡地则分布着亚热带常绿阔叶林(李鸣蝉，2019)。

　　澜沧江中游沿岸属于干热河谷生境，植被多为低矮、疏散的乔木和灌丛。在海拔 2300m 以上山地，发育中山湿性常绿阔叶林。在河岸半常绿季节林带之上，分布有较大面积云南松的一个南亚热点替代种——思茅松林。海拔 1000m 以下的低山谷区相对湿度适中，分布有常绿阔叶林和落叶阔叶林。澜沧江流域下游发育有大片的东南亚类型的原始热带雨林，在澜沧江下游流域的山地，在热带雨林带之上，是季风常绿阔叶林。其乔木分布为明显的两层，林下有灌木层和草本层，林间藤本植物丰富，附生植物常见，整个森林群落常绿(李丽娟等，2016)。

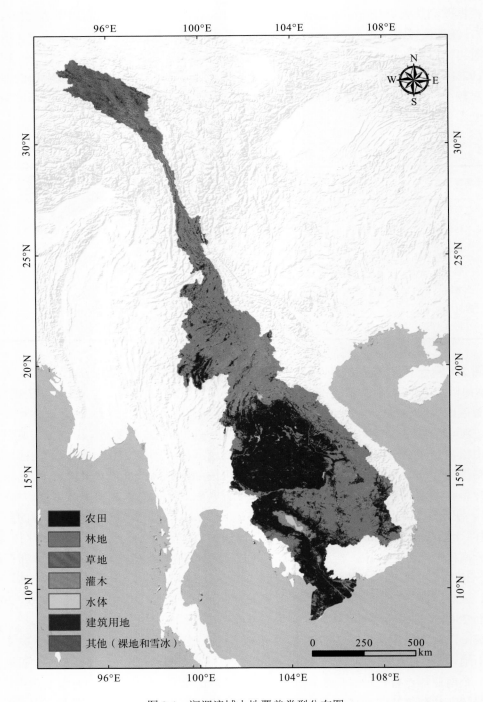

图 2.4　澜湄流域土地覆盖类型分布图

数据来源：欧洲航天局气候变化倡议（Climate Change Initiative，CCI）阶段产生的全球性数据土地覆盖产品（ESA，2017），该数据基于中分辨率成像光谱仪（moderate-resolution imaging spectroradio-meter，MODIS）地表反射率数据制作生成，空间分辨率为300m。

下游湄公河流域的植被分布受降水分布和地形的影响(Leinenkugel et al.，2013)。从图 2.4 可以看出，林地和农田是湄公河下游的主要土地覆盖类型。林地主要包括 10 个生态区——琅勃拉邦山区森林、长山山脉北部雨林、中南半岛东南部干旱常绿林、湄公河泥炭沼泽林、洞里萨淡水沼泽林、泰国-老挝北部湿润落叶林、北部高原北面的湿润落叶林、三角洲北部亚热带森林、中南半岛北部亚热带森林和三角洲红树林区(MRC，2019)。农田主要分布在泰国东北部、柬埔寨和越南湄公河三角洲的部分地区。农田与植被交错、镶嵌分布区(灌木、草和农田斑块)是主要的组成(29.2%)，其次是单季作物农田(12.3%)、双季农田(3.6%)和三季农田(0.8%)(Na-U-Dom，2017)。

2.2　流域气候与水文

2.2.1　水系特征

中国境内澜沧江段干流全长 2160km，占澜沧江-湄公河总长的 44.3%；高程落差达 4583m，占澜沧江-湄公河总落差的 90.6%；河道平均比降为 2.12‰(中国河湖大典编纂委员会，2014)。从澜沧江源头至昌都段，河谷平浅，河床平均比降为 3.3‰，最大比降为 15‰，干支流水系多以斜交相汇。昌都至功果桥段，两岸谷坡陡峭，河床海拔 1330～3210m，坡降较大，平均比降为 2.4‰，最大比降为 3.7‰，河谷平均宽为 100～200m；两侧支流水系多沿断层发育，短小且与干流直交，形成最典型的羽状河网结构。功果桥至景云桥段河床海拔 914～1230m，河床平均比降为 1.5‰，最大比降为 1.9‰，河谷平均宽为 100～250m。景云桥至南阿河口河床海拔 465～914m，河床平均比降为 0.9‰，最大比降为 27‰，河谷宽 150～300m(刘昌明，2014；何大明，2000)。

出中国境后，湄公河干流河谷较宽，多弯道，经老挝境内的孔恩瀑布进入低地，到柬埔寨金边与洞里萨河交汇后，进入越南三角洲后河网特别发达，具有辫状水系特征，三角洲上再分 6 支，经 9 个河口入海，故入海河段又名"九龙江"(李鸣蝉，2019)。湄公河流域受西南季风影响，左岸迎风坡为多水带，右岸背风坡为少水带。因而左岸水系较右岸发达，沿程不断有较大支流汇入干流，产水量也远高于右岸，约占全流域水量的 70%(唐海行，1999)。

下湄公河流域水系形式种类繁多，包括树枝状水系(如泰国东北部的锡河和蒙河)、顺直型水系(如老挝北部的南奔河)及各种不规则水系(出现直角甚至"U"形)。不同的水系形式反映了不同的地质环境与地质构造对地形的影响。树枝状水系形成于岩性相对稳定均一的地质环境，如蒙河和锡河处于地质构造稳定、地势平缓的冲积盆地。顺直型水系或不规则水系反映出岩性差异极大，一些河流受熔岩流域或构造运动的影响而发生改道，另一些河流则会向下深切河道。顺直型水系通常表明，河道中存在下浮断层或褶皱轴。例如，老挝中部的南卡定-南屯河水系的特征是河段较顺直，在急弯处分汊，小支流常常垂直汇入干流，极可能是遵循该地区褶皱地形的走向及倾斜所形成的。许多河流流经石灰岩喀斯特地形，一些甚至通过溶洞流入地下，如南欣本河、南乌江和南宋河。当河流刻蚀软弱基岩时，常常形成多股河道，如湄公河在老挝南部与柬埔寨北部地区分汊后再汇合，就是由河流向下深切断层破碎带所致(长江水利委员会国际合作与科技局,2016)。

　　澜湄流域可划分为 145 个主要的支流流域,如图 2.5 所示。对应子流域的名称和流域面积如表 2.4 所示。在上湄公河流域,面积大于 $10000km^2$ 的支流有 4 条,即吉曲、子曲、

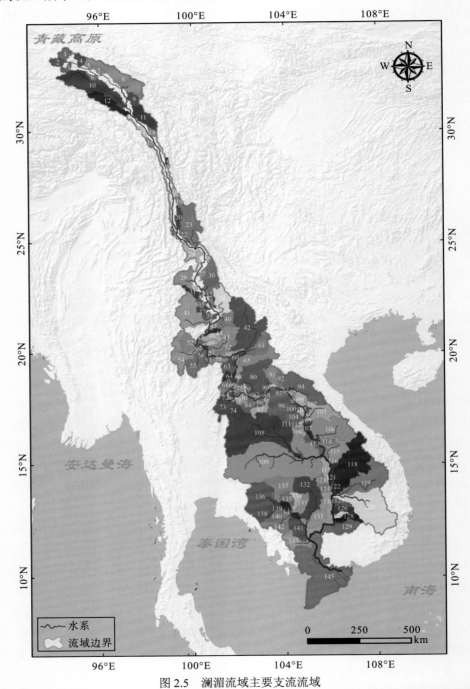

图 2.5　澜湄流域主要支流流域

注:下湄公河区域子流域划分参考 *Planning Atlas of the Lower Mekong River Basin*(MRC,2011);图中数字序号对应子流域信息参见表 2.4。

黑惠江和南垒河，河长超过 100km 的支流有 13 条(中国河湖大典编纂委员会，2014)。根据湄公河委员会做的流域分类规划，下游湄公河流域主要包括 104 个子流域，其中超过 10000km^2 的流域有 15 个，面积最大的支流流域为泰国境内的蒙河(Mun River)，面积约为 70574km^2(长江水利委员会国际合作与科技局，2016)。蒙河发源于呵叻府，河流先向东北流，然后转向东流，最后在空坚附近注入湄公河(赵萍等，2017)。

表 2.4　澜湄流域主要支流及其流域面积

序号	河名	流域面积/km^2	左/右岸
1	扎阿曲	2114	左岸
2	扎那曲	1999	右岸
3	阿涌	1180	右岸
4	布当曲	2022	左岸
5	沙曲	925	左岸
6	班涌	968	右岸
7	宁曲	1213	左岸
8	子曲	12867	左岸
9	热曲	2479	左岸
10	吉曲	16861	右岸
11	麦曲	6424	左岸
12	金河	6679	右岸
13	若曲	861	右岸
14	陪曲	1084	左岸
15	登曲	1064	右岸
16	阿东河	474	左岸
17	德钦小河	237	左岸
18	永春河	806	左岸
19	通甸河	1346	左岸
20	沘江	2718	左岸
21	漕涧河	626	右岸
22	永平河	1399	左岸
23	黑惠江	11994	左岸
24	罗闸河	3364	右岸
25	勐片河	534	左岸
26	大寨河	426	右岸
27	勐戛河	1483	左岸
28	小黑江	5887	右岸
29	芒帕河	507	右岸
30	威远江	8546	左岸
31	黑河	2121	右岸
32	大中河	586	左岸

序号	河名	流域面积/km²	左/右岸
33	南甸河	227	右岸
34	南昆河	481	左岸
35	南果河	1345	右岸
36	勐养河	750	左岸
37	流沙河	1599	右岸
38	南班河	7874	左岸
39	南阿河	1933	右岸
40	南腊河	4452	左岸
41	南垒河	14979	右岸
42	南乌江	26033	左岸
43	南鲁凹河	2287	左岸
44	南马河	1141	左岸
45	南塔河	8918	左岸
46	南布河	2855	左岸
47	班凯圣河	718	左岸
48	南科恩河	633	左岸
49	南纳乌河	1495	左岸
50	南纳河	489	左岸
51	南护河	1008	左岸
52	南奔河	2131	左岸
53	南湄河	4079	右岸
54	南湄坎河	10701	右岸
55	南湄因河	7267	右岸
56	南湄老河	485	右岸
57	南阔河	1521	右岸
58	南黎恩河	1819	右岸
59	南潭河	1548	右岸
60	南昕河	2681	右岸
61	南霜河	6578	左岸
62	多琅帕邛河	688	右岸
63	南红河	2872	右岸
64	南普尔河	2095	右岸
65	南康河	7490	左岸
66	南普温河	4139	左岸
67	南哈河	316	右岸
68	南濑阿姆河	1990	右岸
69	邛里普河	488	右岸
70	班南颂河	138	右岸
71	南丰河	664	右岸

序号	河名	流域面积/km^2	左/右岸
72	南开河	602	右岸
73	南兴河	4901	右岸
74	南黎河	4012	右岸
75	南桑河	1290	左岸
76	伏农约歪河	491	右岸
77	南米河	1032	右岸
78	怀南怀河	1755	右岸
79	南栋河	587	左岸
80	南娥河	16906	左岸
81	怀南索河	1072	右岸
82	怀马浩河	990	左岸
83	伏帕霍河	132	右岸
84	怀蒙河	2700	右岸
85	怀霍克河	538	右岸
86	南衰河	1247	右岸
87	会銮河	4090	右岸
88	怀索非河	186	左岸
89	南通河	455	左岸
90	南邝河	1836	左岸
91	南叶河	4577	左岸
92	南萨恩河	2226	左岸
93	南卡顿河	456	左岸
94	南卡定河	14822	左岸
95	怀邦博河	2402	右岸
96	南颂堪河	13123	右岸
97	南村河	838	左岸
98	南欣本河	2529	左岸
99	霍阿贾河	626	左岸
100	怀图哀河	739	右岸
101	色邦非河	10407	左岸
102	南邝濑河	944	左岸
103	南坎河	3495	右岸
104	怀霍河	691	右岸
105	黄邦哈克河	938	右岸
106	色邦亨河	19958	左岸
107	怀索帕河	2516	左岸
108	锡河	49133	右岸
109	蒙河	70574	右岸
110	怀邦埃河	1496	右岸

序号	河名	流域面积/km²	左/右岸
111	怀邦塞河	1367	右岸
112	怀穆克河	792	右岸
113	怀邦科河	3313	右岸
114	色邦老恩河	3048	左岸
115	色丹河	7229	左岸
116	怀邦里恩河	695	左岸
117	怀卡姆色桑河	3762	右岸
118	色公河	28815	左岸
119	色桑河	18888	左岸
120	斯雷博河	30942	左岸
121	怀托姆河	2611	左岸
122	普瑞克蒙河	476	右岸
123	洞里丽滂河	2379	右岸
124	乌塔拉斯河	1448	右岸
125	波列河	2400	左岸
126	布雷格良河	3332	左岸
127	坎普河	1142	左岸
128	代河	4364	左岸
129	川龙河	5957	左岸
130	仙博克河	8851	右岸
131	锡里河	8237	右岸
132	桑河	16360	右岸
133	斯多恩河	4357	右岸
134	锡克林河	2714	右岸
135	暹粒河	3619	右岸
136	蒙哥博雷河	14966	右岸
137	斯特伦河	9986	右岸
138	巴特邦河	3708	右岸
139	桑克河	2344	右岸
140	道特里河	3696	右岸
141	巴里博河	7154	右岸
142	菩萨河	5695	右岸
143	特诺河	6124	右岸
144	洞里萨湖	2744	右岸
145	湄公河三角洲	48235	—

注：下湄公河区域支流译名参考《越南、老挝、泰国、缅甸英汉—汉英地名词典》(何大明等，1996)。

2.2.2　水文特征

澜湄流域水量丰沛，径流由降水、冰雪融水和地下水混合补给，但由于气候和下垫面条件分异显著，不同河段径流补给方式有所差异。

澜沧江流域径流总体以降水补给为主、地下水和融雪补给为辅。昌都以上地区地处青藏高原，气候寒冷，降水少，春季冰雪融水较多，渗透到广泛分布的寒冻风化层和较厚的草甸层后，多以地下水的形式补给河流。澜沧江上游河段河川径流主要由地下水补给，补给量可占到年径流量的一半以上，其次是降水和冰雪融水补给。河川径流年际变化缓和，年内变化与气温变化有较好的一致性。其中，夏季水量约占年径流量的 50%，汛期则集中了全年径流量的 75%(李丽娟等，2016)。澜沧江中游河段地处高山峡谷，山巅有终年积雪，但冰雪融水占年径流量比例较小，与上游相比，随着降水量的增加，该区域融雪补给比例减少，河川径流补给主要为降水和地下水混合补给，该区域内径流年内分配不均匀系数在0.31～0.32，小于上游的 0.33，大于下游的 0.30(何大明，2000)。澜沧江下游河段处于亚热带和热带气候区，受季风影响，降水丰沛，河川径流以降水补给为主，降水占年径流量的 60%以上，其次是地下水补给。越向下游，径流年内分配越集中。

澜沧江流域年径流深为 450.2mm，其中青海地区年径流深为 304.4mm，西藏地区年径流深为 283.3mm，云南地区年径流深为 583.8mm。澜沧江出境前的干流水文站——允景洪站实测多年平均流量为 1800m³/s，最大流量为 12800m³/s，最小流量为 395m³/s。澜沧江流域径流量年内分配，春季占 10%～15%，夏季占 45%～50%，秋季占 30%～35%，冬季占10%以下；上中游 6～9 月、下游 7～10 月径流量最大，最大月径流量上游出现在 7 月，中下游出现在 8 月，占全年径流量的 20%以上。汛期 5～10 月径流量占全年的 80%左右，7～9 月径流量占全年径流量一半以上(中国河湖大典编纂委员会，2014)。

下湄公河的自然水文情势有两个主要过程：5～11 月的西南季风是湄公河洪水脉动的主要驱动力，雨季和旱季之间的年水文情势具有明显的季节性。此外，通常在 7～10 月，一些风暴事件，包括热带低压引起的气旋，通常在南海形成，在湄公河下游流域造成强降雨，形成明显的雨季径流峰值(MRC，2019a)。表 2.5 为澜沧江-湄公河干流水文站观测流量年内分布情况。可以看出，越往下游，洪峰流量越大；最大流量出现的月份也相应推后，如巴色以上站点的最大洪峰出现在 8 月，而巴色站和桔井站最大流量出现在 9 月。

表 2.5　澜沧江-湄公河干流 1960～2004 年月平均流量　　　　　(单位：m³/s)

站点	1 月	2 月	3 月	4 月	5 月	6 月	7 月	8 月	9 月	10 月	11 月	12 月
旧州	280	266	326	526	825	1430	2005	2043	1786	1095	585	375
戛旧	437	402	438	601	912	1619	2417	2578	2372	1628	905	587
允景洪	703	592	559	679	1026	1961	3397	4066	3507	2571	1556	957
清盛	1150	930	830	910	1300	2460	4720	6480	5510	3840	2510	1590
琅勃拉邦	1690	1280	1060	1110	1570	3110	6400	9920	8990	5750	3790	2400
万象	1760	1370	1170	1190	1720	3410	6920	11000	10800	6800	4230	2560

续表

站点	1 月	2 月	3 月	4 月	5 月	6 月	7 月	8 月	9 月	10 月	11 月	12 月
那空帕农	2380	1860	1560	1530	2410	6610	12800	19100	18500	10200	5410	3340
穆达汉	1370	1880	1600	1560	2430	7090	13600	20600	19800	10900	5710	3410
巴色	2800	2170	1840	1800	2920	8810	16600	26200	26300	15400	7780	4190
桔井	3620	2730	2290	2220	3640	11200	22200	35500	36700	22000	10900	5710

数据来源：长江水利委员会国际合作与科技局(2016)。

　　湄公河万象以上河段以降水补给类型为主,万象以下万象平原及湄公河低地地下水对河川径流补给调节功能突出,径流量年内变化和缓;金边以下以降水补给、河汉调节和潮汐回流调节为主(李奔,2009;何大明,1995)。其中,洞里萨湖对下湄公河低地及三角洲的径流调节作用非常显著。洞里萨湖相当于库容 700 亿 m^3 的天然调蓄水库,每年 7~12 月当金边下游流量大于 15000m^3/s 时,即开始蓄存三角洲的洪峰水量;当湄公河水位在旱季回落时,水从湖中向湄公河释放。在三角洲地带,受咸水入侵的地区,都受潮汐影响。潮汐水位在 2.0~4.0m 变化。在枯水期,当河川流量小于 2000m^3/s 时,潮汐作用最明显(何大明,1995)。

　　河川径流的空间分布除受降水主导因素影响外,还与下垫面自然地理要素和人类活动因素等密切相关。结合表 2.6 可知,澜沧江-湄公河干流流量,无论是年流量还是雨季、枯季流量,总体自上而下递增,直到上丁站;上丁站以下至桔井站,流量又有所减少,可能与三角洲地区的地下水补给增加和洞里萨湖枯季的调节作用有关(MRC,2005)。

表 2.6　湄公河干流水文站流量统计

站点	平均流量/(m³/s)			年平均径流深/mm
	全年	枯水期	洪水期	
旧州	962	393	1531	344.5
戛旧	1241	562	1921	360.6
允景洪	1874	841	2755	416.8
清盛	2572	1394	4420	429.2
琅勃拉邦	3581	1636	6756	421.4
清刊	4539	2059	8518	490.2
廊开	4465	1949	8602	466.3
那空帕农	8410	2908	17397	711.0
穆达汉	8712	3108	17954	702.7
巴色	10312	3288	21742	596.7
上丁	13036	3982	27827	647.4
桔井	12756	3874	27319	622.7

注:数据来源于 MRC(2019a);清盛以上站点数据统计时间范围为 1960~2004 年;清盛及以下站点数据统计时间范围为 2000~2017 年。

2.2.3　气候特征

澜湄流域气候类型复杂多样，气候差异明显。总体上，气温和降水量由上游到下游递增，局部地区受地形影响则有所不同(李鸣蝉，2019)。

澜沧江流域主要受西风带环流控制，受西风带及副热带、热带天气系统影响，其水汽来源以孟加拉湾西南暖湿气流为主。流域自北向南跨越了多个气候带。澜沧江上游青藏高原区属于高原温带，整体海拔较高(3000m 以上)，为高原山地气候，气温较低，年均气温为 10℃左右，且具有明显的垂直变化；多年平均降水量一般在 400～800mm，空间上受地势影响分布很不均匀，山区比较潮湿，河谷比较干燥。澜沧江中游区属于亚热带气候，区域年平均气温为 12～15℃，最热月平均气温为 24～28℃，最冷月平均气温为 5～10℃，气温随海拔升高而递减，自北向南递增；年降水量一般在 1000～2500mm。澜沧江下游地势较低，属亚热带或热带气候，区域年平均气温为 15～22℃，最热月平均气温为 20～28℃，最冷月平均气温为 5～20℃，年降水量在 1000～3000mm，由北向南递增十分明显。总体来看，澜沧江流域受不同大气环流的控制和影响，降水量在季节上的分配极不均匀，干湿两季分明，一般 5～10 月为湿季，11 月至次年 4 月为干季，约 85%以上的降水量集中在湿季，其中 6～8 月的降水量占到全年降水量的 60%以上(李丽娟等，2016)。

湄公河流域下游区域处在三种季风气候的交叉区域，分别为印度夏季风、西北太平洋夏季风和东亚夏季风，这三种季风共同组成亚洲太平洋季风系统(Xue et al.，2011)。在季风气候的影响下，季节性降雨特点十分突出。夏季暖湿气流从印度洋吹来，湄公河流域进入雨季。冬季，亚洲大陆上空形成高压系统，并发展成为极为干燥的气团。其干湿期持续时间大致相等，具有明显的双季特点(长江水利委员会国际合作与科技局，2016)。同时降雨空间分布也极为不均，受到地形、季风走向等影响，老挝北部中心区域年降水量超过3000mm，而泰国东北干旱地区(如蒙河-锡河流域)年降水量却少于1000mm。老挝沿长山山脉高海拔区域分布的地区(老挝北部、南部色公河和色桑河的河源区)年降水量超过2500mm。泰国锡蒙河流域和柬埔寨东部的洞里萨湖流域年平均降水量有着明显的东西向降雨梯度。季风降雨具有很强的季节性，但年际年总降水量的变化却很平和，变化幅度一般在±15%(长江水利委员会国际合作与科技局，2016)。湄公河流域年内气温变化较为均匀，年均气温为 25～27℃。大气平均相对湿度 9 月最高，略大于80%；3 月最低，在 60%左右(赵萍等，2017)。

湄公河流域年平均蒸发量在 1000～2000mm，由于相对湿度较大，其年际变化较小。通常海拔 500m 以下区域的蒸发量不低于 1000mm。最大蒸发量出现在湄公河流域中最干旱的地区之一的泰国东北部的呵叻台地。湄公河流域大部分地区的年蒸发量和降水量大致相等。湄公河北部区域和三角洲地区水分盈余较多(降水量减去蒸发量)，分别为 400mm和 120mm；中部万象和呵叻台地区域(孔敬)水分呈亏损状态，分别为-50mm 和-690mm(MRC，2005)。

2.3   流域社会经济基本状况

2.3.1   人口与经济

根据湄公河委员会的估计，2015 年澜湄流域内人口约 7500 万人，其中下湄公河流域内人口约 6480 万人；因缺少同期统计数据，中国和缅甸境内人口按照以往统计结果估算约为 1000 万人。柬埔寨、老挝国内 80% 以上的人口生活在流域内，泰国国内有 37% 的人口生活在流域内，越南国内 22% 的人口生活在流域内(表 2.7)。

表 2.7   下湄公河流域内人口

国家	流域内人口(×10⁶ 人)	流域内人口占流域总人口比例/%	流域内人口占国内总人口比例/%
柬埔寨	13.4	20.7	86
老挝	6.2	9.6	91
泰国	25.4	39.2	37
越南	19.8	30.5	22
合计	64.8	100	—

数据来源：MRC (2019a)。

根据游珍等(2014)的研究表明，澜湄流域人口分布呈北疏南密的格局，人口最为密集的区域位于最南端的湄公河三角洲，源头杂多县则有大片无人区。其中，人口密度介于 10~50 人/km² 的区域面积最大，占比超过 1/3；其次是 0~10 人/km² 和 100~300 人/km² 的区域，面积占比均接近 1/4；人口密度大于 500 人/km² 的区域面积仅占 2.27%。就人口密集地区的空间分布来看，相对肥沃的河谷、平原和三角洲地区人口密度较高，如人口密度大于 300 人/km² 的区域，主要集中在中国大理洱海周边，泰国东部的呵叻府、乌汶府、乌隆府、孔敬府、黎府、是卡拉逢县、廊开府东部，柬埔寨首都金边、洞里萨湖周边零星城镇及湄公河三角洲核心地带。人口密度为 100~300 人/km² 的区域，中国境内主要分布在澜沧江南段的凤庆县、云县、保山市辖区和大理市、临沧市辖区；下湄公河则主要分布在泰国东北部地区，柬埔寨洞里萨湖周边、首都金边周边、湄公河三角洲地区。老挝大片山区人口密度相对较低。柬埔寨的人口密度几乎是老挝和泰国的两倍多。

澜沧江-湄公河流经六国，不同的资源环境条件孕育了不同的民族，使得该流域成为世界上文化多样性最丰富的地区之一。澜沧江流域主要居住有汉族、藏族、白族、独龙族、苗族、瑶族、拉祜族、佤族、彝族、傣族等；在湄公河流域有老龙族、掸族、佬族、阿卡族、老听族、拉瓦族、克伦族、老松族、京族等数十个不同的民族。不同的民族有不同的信仰，其中信仰佛教的民族人口总数占流域人口超过 70%(汪启蒙，2015)。

近年来，流域各国经济发展加快，但差异仍然较大。整体上，流域内中国、泰国、越南经济发展较快，缅甸、老挝、柬埔寨经济发展相对滞后。若将下湄公河四国算作一个整体，泰国的经济约占整体 GDP 的 52%，越南约占 43%，其余 5% 分别为柬埔寨 3% 和老挝 2%。泰国 2022 年的人均 GDP 为 6910 美元，约为柬埔寨人均 GDP 的 3.9 倍，约为老挝的 3.4 倍和越南的 1.7 倍 (World Bank，2023)。尽管下湄公河各流域国城市化进程正在加快，但流域内约有 85% 的人口居住在农村 (MRC，2019a)。流域内农民的生计和粮食安全与河流系统的资源环境利用密切相关，超过 60% 的人口从事与该河流有关的职业。流域内大多数为农民和渔民，虽然流域内的自然资源十分富足，但资金匮乏，缺少基本公共服务。老挝、柬埔寨有 35% 的人口处于贫困线以下，面临着粮食安全和营养不良的困境，城乡差距也越来越大 (Frenken，2012)。

2.3.2　农业与灌溉

澜湄流域内农业用地总面积约为 1500 万 hm^2，其中有约 1000 万 hm^2 耕地用于水稻生产。澜沧江流域云南省境内主要种植的粮食作物为稻谷、小麦、玉米、豆类、薯类，油料作物有花生、油菜籽，经济作物有甘蔗、烤烟、蔬菜 (云南省统计局，2017)；流域内粮食播种面积为 95.64 万 hm^2，其中玉米及稻谷种植面积最大，约为 41.15 万 hm^2 (云南省统计局，2017)。流域老挝境内农作物种植面积为 169.93 万 hm^2，占国土面积的 7%。农业种植结构复杂多样，主要粮食作物有水稻、玉米、薯类，油料作物有花生、豆类，经济作物有蔬菜、甘蔗、咖啡、烟草、茶；水稻在该地区种植面积较大，占作物种植总面积的 60% (Lao Statistics Bureau，2016)。流域泰国境内农业用地面积为 873.72 万 hm^2，水稻种植面积占农业用地面积的 67.5%，橡胶种植面积占农业用地面积的 8.2% (Thailand National Statistical Office，2014)。流域柬埔寨境内农业用地面积为 203 万 hm^2，主要种植的粮食作物和谷物为水稻和玉米，水稻种植面积占作物种植面积的 82% (Cambodia National Institute of Statistics，2015)。流域越南境内主要位于中部高地和湄公河三角洲，区域内主要粮食作物为水稻，种植面积高达 521.4 万 hm^2，水稻种植可一年三熟，分别为春季水稻、秋季水稻、冬季水稻；其中，春季和秋季水稻种植面积较大，分别为 176.0 万 hm^2 和 245.3 万 hm^2 (Vietnam General Statistics Office，2018)。

澜湄流域农业靠地表水灌溉 (占 98%)，地下水灌溉仅占 2% (李鸣蝉，2019)。云南境内澜沧江流域灌溉面积为 37.92 万 hm^2 (占粮食播种面积的 40%)，占流域总灌溉面积的 4.98%。云南境内澜沧江上游的迪庆州和怒江州，耕种面积较小，其中，水稻种植面积仅有 0.39 万 hm^2，作物灌溉面积为 1.08 万 hm^2；澜沧江中游的大理州、保山市和临沧市，地势相对平坦、气温充足，种植水稻面积较大，为 9.42 万 hm^2，灌溉设施保障条件较好，作物灌溉面积为 21.12 万 hm^2；澜沧江下游的普洱市和西双版纳州，水稻种植面积较大，为 9.18 万 hm^2，作物灌溉面积为 15.72 万 hm^2 (王若兰，2019)。在下湄公河流域，越南的灌溉面积最大，占流域总灌溉面积的 70.02%；其次为泰国，灌溉面积占流域总灌溉面积的 13.21%；柬埔寨流域内灌溉面积占流域总灌溉面积的 7.39%；老挝流域内灌溉面积占流域总灌溉面积的 4.40% (王若兰，2019)。旱季的灌溉面积约为 120 万 hm^2，不到农业用地总量的 10%。流域内农业生产水平受到旱季水资源可用性的限制，现有水库的蓄水能力不足以在不同季节间显著地重新分配水资源。

2.3.3　水电开发

澜沧江-湄公河蕴含着丰富的水能资源。中国境内澜沧江流域可开发利用水能资源为2737万 KW，占全流域水能资源的48%，其中干流可开发利用量为2478万 KW，支流可开发利用量为259万 KW（何大明，2000）；下湄公河水能资源可开发利用量为3000万 KW，其中干流为1280万 KW，支流为1720万 KW。下湄公河支流可开发利用量中，老挝境内可开发利用量为1300万 KW，柬埔寨、越南境内可开发利用量分别为220万 KW、200万 KW（MRC，2003）。可见，澜沧江流域水能资源开发潜力集中于干流，而下湄公河水能资源开发利用潜力支流大于干流，其中，老挝境内的水能资源可开发利用量明显大于下湄公河流域其他三国。

根据 Water, Land and Ecosystems（WLE）-Greater Mekong 项目数据库（WLE Greater Mekong，2017），流域内已建、在建和规划水电站有150座（装机容量大于1.5万 KW）。在150座水电站中，已建水电站62座、在建水电站33座、规划水电站55座。根据2019年的统计数据，澜湄全流域已建水电站装机容量为2804.25万 KW，其中上游澜沧江上水电站装机容量为1575.75万 KW，下湄公河区域装机容量为1228.5万 KW。在下湄公河区域，老挝已建水电站的装机容量最大，为803.3万 KW；柬埔寨最小，为40.1万 KW；越南和泰国分别为260.7万 KW 和124.5万 KW（MRC，2019b）。

干流上，中国境内澜沧江上已建成水电站包括乌弄龙、里底、黄登、大华桥、苗尾、功果桥、小湾、漫湾、大朝山、糯扎渡、景洪电站；其中小湾和糯扎渡库容量较大，分别为145.6亿 m3、224亿 m3，具有蓄洪补枯的径流调节能力。此外，在澜沧江上游西藏段还在建或规划了8座电站。近年来，下湄公河区域的水电开发强度也在加大，沿岸国家都做了中长期的水电开发规划，其中老挝和柬埔寨的规划装机容量较高。目前，老挝除了在干流已经在建的沙耶武里电站（装机容量128.5万 KW）、栋萨宏电站（26.0万 KW），还规划了琅勃拉邦等7座电站，总装机容量753.2万 KW；柬埔寨在干流规划了上丁和桑博尔2座水电站，装机容量分别为98.0万 KW 和170.3万 KW（MRC，2019b）。

总体来说，澜湄流域的水利水电开发情况可以概括为：①中国已建水电站装机容量位居各流域国第一位，未来仍将进一步规划开发流域内的水能资源；②老挝已建水电站装机容量位居流域国中第二位，其规划水电站装机容量是流域国中最高的；③柬埔寨在流域内无大型水电站，但其未来规划开发水电站装机容量位居流域国第三位；④泰国和越南在流域内以建设灌溉用途的水利设施为主，可开发利用的水能资源较小（王若兰，2019）。

参 考 文 献

长江水利委员会国际合作与科技局. 2016. 湄公河开发利用与管理[M]. 武汉: 长江出版社.

陈永清, 刘俊来, 冯庆来, 等. 2010. 东南亚中南半岛地质及与花岗岩有关的矿床[M]. 北京: 地质出版社.

何大明. 1995. 澜沧江-湄公河水文特征分析[J]. 云南地理环境研究, 7(1): 58-74.

何大明. 2000. 国际河流共享水资源的公平合理利用——澜沧江-源公河案例[D]. 北京: 北京师范大学.

何大明, 陈社明, 曾玉. 1996. 越南、老挝、泰国、缅甸英汉—汉英地名词典[M]. 北京: 中国科学技术出版社.

何大明, 汤奇成, 等. 2000. 中国国际河流[M]. 北京: 科学出版社.

何大明, 周贵荣, 刘恒. 2001. 澜沧江流域水资源 GIS[M]. 昆明: 云南科技出版社.

何大明, 冯彦, 胡金明, 等. 2007. 中国西南国际河流水资源利用与生态保护[M]. 北京: 科学出版社.

李奔. 2009. 国际河流水资源开发利用决策方法研究[D]. 武汉: 武汉大学.

李丽娟, 李九一, 等. 2016. 澜沧江流域水资源与水环境研究[M]. 北京: 科学出版社.

李鸣蝉. 2019. 2000–2017 年澜沧江-湄公河流域植被 NDVI 指数与降水的关系研究[D]. 昆明: 云南师范大学.

刘昌明. 2014. 中国水文地理[M]. 北京: 科学出版社.

Na-U-Dom T. 2017. 湄公河流域植被动态对气候变化的响应[D]. 北京: 中国科学院研究生院.

仇ನ新. 1996. 云南省澜沧江流域环境规划研究[M]. 昆明: 云南科技出版社.

唐海行. 1999. 澜沧江-湄公河流域的水资源及其开发利用现状分析[J]. 云南地理环境研究, 11(1): 16-25.

汪启蒙. 2015. 澜沧江-湄公河流域环境保护研究[D]. 兰州: 西北民族大学.

王若兰. 2019. 澜沧江-湄公河流域 5 国水资源利用差异分析[D]. 昆明: 云南大学.

尹晓雪. 2020. 土地利用变化对湄公河流域国家 NPP(净初级生产力)时空变化的效应及其可视化研究[D]. 昆明: 云南师范大学.

游珍, 杨艳昭, 姜鲁光, 等. 2012. 基于 DEM 数据的澜沧江-湄公河流域地形起伏度研究[J]. 云南大学学报(自然科学版), 34(4): 393-400.

游珍, 封志明, 姜鲁光, 等. 2014. 澜沧江-湄公河流域人口分布及其与地形的关系[J]. 山地学报, 32(1): 21-29.

云南省统计局. 2017. 云南统计年鉴[M]. 北京: 中国统计出版社.

赵萍, 汤洁, 尹笋. 2017. 湄公河流域水资源开发利用现状[J]. 水利经济, 35(4): 55-58, 77-78.

中国河湖大典编纂委员会. 2014. 中国河湖大典——西南诸河卷[M]. 北京: 中国水利水电出版社.

Cambodia National Institute of Statistics. 2015. Census of agriculture of the Kingdom of Cambodia 2013[M]. Phnom Penh: National Institute of Statistics, Ministry of Planning in collaboration with the Ministry of Agriculture, Forestry and Fisheries.

ESA. 2017. Land cover CCI product user guide version 2[EB/OL]. [2023-6-20]. https://maps.elie.ucl.ac.be/CCI/viewer/download/ESACCI-LC-Ph2-PUGv2_2.0.pdf, 2017.

FAO/IIASA/ISRIC/ISSCAS/JRC, 2012. Harmonized world soil database version 1.2[EB/OL]. [2023-6-20]. https://www.fao.org/soils-portal/data-hub/soil-maps-and-databases/harmonized-world-soil-database-v12/en/.

Fenton C H, Charusiri P, Wood S C. 2009. Recent paleoseismic investigations in northern and western Thailand[J]. Annals of Geophysics, 46: 957-981.

Frenken K. 2012. Irrigation in southern and eastern Asia in figures: aquastat survey, 2011[R]. Rome: Food and Agricultural Organization.

Gupta A, Liew S C. 2007. The Mekong from satellite imagery: a quick look at a large river[J]. Geomorphology, 85(3-4): 259-274.

Lao Statistics Bureau. 2016. Lao statistical year book 2015[M]. Vientiane: Lao Statistics Bureau Ministry of Planning and Investment.

Leinenkugel P, Kuenzer C, Oppelt N, et al. 2013. Characterisation of land surface phenology and land cover based on moderate resolution satellite data in cloud prone areas-A novel product for the Mekong Basin[J]. Remote Sensing of Environment, 136: 180-198.

MRC. 2003. State of the basin report: 2003[R]. Phnom Penh: Mekong River Commission.

MRC. 2005. Overview of the Hydrology of the Mekong Basin[M]. Vientiane: Mekong River Commission.

MRC. 2010. State of the Basin Report 2010[R]. Vientiane: MRC Secretariat.

MRC. 2011. Planning Atlas of the Lower Mekong River Basin[R]. Vientiane: Mekong River Commission.

MRC. 2019a. State of the Basin Report 2018[R]. Vientiane: MRC Secretariat.

MRC, 2019b. The MRC hydropower mitigation guideline[R]. Vientiane: Mekong River Commission.

Ta T K O, Nguyen V L, Tateishi M, et al. 2002. Holocene delta evolution and sediment discharge of the Mekong River, southern
       Vietnam[J]. Quaternary Science Reviews, 21(16-17): 1807-1819.

Thailand National Statistical Office. 2014. 2013 Thailand agriculture census Northeastern Region[M]. Bangkok: Statistical
       Forecasting Bureau, National Statistical Office.

Van Lap Nguyen, Ta T K O, Tateishi M. 2000. Late Holocene depositional environments and coastal evolution of the Mekong River
       Delta, Southern Vietnam[J]. Journal of Asian Earth Sciences, 18(4): 427-439.

Vietnam General Statistics Office. 2018. Statistical yearbook of Vietnam 2017[M]. Hanoi: Statistical Publishing House.

WLE Greater Mekong. 2017. Dams in the Mekong river basin: commissioned, under construction and planned dams in september
       2017[EB/OL]. Vientiane, CGIAR Research Program on Water, Land and Ecosystems-Greater Mekong. https://wle-mekong.
       cgiar.org/changes/our-research/greater-mekong-dams-observatory/[2022-11-7].

World Bank.2023.World Development Indicators[OL].[2024-1-29]. https://datatopics.worldbank.org/world-development-indicators/.

Xue Z, Liu J P, Ge Q. 2011. Changes in hydrology and sediment delivery of the Mekong River in the last 50 years: connection to
       damming, monsoon, and ENSO[J]. Earth Surface Processes and Landforms, 36(3): 296-308.

第 3 章 澜湄流域降水时空变异

澜湄流域位于印度及东亚夏季风交汇影响的区域,南亚夏季风主要影响澜湄流域西侧雨季降水,而东亚夏季风则主要影响流域东南部雨季降水(Yang et al.,2019)。流域雨季从 5 月持续至 10 月,其降水量占全年降水量的 80%~90%(Costa-Cabral et al.,2008;Kingston et al.,2011)。海洋-大气交互作用影响澜湄流域降水的年际变化,降水量年际变化较大(Irannezhad et al.,2020)。

澜沧江流域降水空间分布受地形和海拔变化影响较大,从南至北降水量逐渐减少;河谷中降雪较少,而上游高海拔地区降雪则较大。湄公河流域大部分地区经常出现持续 1d 或 2d 的大雨,热带气旋通常在雨季后期发生,8 月及 9 月为全年中降水量最高的月份;泰国东北部的呵叻高原、柬埔寨平原及湄公河三角洲年平均降水量多低于 1500mm,而长山山脉西坡年平均降水量则超过 3000mm(Costa-Cabral et al.,2008;Food and Agriculture Organization of the United Nations,2011)。

澜湄流域人口约 7500 万人,其中大部分从事与水相关的社会经济活动。流域区的农业、渔业、航运及水力发电等社会经济活动在很大程度上受降水时空分布及变化影响(Food and Agriculture Organization of the United Nations,2011;Räsänen and Kummu,2013)。近几十年来,在全球变化背景下,澜湄流域降水变化导致洪涝及干旱灾害更为频发,严重威胁到流域社会经济发展(Delgado et al.,2012)。明晰流域降水时空分布变化特征及其影响机制,对减缓流域气候变化影响的风险、维护区域可持续发展至关重要。

3.1 流域降水量时空分布特征

3.1.1 数据及主要研究方法

1)降水数据

澜湄流域很多区域雨量站点空间分布稀疏,部分站点数据质量较差、缺失较多。站点观测降水量数据往往难以满足降水量时空分布与变化特征分析的需要。近年来,越来越多不同类型降水产品被用于解决流域站点降水观测数据的问题。其中,在澜湄流域精度较好的全球降水气候中心(Global Precipitation Climatology Centre,GPCC)及亚洲高分辨率陆地降水数据集(Asian Precipitation-Highly Resolved Observational Data Integration Towards Evaluation of Water Resources,APHRODITE)多被研究运用于月降水量及日降水量的分析。

　　GPCC 产品由德国气象局全球降水气候中心制作，是世界气象研究计划建立的全球降水气候项目的核心组成部分。该数据集基于全球大约 85000 个观测站点(其中包括气象观测站点、水文监测站点等)的观测资料和一些区域资料集。GPCC 数据用于澜湄流域月降水量的分析。

　　APHRODITE 产品为日本综合地球环境学研究所和日本气象厅气象研究所联合实施并建立的一套覆盖亚洲的长序列日降水产品(Yatagai et al.，2009，2012)。APHRODITE 包括四个子数据集，分别描述季风区(MA)、中亚(ME)、俄罗斯(RU)和日本(JP)的降水特征。APHRODITE 数据用于澜湄流域日降水量的分析。

　　2) 大气环流指数

　　太平洋不同区域海表温度数据、多变量厄尔尼诺-南方涛动(El Nino and southern oscillation，ENSO) 指数 (multivaniate ENSO index，MEI) 及南方涛动指数 (southern oscillation index，SOI) 被用于 ENSO 与澜湄流域降水量的关联分析。其中，海表温度指数包括 Nino 1+2 及 Nino 3.4 指数；MEI 基于热带太平洋上空的 6 个主要观测变量(气压、纬向风、径向风、气温、海表温度和云量) 数据制作而成，来自美国国家海洋和大气管理局 (National Oceanic and Atmospheric Administration，https://www.cpc.ncep.noaa.gov/)。

　　3) 雨季开始及结束时间确定方法

　　多尺度滑动 t 检验用于雨季开始及结束时间的确定，对突变点前后序列长度为 n 的日降水子样本变化的显著程度进行检测($n = 30,31,\cdots,182$ 或 183，此处 182 或 183 分别对应一年天数 365d 或 366d 的一半)，以最显著的变化点确定雨季开始及结束时间。子样本的序列长度理论上应为 1～182d(或 183d)，为了使突变点不至于过于突出，子样本的序列长度限制在 30～182d(或 183d) (Cao et al.，2018)。

　　多尺度突变点的检测方式为

$$t(n,i) = (\overline{x}_{i_2} - \overline{x}_{i_1})n^{1/2}(s_{i_2}^2 + s_{i_2}^2)^{-1/2} \tag{3.1}$$

式中，$t(n,i)$ 表示子样本之间的突变差异；$\overline{x}_{i_1}$、$\overline{x}_{i_2}$ 分别表示子样本一、子样本二降水量的均值；$s_{i_1}^2$、$s_{i_2}^2$ 分别表示子样本一、子样本二降水量的方差。

　　其中

$$\overline{x}_{i_1} = \sum_{j=i-n}^{i-1} x_j / n \tag{3.2}$$

$$\overline{x}_{i_2} = \sum_{j=i}^{i+n-1} x_j / n \tag{3.3}$$

$$s_{i_1}^2 = \sum_{j=i-n}^{i-1} (x_j - \overline{x}_{i_1})^2 / (n-1) \tag{3.4}$$

$$s_{i_2}^2 = \sum_{j=i}^{i+n-1} (x_j - \overline{x}_{i_2})^2 / (n-1) \tag{3.5}$$

$$t_r(n,i) = t(n,i) / t_{0.01}(n) \tag{3.6}$$

利用 $t_r(n,i)$ 确定突变点。$t_r(n,i) > 1.0$ 代表增长趋势，$t_r(n,i) < 1.0$ 代表减少趋势。一方面，当降水从较小的值增长至较大的值，$t_r(n,i)$ 最大值对应的突变点即定义为雨季开始时间；另一方面，当降水从较大的值减小至较小的值，$t_r(n,i)$ 最小值对应的突变点则定义为雨季结束时间。

3.1.2 流域降水量空间分布特征

澜湄流域年平均降水量的空间分布如图 3.1(a)所示。流域年平均降水量为 1519.8mm。其中，廊开–穆达汉降水量最大，其年平均降水量达到了 2093.0mm；巴色—上丁年降水量为 2026.5mm；昌都以上流域降水量最少，年平均降水量为 526.7mm；而昌都—旧州年降水量为 682.3mm，也是流域降水量比较少的区域。整体上看，上游澜沧江流域年、雨季及旱季降水量均低于下游湄公河流域。澜沧江流域上下游降水量同样差异明显，澜沧江流域上游为整个澜湄流域降水量最低的区域。在湄公河流域，左右岸降水量差异突出，右岸大部分地区年降水量在 1500mm 以下，其中降水量最少的地区位于蒙河流域，其年降水量多不足 1000mm；与此不同，湄公河的左岸，年降水量则多高于 1500mm。

澜湄流域雨季(5～10 月)及旱季(11 月至次年 4 月)平均降水量空间分布如图 3.1(b)和图 3.1(c)所示。流域 5～10 月平均降水量为 1309.9mm，约占全年降水量的 86.2%。澜湄流域的年降水主要集中在雨季，除昌都—旧州外，流域雨季降水量占全年降水量比例基本都超过了 80%。昌都—旧州位于横断山区，3～4 月桃花汛期间也具有较大降水量，雨季降水量占年降水量的 79.1%；与此形成对比的是，昌都以上的源区，大部分降水都发生在雨季，5～10 月降水量占年降水量的 92.0%。

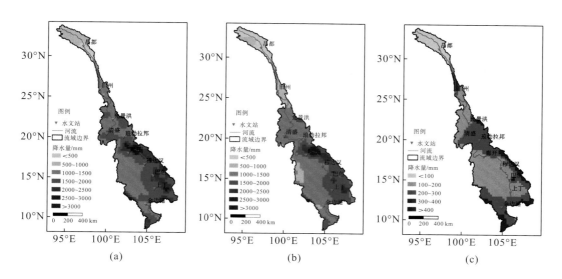

图 3.1 澜湄流域年(a)、雨季(b)及旱季(c)平均降水量空间分布

3.1.3 流域降水量时间变化特征

1）流域降水量变差系数分布特征

流域年、雨季及旱季降水量的变差系数（CV）如图 3.2 所示。流域雨季降水量的 CV 大部分在 0.1～0.2，说明雨季降水量的年际变化整体上不大；年降水量大部分在雨季，流域大部分地区年降水量的变差系数也在 0.1～0.2，且年降水量变差系数的分布特征与年降水量类似，表现为下游湄公河流域年降水量变差系数高于上游澜沧江流域，而下游湄公河的左岸则高于右岸。流域旱季降水量的 CV 较雨季高，大部分地区都高于 0.3，其中旧州至允景洪及上丁以下地区 CV 多高于 0.4，旱季降水量年际变化较大。

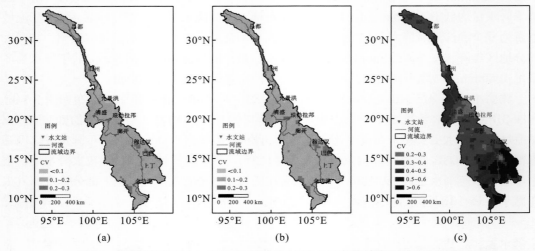

图 3.2　澜湄流域年（a）、雨季（b）及旱季（c）降水量变差系数（CV）空间分布

2）流域降水量变化趋势

流域年、雨季及旱季降水量距平变化如图 3.3 所示。1951～2019 年，流域年及旱季降水量显著增长（显著性水平 $\alpha=0.01$），而雨季降水量则有显著减少的趋势（$\alpha=0.05$），年、雨季及旱季降水量的线性倾向率分别为 3.9mm/10a、−0.3mm/10a 及 4.2mm/10a。1951～2019 年，澜湄流域雨季降水量的变化并不大，但旱季降水量的变化则较大，尽管旱季降水量占年降水量的比例不大，但由于旱季降水量的增幅较大，其增加直接导致了年降水量的增大。

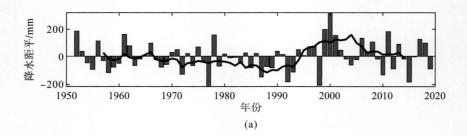

(a)

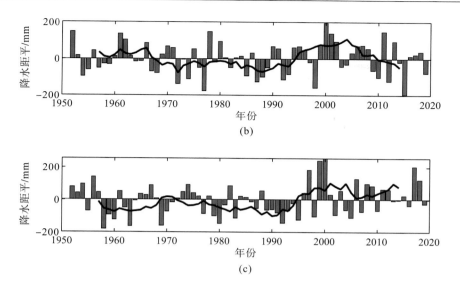

图 3.3　1951～2019 年澜湄流域年(a)、雨季(b)及旱季(c)降水量距平变化

　　1951～2019 年澜湄流域不同区域年、雨季及旱季降水量的线性倾向率空间分布如图 3.4 所示。整体来看，流域年及雨季降水量的变化趋势空间差异较大。昌都以上以及清盛—穆达汉大部分地区年及雨季降水量有增加的趋势，其中清盛—穆达汉部分区域年及雨季降水量线性倾向率超过了 30mm/10a，且增加趋势显著；昌都—允景洪大部分地区年及雨季降水量呈现减少趋势，其中允景洪附近部分区域雨季线性倾向率在-30～-20mm/10a，且减小趋势显著。由于澜湄流域年降水量大部分发生在雨季，年降水量与雨季降水量变化趋势较为相似。澜湄流域旱季大部分地区降水量均表现出增加趋势，其中昌都以上地区旱季降水量增加趋势显著。澜湄流域旱季降水量的变化与变弱的西风及强盛的南风有关，来自西太平洋及印度洋向北传播的水汽有所增加(Irannezhad et al.，2020)。

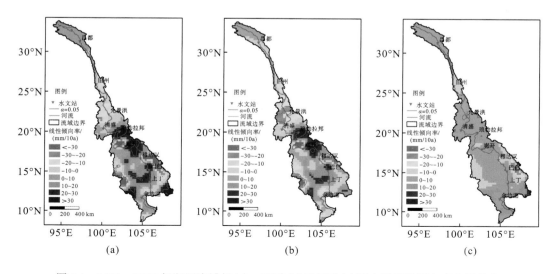

图 3.4　1951～2019 年澜湄流域年(a)、雨季(b)及旱季(c)降水量线性倾向率空间分布

　　1951～2019 年澜湄流域雨季各月的降水量线性倾向率空间分布如图 3.5 所示。澜湄流域大部分地区 5 月降水量有增加的趋势，但趋势多不显著；流域 6 月降水量多有降低趋势，其中允景洪—清盛大部分地区降水量线性倾向率在-20～-10mm/a，且减小趋势显著；7 月，流域大部分地区降水量有增加趋势，变化最大的区域位于廊开—穆达汉，其大部分地区线性倾向率高于 20mm/a，且增加趋势显著；流域 8～10 月降水量不同区域变化趋势不尽相同。结合年及雨季降水量变化可以看出，允景洪—清盛部分地区雨季降水量显著减少趋势与该区域 6 月降水量的显著降低有关，而廊开—穆达汉部分地区年及雨季降水量的显著增加趋势则受到该区域 7 月降水量的显著变大影响。

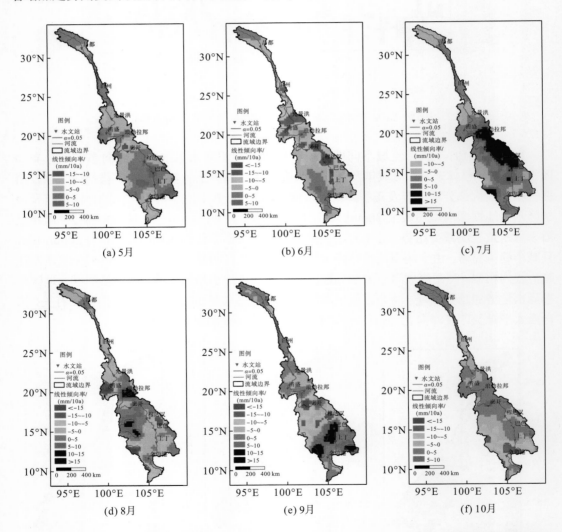

图 3.5　1951～2019 年澜湄流域 5 月（a）、6 月（b）、7 月（c）、8 月（d）、9 月（e）及 10 月（f）降水量线性倾向率空间分布

3.1.4　流域雨季开始、结束及持续时间

　　澜湄流域雨季开始、结束及持续时间的空间分布如图 3.6 所示。流域大部分地区雨季开始于 5 月，上游澜沧江流域雨季开始时间晚于下游湄公河流域。清盛站以上流域雨季平均开始时间在 5 月中旬，其中旧州站附近区域雨季开始时间最晚，清盛站以下流域开始时间则主要在 5 月上旬。从结束时间来看，穆达汉以上流域雨季结束时间多在 9 月下旬，而穆达汉以下流域则多集中于 10 月，流域最下游的西南部区域雨季结束时间最晚。流域雨季天数空间差异明显，清盛以上流域平均雨季天数都低于 140d，而清盛以下流域平均雨季天数则高于 140d，其中穆达汉以下流域大于 150d，金边港以下流域持续时间最长，其平均雨季天数达到了 179d。整体上看，从上游到下游，雨季开始时间越来越早，而结束时间则逐渐推迟，雨季持续时间越来越长。

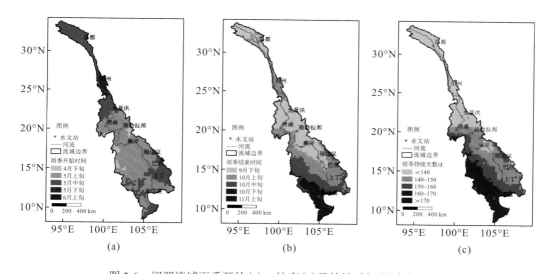

图 3.6　澜湄流域雨季开始(a)、结束(b)及持续时间(c)空间分布

3.2　流域降水量年际变化影响因素

3.2.1　流域降水量年际变化主要模式

　　经验正交函数(empirical orthogonal function，EOF)计算获得的澜湄流域年、雨季及旱季降水量的各主模态如图 3.7～图 3.9 所示。对于年、雨季及旱季降水量，前 3 个主模态均能够解释澜湄流域年际变化的主要模式。年降水量空间分布的前 3 个主模态分别解释了总方差的 25.2%、10.6% 及 7.4%。其中，澜湄流域大部分地区第一 EOF 模态为正值，负值主要集中于湄公河流域东部；第二 EOF 模态主要表现了整个澜湄流域降水量南北方向的不同；而第三 EOF 模态则体现了长山山脉迎风坡及湄公河流域西南部降水变化的特征。

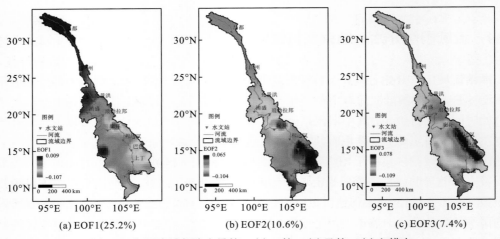

(a) EOF1(25.2%)　　　　　　(b) EOF2(10.6%)　　　　　　(c) EOF3(7.4%)

图 3.7　澜湄流域年降水量第一(a)、第二(b)及第三(c)主模态

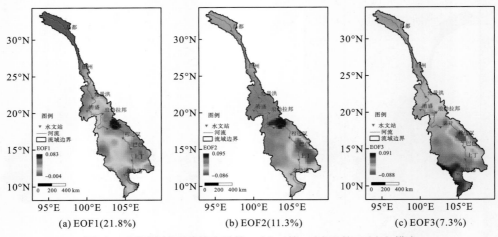

(a) EOF1(21.8%)　　　　　　(b) EOF2(11.3%)　　　　　　(c) EOF3(7.3%)

图 3.8　澜湄流域雨季降水量第一(a)、第二(b)及第三(c)主模态

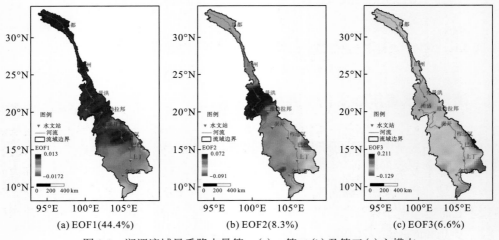

(a) EOF1(44.4%)　　　　　　(b) EOF2(8.3%)　　　　　　(c) EOF3(6.6%)

图 3.9　澜湄流域旱季降水量第一(a)、第二(b)及第三(c)主模态

对于雨季降水量的空间分布来说，前 3 个主模态分别解释了总方差的 21.8%、11.3% 及 7.3%，3 个主模态的空间分布特征与年降水量较为接近。由于年降水量的主模态大部分发生在雨季，雨季降水量的时空分布及变化特征在一定程度上决定了年降水量的特征。

旱季降水量空间分布的前 3 个主模态依次解释了总方差的 44.4%、8.3% 及 6.6%。其中，第一及第二 EOF 模态都主要表现为南北的差异。

3.2.2　夏季风变化对流域雨季降水量的影响

澜湄流域 6～9 月（June，July，August，September，JJAS）降水量与南亚季风指数以及 6～8 月（June，July，August，JJA）降水量与东亚季风指数的相关关系如图 3.10 所示。一方面，在允景洪—清盛的大部分地区，JJAS 降水量与南亚季风指数都呈现显著的相关关系；另一方面，穆达汉—上丁的左岸大部分地区，JJA 降水量与东亚季风指数相关关系显著。南亚及东亚夏季风共同影响澜湄流域雨季降水量的年际变化，南亚（东亚）季风越强盛，上述区域该阶段的降水量越大。

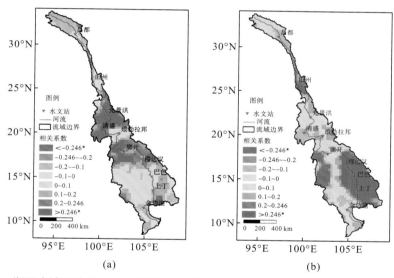

图 3.10　澜湄流域雨季降水量与南亚季风指数（a）及东亚季风指数（b）的相关关系空间分布

注：*表示显著性水平达 0.05，本章后同。

当印度季风及东亚夏季风较为强盛时，印度东北部—菲律宾群岛西北部被正异常非绝热加热主导，而孟加拉湾南部—菲律宾群岛西南部则为负异常非绝热加热占据。这些热力异常引发了孟加拉湾北部及南海北部的两个异常气旋，进而在孟加拉湾北部及南海北部分别形成西风异常及东风异常。一方面，这些纬向风异常将更多的水汽从孟加拉湾和南海输送到澜湄流域；另一方面，纬向风异常也利于在澜湄流域形成异常辐合区，进而使流域降水量增多。而当印度季风及东亚夏季风较弱时，水汽输送与前述情况相反，澜湄流域雨季降水量偏少（Yang et al.，2019）。

     6~9 月降水量与南亚季风指数显著相关的允景洪—清盛区间标准化降水与南亚季风指数的关系如图 3.11 所示。1951~2019 年，南亚季风指数有下降的趋势，受此影响，允景洪—清盛区间降水量也呈现减少趋势。允景洪至清盛区间是流域内年及季节降水量显著减少的区域，南亚季风的减弱导致该地区降水量降低。

     亚洲大陆与阿拉伯海、印度洋及孟加拉湾等水体的热力差异影响了南亚夏季风的水汽传输(Li and Zeng，2002)。阿拉伯海的增暖增加了阿拉伯海水汽的辐合，减弱了孟加拉湾及阿拉伯海的西风及水汽输送(Mishra et al.，2020)，从而影响到澜湄流域部分区域的雨季降水量。

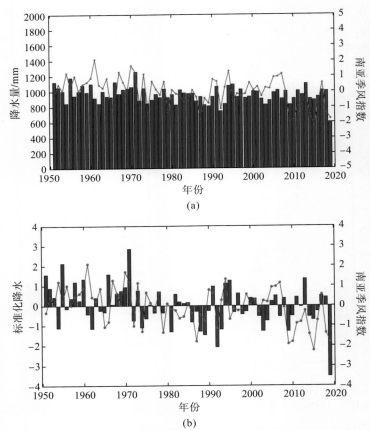

图 3.11　1951~2019 年澜湄流域允景洪—清盛区间 6~9 月降水量(a)、标准化降水(b)与南亚季风指数变化

3.2.3　ENSO 对流域降水变化的影响

1) ENSO 对流域降水量的影响

     南方涛动指数(SOI)与澜湄流域年、雨季及旱季降水量相关关系分布如图 3.12 所示。SOI 与澜湄流域年降水量相关关系显著的地区不多，主要集中在流域下游；对于雨季降水量来说，流域大部分地区 SOI 与流域年降水量没有显著的相关关系。在穆达汉以下流域，

SOI 与旱季降水量大多表现出显著正相关关系，当发生厄尔尼诺事件时，该区域旱季降水量相对较小。

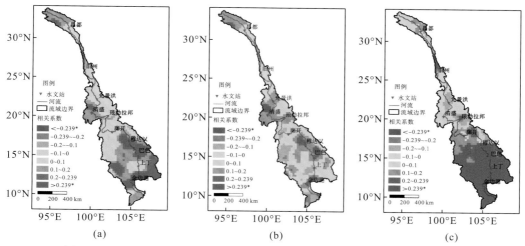

图 3.12　SOI 与澜湄流域年(a)、雨季(b)及旱季(c)降水量相关关系空间分布

　　MEI、Nino 1+2 区海面水温(简称海温)(sea surface temperature，SST)指数、Nino 3.4 区海温指数、SOI 等指数与 5～10 月降水量的相关关系如图 3.13～图 3.16 所示。Nino 1+2 区海温指数、Nino 3.4 区海温指数、MEI 等指数与澜湄流域雨季各月降水量相关关系的空间分布整体上较为接近。其中，3 个指数与流域 5 月降水量相关关系显著的区域最多，昌都以上、允景洪至穆达汉及上丁以下多个区域 5 月降水量与 3 个指数都呈现出了显著负相关关系；Nino 1+2 SST、Nino 3.4 SST、MEI 等指数与 6 月、7 月流域降水显著负相关的地区主要集中于长山山脉迎风坡，6 月、8 月各指数与降水量显著正相关的区域则主要集中在蒙河流域上游，其他月份及其他区域各指数与月降水量的相关关系大部分不显著。澜湄流域各月降水量与 SOI 的相关关系多与上述 3 个指数的结果相反。

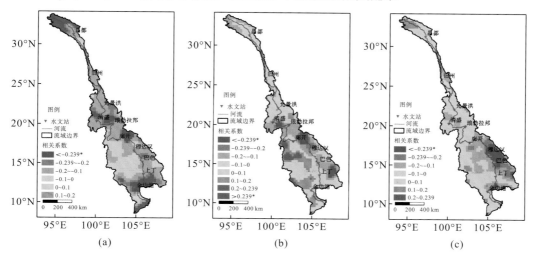

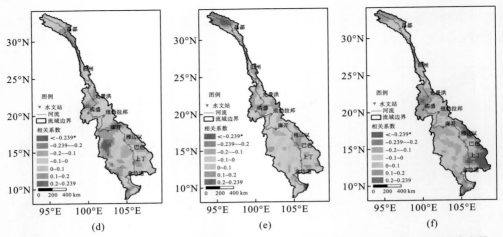

图 3.13　澜湄流域 MEI 与 5 月(a)、6 月(b)、7 月(c)、8 月(d)、9 月(e)及 10 月(f)降水量
相关关系空间分布

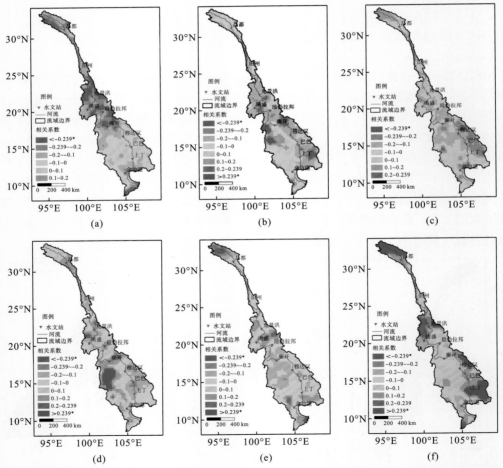

图 3.14　澜湄流域 Nino 1+2 区海温指数与 5 月(a)、6 月(b)、7 月(c)、8 月(d)、9 月(e)及 10 月(f)
降水量相关关系空间分布

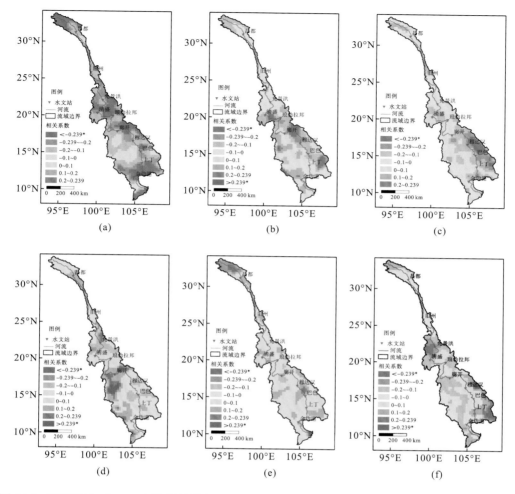

图 3.15　澜湄流域 Nino 3.4 区海温指数与 5 月 (a)、6 月 (b)、7 月 (c)、8 月 (d)、9 月 (e) 及 10 月 (f)
降水量相关关系空间分布

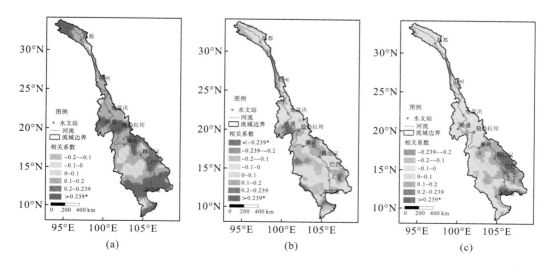

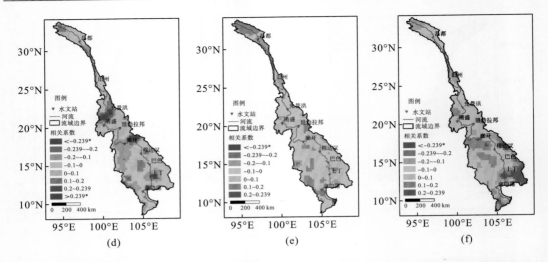

图 3.16　澜湄流域 SOI 与 5 月(a)、6 月(b)、7 月(c)、8 月(d)、9 月(e)及 10 月(f)降水量相关关系空间分布

一方面,当发生厄尔尼诺(拉尼娜)事件时,东南太平洋及西南太平洋温差减小(增大),沃克环流及信风减弱(强化),流域大部分地区所处的东南亚地区蒸散发及云量减少(增加),进而导致澜湄流域更少(更多)的雨季降水量(Räsänen and Kummu,2013;Räsänen et al.,2016;Hrudya et al.,2021);另一方面,厄尔尼诺(拉尼娜)事件发生时,阿拉伯海、印度洋及孟加拉湾海温较暖(冷),这些水体与北边亚洲大陆的气压差减小(增大),减弱(增强)了向澜湄流域的水汽输送,使得澜湄流域尤其是流域西南及南部雨季降水量的减少(增多)(Cherchi and Navarra,2013;Irannezhad et al.,2020;Hrudya et al.,2021)。

2)ENSO 对流域雨季时间的影响

图 3.17～图 3.20 分别为 MEI、Nino 1+2 区海温指数、Nino3.4 区海温指数、SOI 与澜

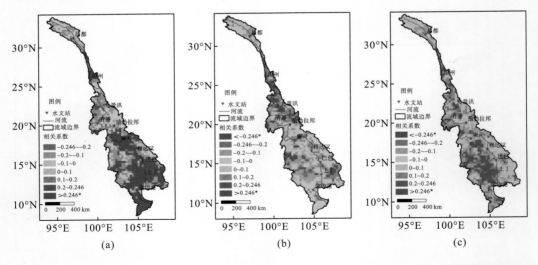

图 3.17　MEI 与澜湄流域雨季开始时间(a)、结束时间(b)及持续时间(c)相关关系空间分布

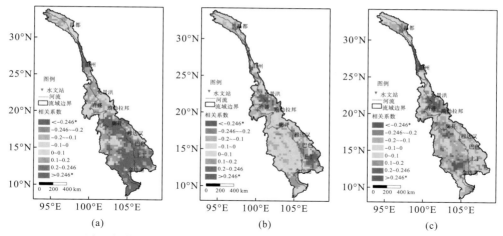

图 3.18 Nino 1+2 区海温指数与澜湄流域雨季开始时间(a)、结束时间(b)及持续时间(c)相关关系空间分布

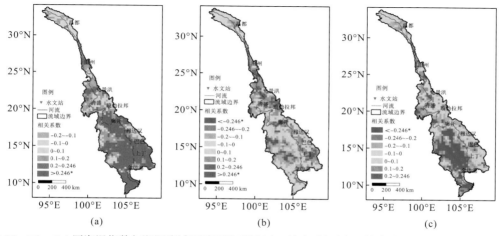

图 3.19 Nino 3.4 区海温指数与澜湄流域雨季开始时间(a)、结束时间(b)及持续时间(c)相关关系空间分布

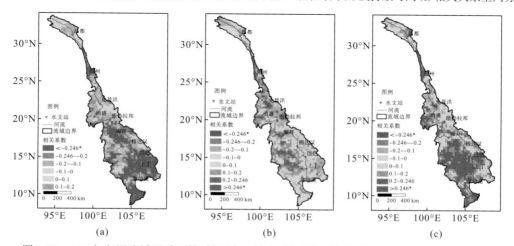

图 3.20 SOI 与澜湄流域雨季开始时间(a)、结束时间(b)及持续时间(c)相关关系空间分布

湄流域雨季开始时间、结束时间、持续时间相关关系的空间分布。一方面，廊开以上流域
4 个指数与雨季开始时间相关关系大多不显著，而廊开以下流域近一半区域雨季开始时间
与 MEI、Nino 1+2 区海温指数、Nino3.4 区海温指数都有显著的正相关关系，与 SOI 呈现
显著负相关关系；另一方面，澜湄流域大部分区域 4 个指数与雨季结束时间相关关系均不
显著。受上述因素的影响，4 个指数与雨季持续时间的相关关系在很大程度上取决于 4 个
指数与雨季开始时间的相关关系。当发生厄尔尼诺事件时，湄公河流域雨季开始得比较晚，
雨季持续时间较短。

　　厄尔尼诺(拉尼娜)发生时，孟加拉湾及西北太平洋受反气旋(气旋)异常影响。厄尔尼
诺引发的孟加拉湾异常反气旋北侧的西风以及西北太平洋异常反气旋西北侧的南风将水
汽从南海输送至华南地区，抑制了澜湄流域下游 5 月的对流并减少了降水。而当拉尼娜发
生时，孟加拉湾异常气旋南侧的西风和西北太平洋异常气旋北侧的东北风则利于从孟加拉
湾及西北太平洋向流域下游的水汽输送及辐合，使得流域 5 月降水量相对较大。总体来看，
厄尔尼诺(拉尼娜)引起西北太平洋及孟加拉湾异常反气旋(气旋)，抑制(促进)来自太平洋
及印度洋的暖湿气流，进而阻碍(利于)流域下游 5 月的水汽输送。

　　当厄尔尼诺(拉尼娜)发生时，伴随着 3～5 月中东太平洋海表温度变低(高)，西北太
平洋海表温度变低(高)，形成了西北太平洋反气旋(气旋)异常(Matsuno，1966；Gill，1980)。
与冷(暖)ENSO 事件相关的太平洋对流活动季节内振荡的增强(减弱)导致了孟加拉湾夏
季风的提前(延迟)暴发(Li et al.，2018)，而孟加拉湾夏季风开始时间则对周边区域 5 月降
水量产生影响。当孟加拉湾夏季风较早(晚)开始时，中国西南地区及南海、印度半岛南部
及澜湄流域下游所处的中南半岛 5 月降水偏多(少)，而华南地区降水量则较少(多)(Xing
et al.，2016；Ge et al.，2021)。

参 考 文 献

Cao Q, Hao Z C, Shao Q X, et al. 2018. Variability of onset and retreat of the rainy season in mainland China and associations with
　　atmospheric circulation and sea surface temperature[J]. Journal of Hydrology, 557: 67-82.

Cherchi A, Navarra A. 2013. Influence of ENSO and of the Indian Ocean Dipole on the Indian summer monsoon variability[J].
　　Climate Dynamics, 41(1): 81-103.

Costa-Cabral M C, Richey J E, Goteti G, et al. 2008. Landscape structure and use, climate, and water movement in the Mekong River
　　Basin[J]. Hydrological Processes, 22(12): 1731-1746.

Delgado J M, Merz B, Apel H. 2012. A climate-flood link for the lower Mekong River[J]. Hydrology and Earth System Sciences,
　　16(5): 1533-1541.

Food and Agriculture Organization of the United Nations. 2011. AQUASTAT Transboundary river Basins-Mekong River Basin[R].
　　Rome: FAO.

Ge F, Zhu S P, Sielmann F, et al. 2021. Precipitation over Indochina during the monsoon transition: modulation by Indian Ocean and
　　ENSO regimes[J]. Climate Dynamics, 57(9): 2491-2504.

Gill A E. 1980. Some simple solutions for heat-induced tropical circulation[J]. Quarterly Journal of the Royal Meteorological Society, 106(449): 447-462.

Hrudya P H, Varikoden H, Vishnu R. 2021. A review on the Indian summer monsoon rainfall, variability and its association with ENSO and IOD[J]. Meteorology and Atmospheric Physics, 133(1): 1-14.

Irannezhad M, Liu J G, Chen D L. 2020. Influential climate teleconnections for spatiotemporal precipitation variability in the Lancang-Mekong River Basin from 1952 to 2015[J]. Journal of Geophysical Research: Atmospheres, 125(21): e2020JD033331.

Kingston D G, Thompson J R, Kite G. 2011. Uncertainty in climate change projections of discharge for the Mekong River Basin[J]. Hydrology and Earth System Sciences, 15(5): 1459-1471.

Li J P, Zeng Q C. 2002. A unified monsoon index[J]. Geophysical Research Letters, 29(8): 1274.

Li K P, Liu Y L, Li Z, et al. 2018. Impacts of ENSO on the Bay of Bengal summer monsoon onset via modulating the intraseasonal oscillation[J]. Geophysical Research Letters, 45(10): 5220-5228.

Matsuno T. 1966. Quasi-geostrophic motions in the equatorial area[J]. Journal of the Meteorological Society of Japan. Ser. II, 44(1): 25-43.

Mishra A K, Dwivedi S, Das S. 2020. Role of Arabian Sea warming on the Indian summer monsoon rainfall in a regional climate model[J]. International Journal of Climatology, 40(4): 2226-2238.

Räsänen T A, Kummu M. 2013. Spatiotemporal influences of ENSO on precipitation and flood pulse in the Mekong River Basin[J]. Journal of Hydrology, 476: 154-168.

Räsänen T A, Lindgren V, Guillaume J H A, et al. 2016. On the spatial and temporal variability of ENSO precipitation and drought teleconnection in mainland Southeast Asia[J]. Climate of the Past, 12(9): 1889-1905.

Xing N, Li J P, Wang L N. 2016. Effect of the early and late onset of summer monsoon over the Bay of Bengal on Asian precipitation in May[J]. Climate Dynamics, 47(5): 1961-1970.

Yang R, Zhang W K, Gui S, et al. 2019. Rainy season precipitation variation in the Mekong River basin and its relationship to the Indian and East Asian summer monsoons[J]. Climate Dynamics, 52(9): 5691-5708.

Yatagai A, Arakawa O, Kamiguchi K, et al. 2009. A 44-year daily gridded precipitation dataset for Asia based on a dense network of rain gauges[J]. Sola, 5(1): 137-140.

Yatagai A, Kamiguchi K, Arakawa O, et al. 2012. APHRODITE: constructing a long-term daily gridded precipitation dataset for Asia based on a dense network of rain gauges[J]. Bulletin of the American Meteorological Society, 93(9): 1401-1415.

第4章　澜湄流域水文变化归因及气候响应

4.1　流域区间径流年代际变化

4.1.1　区间径流量计算方法

为分析流域不同区间径流的变化及其归因，同时，考虑水文资料的长度及连续性，基于干流 8 个水文站将澜沧江-湄公河上丁站以上划分为 8 个区间（图 4.1），重点分析不同区域径流变化的原因。划分的 8 个区间分别定义为：一区为昌都站以上区域，二区为昌都—旧州，三区为旧州—允景洪，四区为允景洪—清盛，五区为清盛—琅勃拉邦，六区为琅勃拉邦—万象，七区为万象—穆达汉，八区为穆达汉—上丁。

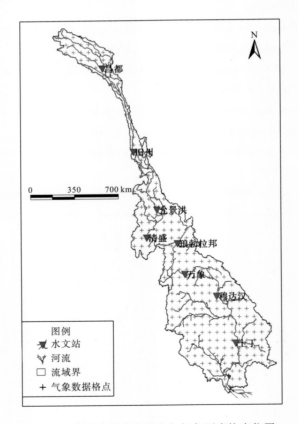

图 4.1　澜湄流域水文站点与气象要素格点位置

对于大尺度流域来说，干流站点的水文过程反映了站点以上整个区域的水文特征，而两个干流站点之间的水文过程则反映了区间的水文特点。如果两个干流站点区间有足够的支流水文监测资料，这是反映区间径流的最好的信息。在缺乏干流区间支流监测资料的情况下，如何以区间入口和出口站点资料反演区间水文过程则显得非常重要。综合考虑澜湄流域区间长度及汇流时间，认为在月尺度上，本时段和上一时段的上游径流量均对本时段的下游站点径流量具有贡献(谈晓珊等，2020)。因此，区间径流量采用下述估算方法：

$$Q_{\text{区间}}^i = Q_{\text{下}}^i - Q_{\text{上}}^{i'} \tag{4.1}$$

其中，

$$Q_{\text{上}}^{i'} = k \cdot Q_{\text{上}}^i + (1-k) \cdot Q_{\text{上}}^{i-1} \tag{4.2}$$

式中，$Q_{\text{区间}}^i$ 为第 i 时段的区间径流量；$Q_{\text{下}}^i$ 为第 i 时段区间下游站径流量；$Q_{\text{上}}^{i'}$ 为第 i 时段由区间上游站演算到下游站的虚拟流量；$Q_{\text{上}}^i$ 和 $Q_{\text{上}}^{i-1}$ 分别为第 i 和第 $i-1$ 时段区间上游站径流量；k 为流量分配参数，k 为 0～1。

由式(4.2)可以看出，区间上游站在本时段内有 $k \cdot Q_{\text{上}}^i$ 径流量可以到达区间下游站，同时，有上一时段 $(1-k) \cdot Q_{\text{上}}^{i-1}$ 径流量可以在本时段到达区间下游站点。可见，k 值的大小与区间长度、水流速度有密切关系；优化的 k 使得 $Q_{\text{下}}^i$ 与上游站点演算到下游的流量 $Q_{\text{上}}^{i'}$ 相关性最大。

$$k = \max \left[\gamma \left(Q_{\text{下}}^i, \ Q_{\text{上}}^{i'} \right) \right] \tag{4.3}$$

式中，γ 为 $Q_{\text{下}}^i$ 与 $Q_{\text{上}}^{i'}$ 之间的相关系数。

4.1.2　1960～2012 年区域径流演变趋势

采用曼-肯德尔(Mann-Kendall，M-K)趋势检验法(Mann，1945；管晓祥等，2018)诊断了 8 个水文站及区间实测年径流量的演变趋势(表 4.1)，一区为源头区，区间径流量即为昌都站实测径流量。图 4.2 给出了 8 个区间 1960～2012 年径流量距平过程。

表 4.1　澜湄流域区间及站点 1960～2012 年实测年流量趋势诊断

区间	一区	二区	三区	四区	五区	六区	七区	八区
M-K 值	-0.38	2.20*	-3.10*	0.43	-1.24	0.23	2.53*	-1.63
倾向率/[m³/(s·a)]	-0.77	2.00	-7.92	1.53	-5.72	1.85	24.13	-20.92
水文站	昌都	旧州	允景洪	清盛	琅勃拉邦	万象	穆达汉	上丁
M-K 值	-0.38	1.14	-2.61*	-1.27	-1.87	-1.64	0.91	-0.51
倾向率/[m³/(s·a)]	-0.77	1.23	-6.69	-5.16	-10.88	-9.47	14.66	-6.26

注：*表示超过置信水平 0.05 的显著性检验。

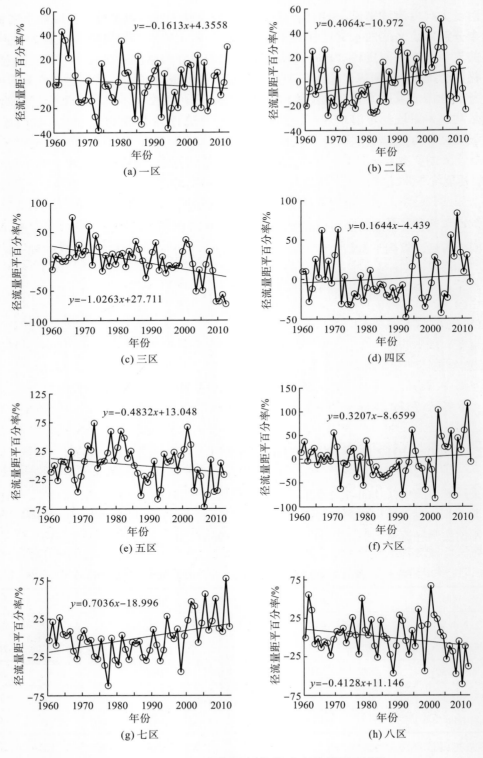

图 4.2   1960～2012 年澜湄流域区间年径流量距平过程

　　由表 4.1 可以看出：①旧州站和穆达汉站实测径流量为非显著性增加趋势，平均线性倾向率分别为 1.23m³/(s·a) 和 14.66m³/(s·a)；其余 6 个水文站的实测年径流量均呈现减小趋势，其中，允景洪站减小趋势显著，平均线性递减率为-6.69m³/(s·a)。②在区间径流量的变化方面，一区、三区、五区和八区年径流量呈现减少趋势，其中，三区(旧州—允景洪)径流量减少趋势显著，平均线性递减率为-7.92m³/(s·a)；其余 4 个区间径流量为增加趋势，二区和七区年径流量为显著性增加，线性增加率分别为 2.00m³/(s·a) 和 24.13m³/(s·a)。③径流量的倾向率变化与站点或区间径流量的大小和径流变化趋势的显著性都有很大的关系，一般来说，径流量较大的站点或区间，其线性倾向率一般也会较大，譬如，尽管允景洪站实测径流量显著减小，琅勃拉邦和万象站为非显著性减小，但琅勃拉邦和万象站径流量的线性倾向率高于允景洪站。④区间径流量汇入下游站点，势必对下游站点径流量的变化有一定影响，有时会产生非常显著的影响。例如，昌都站径流量呈现减少趋势，由于二区径流量的显著增多，下游旧州站实测径流量呈现增加趋势。⑤相比而言，旧州站、允景洪站、穆达汉站和上丁站径流量变化主要受该站的上游区间来水影响明显；而清盛站、万象站径流量的变化受上游区间的入流站点的影响明显。

　　由图 4.2 可以看出：①一区(昌都站以上)最大和最小径流量均发生在 1980 年之前，在 20 世纪 60 年代水量相对偏丰，20 世纪 70 年代相对偏枯；实测径流量以自然波动为主，变化幅度有减小趋势；六区(琅勃拉邦—万象)径流量变化特征与一区相反，极值流量出现在 2000 年之后，变化幅度具有增大趋势。②四区(允景洪—清盛)和七区(万象—穆达汉)径流量演变态势类似，均为先减小后增加的趋势，这两个区间在 20 世纪七八十年代为一个近 20 年的相对枯水期。③三区(旧州—允景洪)和八区(穆达汉—上丁)径流量在 2000年之前均为自然波动，21 世纪以来出现明显的减少态势。④二区(昌都—旧州)径流量变化兼具二区和四区径流的演变特征，区间径流量在 20 世纪 80 年代中期之前具有减少趋势，随后上升趋势明显，在 2000 年前后达到峰值然后下降。⑤五区(清盛—琅勃拉邦)径流量以自然波动为主，最初和最后的两个十年径流量均相对偏低。

　　图 4.3 统计给出了澜湄流域 8 个区间在 1960~2012 年各个年代的年径流量距平过程。可以看出：①有 4 个区间径流量年代际变化趋势总体一致，分别为一区、四区、六区和七区，均表现为先减少后增加的趋势。②二区和五区径流量年代际变化趋势总体相反，二区在 20 世纪 90 年代和 2000~2012 年径流量较多，年均值分别增加 13.2%和 8.7%，而五区

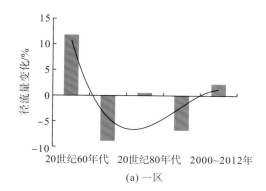

(a) 一区

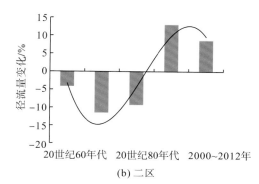

(b) 二区

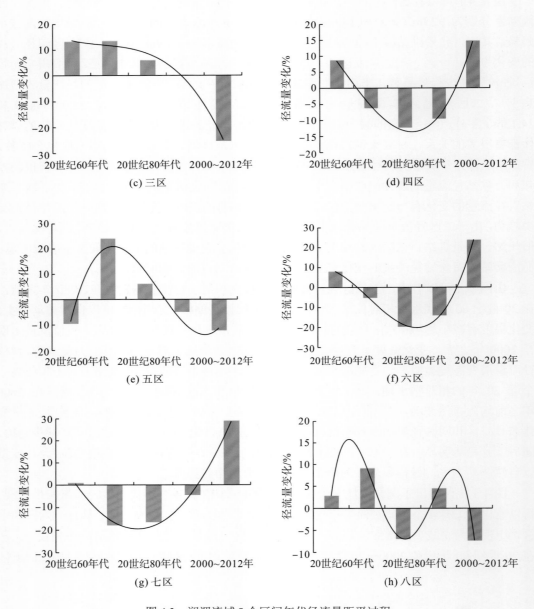

图 4.3　澜湄流域 8 个区间年代径流量距平过程

径流量在这两个时期较少，年均值分别减少 4.9%和 12.2%。③八区径流量年代际变化具有明显的丰枯交替特征。④三区径流量则出现较为明显的减少趋势，该区间 2000～2012 年径流量较少，年均值减少 25.2%。

4.2　不同区域气候驱动要素演变及径流响应

4.2.1　区间气温演变趋势

基于普林斯顿全球气象驱动数据集气温资料，计算湄公河各区间 1960～2012 年的年及各季节平均气温，图 4.4 给出了 8 个区间年平均气温的变化过程；采用 Mann-Kendall 非参数检验方法诊断了各区年和季节气温演变的趋势及其显著性(表 4.2)。

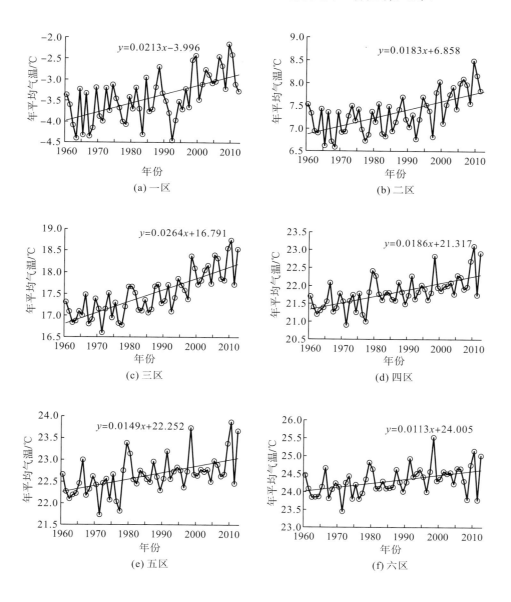

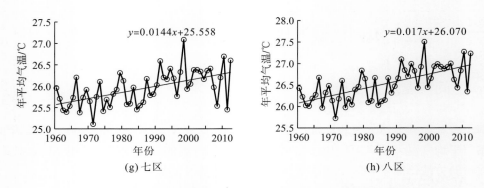

图 4.4　澜湄流域 1960～2012 年各区间年平均气温变化过程

　　由图 4.4 可以看出：①澜湄流域各个区间气温差异较大，具有自北向南升高的空间变化特征；一区海拔高、气温低，年平均气温均在 0℃以下，二区年平均气温介于 6.5～8.5℃，四区及其以南的各区间年平均气温均在 20℃以上，其中，八区年均气温最高，为 25.5～27.5℃。②所有各区年平均气温均为升高趋势，升温幅度具有南北两端高、中间低的区域分布特征；一区和三区年平均气温的升幅较大，平均线性升温率超过 0.2℃/(10a)，四区平均升温幅度次之，为 0.19℃/(10a)；流域中部的五至七区平均线性升温速率低于 0.15℃/(10a)，其中，六区线性升温速率最低，约为 0.11℃/(10a)。③1960～2012 年，澜湄流域各区最高年平均气温发生时间总体一致，但存在差异；一至五区年平均气温最大值发生在研究时段最后的五年之内，其中，一区和二区的年平均气温最大值发生在 2009 年，而三至五区年平均气温最大值发生在 2010 年；六至八区的年平均气温最大值发生在 1998 年。说明在全球变暖的背景下，澜湄流域上游地区保持较大的升温态势，而中下游地区自 1998 年以来，升温趋势相对较缓。

　　由表 4.2 可以看出，①所有各区年气温、秋季气温和冬季气温均为显著性升温趋势；对春季气温来说，允景洪以上的三个区域升温显著，以下的五个区域为非显著性升温趋势；夏季气温只有六区为非显著性升温趋势，其余各区升温趋势均超过了置信水平为 0.05 的显著性水平。②从季节气温升温速率来看，冬季气温升温速率最大，其次为秋季气温；琅勃拉邦以下的三个区域夏季气温升温速率高于春季气温升温速率，琅勃拉邦以上的五个区域春、夏季气温升温速率基本相当。③在区域分布上，三区各季节气温升温速率最大，其次为一区；二区和四区季节气温升温速率总体相当，六区季节气温升温速率最小。

表 4.2　澜湄流域 1960～2012 年各区间年和季节气温变化趋势诊断结果

参数	年/季节	一区	二区	三区	四区	五区	六区	七区	八区
	年	4.35*	4.69*	6.46*	5.09*	4.04*	3.47*	4.34*	4.89*
	春	2.64*	4.85*	3.76*	1.95	1.44	0.81	0.63	1.63
M-K 值	夏	3.11*	2.32*	6.06*	3.76*	2.35*	1.63	3.21*	4.27*
	秋	2.70*	3.25*	5.25*	3.97*	3.15*	3.02*	4.54*	5.11*
	冬	4.02*	3.18*	5.63*	4.66*	4.28*	3.33*	3.67*	4.60*

续表

参数	年/季节	一区	二区	三区	四区	五区	六区	七区	八区
倾向率 /[℃/(10a)]	年	0.213	0.183	0.264	0.186	0.149	0.113	0.144	0.170
	春	0.155	0.101	0.197	0.109	0.082	0.035	0.045	0.080
	夏	0.154	0.139	0.193	0.122	0.076	0.050	0.092	0.118
	秋	0.173	0.165	0.264	0.183	0.140	0.127	0.167	0.182
	冬	0.369	0.327	0.400	0.330	0.297	0.240	0.272	0.299

注：＊表示升温趋势达到置信水平为 0.05 的显著性水平。

4.2.2　区间降水演变趋势

图 4.5 给出了 1960～2012 年澜湄流域 8 个区间年降水量的变化过程,采用 Mann-Kendall 非参数检验方法诊断了各区年和季节降水的演变趋势及其显著性,结果见表 4.3。

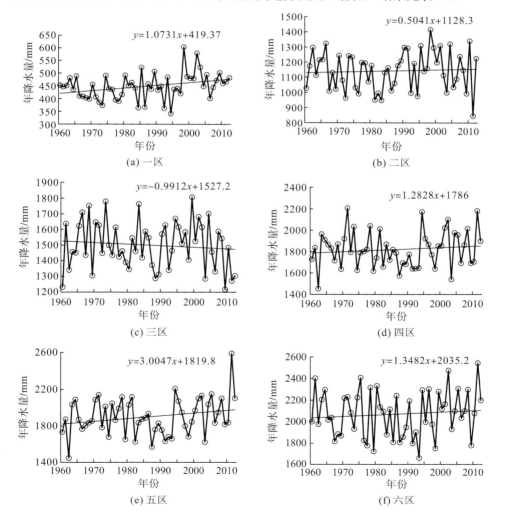

(a) 一区　　　　　　　　　　　　　(b) 二区

(c) 三区　　　　　　　　　　　　　(d) 四区

(e) 五区　　　　　　　　　　　　　(f) 六区

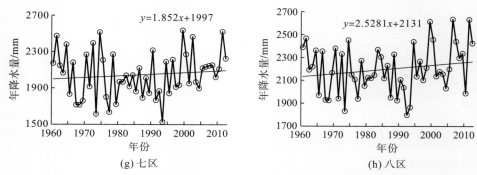

(g) 七区　　　　　　　　　　　　　　(h) 八区

图 4.5　澜湄流域 1960～2012 年各区间年降水量变化过程

由图 4.5 可以看出：①湄公河上下游降水量差异显著，具有自北向南逐步增多的空间分布格局；一区多年平均年降水量约为 450mm，而六至八区的年降水量均在 2000mm 以上，其中，八区平均年降水量约为 2200mm，约为一区平均年降水量的 5 倍。②所有区间年降水量均具有丰枯交替的演变特征，大多数区间年降水量具有不同程度的增加趋势，只有三区年降水量为减少趋势。③年降水量年际变化幅度总体具有增大趋势，多数区间极值年降水量发生在 20 世纪 90 年代以后的 20 年之内；例如，一区的最小和最大年降水量分别发生在 1994 年和 1998 年，21 世纪以来降水量普遍偏高；三区的最大和最小年降水量分别发生在 1999 年和 2009 年，年降水量自 21 世纪以来呈现明显的减小趋势。五区最大年降水量发生在 2011 年，接近 2600mm，约为该区间多年平均降水量的 1.36 倍。

由表 4.3 可以看出，①季节和年降水量变化趋势多不显著，只有个别季节和地区的降水量具有显著性增加趋势；在年尺度上，只有一区年降水量呈现显著性增加趋势，其余地区年降水量变化趋势均不显著；有三个地区的春季降水量为显著性增加，分别为一区、四区和五区，其余区间的春节降水量为非显著性变化趋势；所有八个区间的夏、秋和冬季降水量均为非显著性变化。②季节降水量尽管多为非显著性趋势变化，但演变趋势存在差异；所有各区间春季降水量均呈增加趋势；8 个区间夏季和秋季降水量增减趋势各占一半，其中，秋季降水量呈现减少趋势的区间主要集中在澜湄流域中部的三至六区；冬季降水量大多呈现减少趋势，只有一区和六区冬季降水量为增加趋势。③三区、四区、五区的春季降水量增加幅度较大，而七区、八区的秋季降水量增加幅度较大，这些季节降水量的增加是上述区间年降水量呈现增加趋势的主要因素；对于三区来说，夏、秋和冬季降水量均呈现减少趋势，其中夏季线性减少幅度最大，约为-15.42mm/(10a)，对年降水量呈现显著性减少特征的贡献最大。

表 4.3　澜湄流域 1960～2012 年各区间年和季节降水变化趋势诊断结果

参数	年/季节	一区	二区	三区	四区	五区	六区	七区	八区
	年	2.07*	0.48	-0.77	0.43	1.21	0.51	1.12	0.92
	春	3.54*	1.52	1.92	2.78*	3.22*	1.07	0.66	1.37
M-K 值	夏	1.03	-0.48	-1.38	0.78	1.09	0.64	-0.63	-0.86
	秋	0.97	1.21	-0.02	-1.32	-1.40	-0.91	0.26	1.69
	冬	1.81	-0.49	-0.60	-1.04	-0.84	0.84	-0.51	-0.64

续表

参数	年/季节	一区	二区	三区	四区	五区	六区	七区	八区
	年	10.73	5.04	-9.91	12.83	30.05	13.48	18.52	25.28
	春	4.09	7.89	10.74	18.44	21.89	8.08	4.72	9.84
倾向率/[mm/(10a)]	夏	4.44	-7.62	-15.42	5.37	18.05	9.67	-7.83	-7.13
	秋	1.88	5.33	-2.06	-8.07	-8.27	-6.77	22.65	24.45
	冬	0.32	-0.56	-3.17	-2.91	-1.63	2.50	-1.02	-1.87

4.2.3　水文阶段性划分及降水径流响应关系

根据澜湄流域八个区间年径流量序列,采用有序聚类方法进行突变年份诊断,进而进行水文阶段性划分,图 4.6 给出了五区和三区年径流系数离差平方和过程。

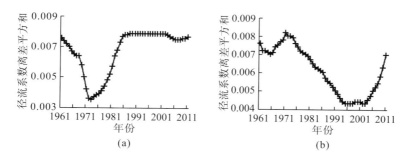

图 4.6　澜湄流域五区(a)和三区(b)年径流系数离差平方和过程

由图 4.6 可以看出,五区年径流系数离差平方和具有明显的一个最小值,根据该最小值的时间可判断序列在 1973 年发生了较为明显的突变。然而,三区年径流系数 1995～1999 年均处于非常接近的最小值范围,说明系列自 1995 年起发生突变,到 1999 年变异性更加明显,1995～1999 年的系列既可以划归为 1995 年之前的系列,也可以划归为 1999 年之后的系列,本着优先前期的原则,将该区间的变异点确定为 1999 年。

表 4.4 给出了澜湄流域各区间年径流系数序列突变年份诊断结果。随着澜沧江-湄公河水资源开发利用程度的不断加深,澜湄流域国非常关注 2000 年之后的水文情势变化,因此,将 1999 年作为特定年份,把 2000～2012 年作为特定水文阶段。综合年径流系数序列突变年份诊断结果,表 4.4 给出了各区间水文阶段划分结果。

表 4.4　澜湄流域各区间年径流系数序列突变年份诊断及水文阶段划分

区间	一区	二区	三区	四区	五区	六区	七区	八区
突变年份	1966	1999	1999	1976	1973	1978	1974	1965
水文阶段划分	1960～1966 年 1967～1999 年 2000～2012 年	1960～1999 年 2000～2012 年	1960～1999 年 2000～2012 年	1960～1976 年 1977～1999 年 2000～2012 年	1960～1973 年 1974～1999 年 2000～2012 年	1960～1978 年 1979～1999 年 2000～2012 年	1960～1974 年 1975～1999 年 2000～2012 年	1960～1965 年 1966～1999 年 2000～2012 年

由表 4.4 可以看出：①8 个区间年径流系数序列突变大多发生在 20 世纪 70 年代左右，只有上游的二区和三区径流系数序列突变发生在 1995~1999 年，八区突变发生年份最早，为 1965 年，说明澜湄流域特别是中下游地区，自 20 世纪 60~70 年代区域自然环境和人类活动就发生了较为明显的变化。②二区、三区年径流系数序列突变年份与特定的水文阶段划分年份一致，因此，这两个区间只有两个水文阶段；对于其他区间，由于年径流系数序列突变发生的年份较早，因此包括了基于年径流系数序列突变划分的两个水文阶段和特定的水文阶段。

降水径流关系反映了某种下垫面和人类活动背景下的区域产流状况，降水径流关系点群靠上，说明在同样降水条件下的区域产流量更大一些，反之，区域产流条件不好，同样降水条件下的产流量较低。根据表 4.4 中澜湄流域各区间水文阶段划分结果，图 4.7 点绘了湄公河 8 个区间在不同阶段的年降水径流响应关系。由图 4.7 可以看出：①不同区间降水径流关系存在一定的差异，不同阶段降水径流关系发生了不同程度的改变。②对于上游的三个区间来说，一区在第一阶段的降水径流关系点群普遍靠上，后两个阶段的点群有不同程度的下移；二区在第一阶段降水径流相关性较好，第二阶段降水径流关系点群变得散乱；三区第一阶段降水径流关系点群靠上，第二阶段的点群大多位于下部。③对于澜湄流域中下游的五个区间，四区在三个阶段的降水径流关系点群没有明显的分带性，但 2000年之后的降水径流关系点群变得更为散乱；五区和八区在第三阶段的降水径流关系点群偏下，而六区和七区在第三阶段关系点群相对位于上部。③结合不同阶段降水径流关系点群的变化，可以发现，在同样降水条件下，一区、三区、五区和八区在之后的产流量明显低于各自区间在第一阶段的产流量，而六区和七区在第三阶段的产流量大于第一阶段的产流量，对于二区、四区来说，不同阶段的产流量没有明显变化。

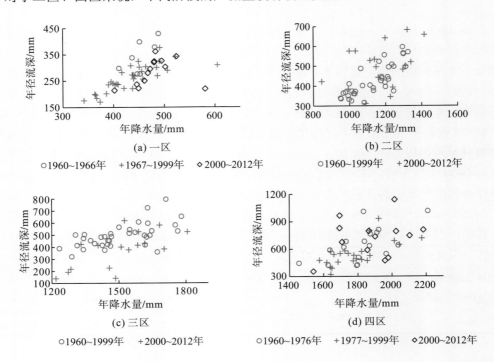

(a) 一区
○1960~1966年　+1967~1999年　◇2000~2012年

(b) 二区
○1960~1999年　+2000~2012年

(c) 三区
○1960~1999年　+2000~2012年

(d) 四区
○1960~1976年　+1977~1999年　◇2000~2012年

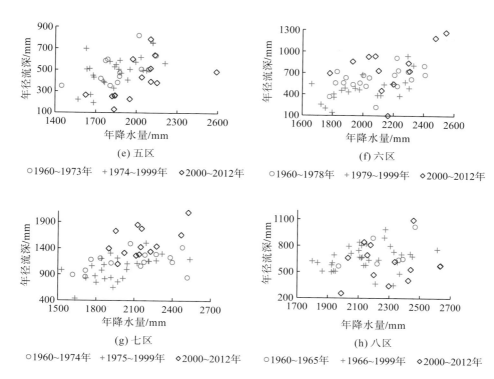

(e) 五区 (f) 六区

○1960~1973年 +1974~1999年 ◇2000~2012年   ○1960~1978年 +1979~1999年 ◇2000~2012年

(g) 七区 (h) 八区

○1960~1974年 +1975~1999年 ◇2000~2012年   ○1960~1965年 +1966~1999年 ◇2000~2012年

图 4.7 澜湄流域 8 个区间在不同阶段的年降水径流响应关系

4.3 流域水文过程模拟时空分异

4.3.1 RCCC-WBM 水量平衡模型

RCCC-WBM 模型(water balance model developed by Research Center for Climate Change)是由水利部应对气候变化研究中心团队研发并逐步完善的大尺度流域水文模型(Wang et al.,2014;Guan et al.,2019;管晓祥等,2020)。该模型通过四个参数来描述土壤水、地表径流、地下径流和融雪径流特征。在水面蒸发资料精度较好的情况下,实际蒸发通过土壤水和水面蒸发的动态变化进行计算;在蒸发资料精度不高的情况下,通过引入一个蒸发参数进行协调蒸发能力误差计算。模型输入包括逐时段降水量、水面蒸发量和气温,其中,水面蒸发量也可以采用彭曼-蒙提斯(Penman-Monteith)等公式进行估算。模型的结构如图 4.8 所示。对于较小尺度流域,该模型可以根据流域平均气象要素进行集总式水文过程模拟;对于中大尺度流域,该模型可将研究流域进行格点划分,从而进行水文过程的分布式模拟。

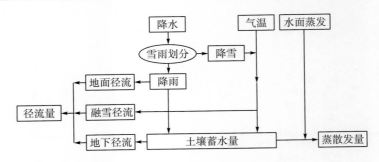

图 4.8　RCCC-WBM 模型结构框图

参数率定时一方面要求实测与模拟过程拟合程度好，另一方面要求模拟水量误差较小。选用纳什效率(Nash-Sutcliffe efficiency，NSE)系数和模拟总量相对误差(relative error，RE)为目标函数进行参数率定(Nash and Sutcliffe，1970；王乐扬等，2021)。计算公式为

$$
\mathrm{NSE} = 1 - \frac{\sum_{i=1}^{N}\left(Q_{\mathrm{sim}}^{i} - Q_{\mathrm{obs}}^{i}\right)^{2}}{\sum_{i=1}^{N}\left(Q_{\mathrm{obs}}^{i} - \overline{Q_{\mathrm{obs}}}\right)^{2}} \tag{4.4}
$$

$$
\mathrm{RE} = \left(\frac{\overline{Q_{\mathrm{sim}}} - \overline{Q_{\mathrm{obs}}}}{\overline{Q_{\mathrm{obs}}}}\right) \times 100\% \tag{4.5}
$$

式中，Q_{sim}^{i} 和 Q_{obs}^{i} 分别为第 i 时段的模拟值和实测值；$\overline{Q_{\mathrm{sim}}}$ 和 $\overline{Q_{\mathrm{obs}}}$ 分别为模拟与实测径流量的均值。

由式(4.4)和式(4.5)可以看出，NSE 越接近于 1，同时 RE 越接近于 0，说明对径流过程的模拟效果越好。

4.3.2　参数率定及区间水文过程模拟

基于普林斯顿全球气象驱动数据集的格点，将澜湄流域划分为 267 个 0.5°的正交格点，利用每个区间的格点气象数据驱动 RCCC-WBM 模型进行区间径流过程分布式模拟，以 1960～1966 年为率定期率定模型参数，以 1967～1969 年为验证期来检验模型的稳定性(王国庆等，2020a)。表 4.5 给出了 8 个区间在率定期和验证期的径流模拟效果。直观起见，图 4.9 给出了 1960～1969 年一区和六区实测与模拟的月径流深过程。

表 4.5　澜湄流域各区间在率定期和验证期的径流深模拟结果(%)

时期	目标函数	一区	二区	三区	四区	五区	六区	七区	八区
率定期 1960～1966 年	NSE	84.4	78.6	85.1	79.9	63.0	65.6	75.1	75.2
	RE	0.1	-0.3	0.5	1.2	1.1	2.9	2.0	1.1
验证期 1967～1969 年	NSE	83.9	80.1	79.9	77.9	60.1	62.7	65.9	64.0
	RE	3.9	1.3	1.9	7.3	-9.1	8.1	8.6	1.0

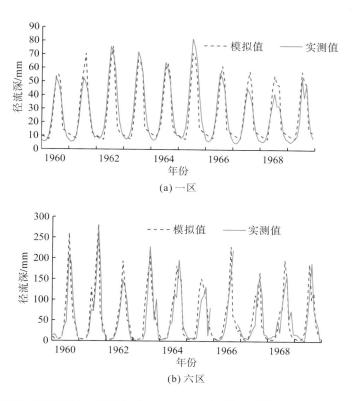

图 4.9　澜湄流域一区和六区 1960~1969 年实测与模拟月径流深过程

　　由表 4.5 可以看出：①RCCC-WBM 模型能够较好地模拟澜湄流域不同区间的径流过程，率定期和验证期的 NSE 系数均在 60%以上，总量相对误差也均控制在±10%以内。②在率定期和验证期内，NSE 系数基本相当，大多数区间的 NSE 系数在率定期略微偏高；率定期的相对误差均值±3%以内，验证期的相对误差略大，个别区域相对误差在±9%左右。③就不同区间来看，上游的三个区间径流模拟效果较好，NSE 系数均在 75%以上，率定期和验证期的相对误差也在±4%以内，充分说明了模型的稳定性。同时也可以看出，模型在中下游的几个区间模拟效果相对略差。不同区间径流模拟效果的差异与不同国家水文测量误差控制有一定关系，中下游水文站点流量大多是采用水位流量关系曲线推算出来的，流量误差相对较大。

　　由图 4.9 可以看出：①一区的枯季径流模拟值稍微偏大，尽管峰值在个别年份存在模拟值偏大或偏小的情况，但发生的月份较为对应。②对六区来说，模型模拟的峰值流量和实测流量基本相当，个别年份存在峰值前后相错一个时段的现象，这是该区间模拟效果稍微偏差的主要原因。③总体来看，澜湄流域两个区间的实测与模拟流量过程拟合良好，模型能够较好地模拟区间的径流过程。

　　土壤水和实际蒸散发量是 RCCC-WBM 模型的两个中间变量，该模型不仅可以模拟区域的流量过程，而且可以模拟区域的实际蒸发和土壤水的动态变化。从多年平均来看，降水仅消耗于蒸发和径流两个过程；对于某一时段来说，降水形成地面径流并补充土壤水，而土壤水则消耗于蒸发和地下径流出流。图 4.10 给出了 1960～1969 年一区和六区多年平均降水量、蒸发量、径流深和土壤水的年内分配过程。

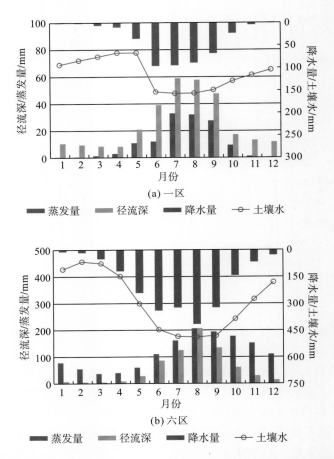

图 4.10　澜湄流域一区和六区 1960～1969 年多年平均降水量、蒸发量、径流深和土壤水的年内分配过程

(1) 两个区间蒸发和径流的年内分配存在交叉类似特征，如一区各月的实际蒸发均小于径流，而六区各月的实际蒸发均大于径流；一区的实测蒸发与六区的径流年内分配特征高度类似，同时，一区的径流与六区的实际蒸发年内分配特征非常相像。

(2) 两个区间的土壤水都具有先衰减后增加再衰减的年内分配特征，但土壤水从衰减到增加发生拐点的月份不同，一区土壤水在 5 月之后开始迅速增加，而六区自 2 月以后就开始增加，增加幅度具有逐步增大的趋势。

(3) 土壤水的变化与区域降水、蒸发、径流的变化密切相关。以一区为例，可以看出，一区土壤水从 1 月到 5 月呈现衰退特征，该时期的土壤水主要消耗于蒸发和地下径流出流，由于该时期降水较少，土壤水不能得到有效补充而持续衰减；到 6 月，由于降水较大，土壤水得到降水的充分补给而明显增大；7～9 月由于降水较多，降水与产流和实际蒸发消耗基本相当，土壤水保持一个较高的状态；9 月之后随着降水减少，土壤水又呈现衰减状态。

（4）降水是汛期径流和蒸发消耗的主要水源，而土壤水是非汛期径流和蒸发消耗的主要水源；一区降水在 11 月到次年的 4 月都非常小，径流深明显大于降水量，该时期径流组成以地下径流为主，水分来源于土壤水；六区 10 月到次年 2 月降水均小于实际蒸发，特别是 1～2 月，降水和实际蒸发分别为 25.6mm 和 132.1mm，可见该时期 80%以上的蒸发都来源于土壤水。

图 4.11 给出了澜湄流域各区间径流及蒸发占降水的比例，由图可以看出：①降水消耗于蒸发和径流，但不同区间降水的径流蒸发分配比例不同，多数区间的降水主要消耗于蒸发，只有少部分形成径流；只有一区和七区的区间径流占区间降水的比例超过 50%。②区间径流及蒸发占降水的比例与区域气候条件和下垫面条件密切相关；一区约 70%的降水可以形成径流，这与该区域气温低、蒸发能力弱有很大关系；而七区同样也是区间径流占降水的比例（62%）超过蒸发损失的占比，但该区主要是下垫面条件更利于产流所致。③从整个澜湄流域多年平均来看，实际蒸发占降水的 58%左右，蒸发是降水损失的主要原因。

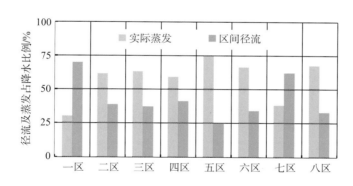

图 4.11　澜湄流域各区间径流及蒸发占降水的比例

4.4　流域径流变化归因

4.4.1　径流变化归因定量识别方法

实测径流量是气候因素、水利工程以及下垫面等多种因素共同作用的结果，而还原或者模拟的天然径流量则是在流域特定环境下（指稳定的社会经济活动、没有显著的下垫面变化等）气候要素作用的结果。因此，模拟的天然径流量的丰枯变化反映了流域水文对降水、蒸发等气候要素波动或变化的响应，而实测径流量与模拟的天然径流量的差异则主要体现了流域人类活动等非气候要素变化对河川径流的影响（王国庆等，2006，2020b；Wang et al.，2008）。由于年、季及以下尺度水文变量的变化具有较高的随机性，因此，采用水文变量年代均值较基准期的变化来解析气候因素和非气候因素对径流量的影响。具体表述如下：

$$\Delta DW_C = DW_{SIM-S} - DW_{SIM-B} \tag{4.6}$$

$$\Delta DW_H = DW_{OBS-S} - DW_{SIM-S} \tag{4.7}$$

式中，ΔDW_C 和 ΔDW_H 分别表示气候变化和人类活动对径流量的影响；DW_{OBS-S} 和 DW_{SIM-S} 分别表示影响期实测和模拟的年代径流量；DW_{SIM-B} 为基准期模拟径流量。

需要指出的是，气候变化是指影响期气候要素较基准期的变化，而人类活动是指大规模水利工程、经济活动等非气候要素较基准期的增量。

由上述内容可以看出，甄别气候变化和人类活动对河川径流影响的关键是选择合适的流域水文模型模拟流域的天然径流过程。RCCC-WBM 模型是水利部应对气候变化研究中心团队研发并逐步完善的大尺度流域水文模型，已有研究表明，该模型不仅在中国不同气候区具有较好的区域适应性，同时也可以较好地模拟澜湄流域的水文过程（曹虎，2018；赵建华等，2018；Guan et al.，2021），因此采用该模型进行澜湄流域不同区间天然径流量的还原模拟。

4.4.2　区间天然径流量还原

径流系数是在特定流域环境条件下降水转化为径流的比率，因此，径流系数的变化在一定程度上反映了人类活动等非气候因素变化对径流的影响。已有研究结果表明，澜湄流域不同区间径流系数突变多发生在 20 世纪 70 年代及之后的 20 世纪 90 年代，个别发生在 20 世纪 60 年代后期，说明人类活动等非气候因素多在 20 世纪 70 年代发生较为明显的变化。为方便起见，将 1960~1969 年视为基准期率定模型参数，然后保持模型参数不变，利用后期的气象资料驱动模型模拟还原各区间长序列天然径流过程（图 4.12）。

图 4.12 中 20 世纪 60 年代实测与模拟径流的吻合程度反映了模型的模拟效果，20 世纪 60 年代之后实测径流与模拟径流的差异则在一定程度上反映了人类活动等非气候因素变化对径流的影响。可以看出：①在 20 世纪 60 年代，各个区间实测与模拟的年径流总体拟合良好，充分说明了 RCCC-WBM 模型对澜湄流域径流具有较好的模拟精度。②有些区间在 20 世纪 60 年代之后的一段时期内实测与模拟径流依然吻合较好，间接地说明了人类活动等非气候因素在这段时期较 20 世纪 60 年代没有显著的变化，其对径流的影响也较小。③后期模拟径流存在大于或小于实测径流的两种情形，说明人类活动等非气候因素对径流具有增加或减少两个方面的效应。

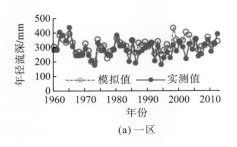
(a) 一区

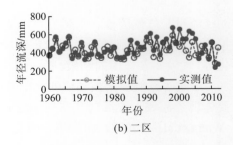
(b) 二区

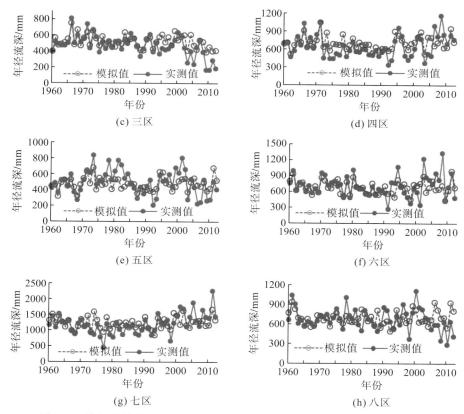

图 4.12　澜湄流域各区间 1960～2012 年实测径流与模拟还原天然径流过程

4.4.3　不同区间径流变化归因定量识别

基于各年代实测径流和模拟径流，以 1960～1969 年为基准期，图 4.13 给出了各年代气候变化和人类活动对不同区间径流的影响。

（1）气候变化和人类活动对七区径流的影响幅度最大，其次为三区、四区和五区，对其他区域径流影响的幅度相对较小。气候变化和人类活动对径流影响的幅度大小固然与二者的变化幅度有关，但同时也与区域径流特性有很大关系，对于径流较大的区域，二者对径流的绝对影响量一般也会较大。

（2）人类活动对各区间径流的影响幅度大多超过气候因素变化对径流的影响幅度；以四区（允景洪—清盛）为例，气候变化对径流的最大影响量为 47.5mm，而人类活动对径流的最大影响量为-135mm，是气候变化影响量的 2.8 倍。

（3）气候变化对径流的影响在不同年代存在较大差异，这不仅与影响期气候要素较基准期均值变化大小有关，而且与极值年份降水变化有较大的关系。例如，二区在 20 世纪 90 年代降水量较基准期 20 世纪 60 年代降水量增多 55mm，由于降水量的增多，20 世纪 90 年代天然径流深较基准期增多近 18mm；而在其他三个年代降水量较基准期偏少，由此引起径流也相应不同程度减小。

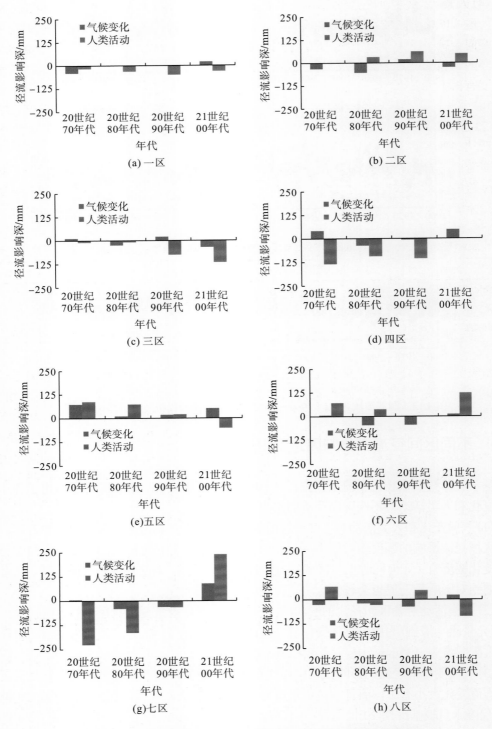

图 4.13   气候变化和人类活动对澜湄流域不同区间径流深的影响

　　(4)人类活动对区间径流的影响也有正有负，说明人类活动的影响既可以增加区域产流量，也可以减小区域产流量，这与区域不同人类活动的类型有关。例如，引水工程运行毫无疑问会减小下游河川径流，而流域内的林地被大规模砍伐，由于破坏了区域植被对水文循环的调蓄功能，可能会引起径流的增加；人类活动对径流的影响幅度与人类活动变化的强度有很大关系。

　　(5)此外，人类活动对一区、二区和三区径流的影响有逐步增大趋势，而四区以下区域自 20 世纪 70 年代以来人类活动对径流有较大的影响，特别是七区，在 20 世纪 70 年代人类活动的影响使径流深减少约 226mm。

　　随着经济社会的快速发展，21 世纪愈加重视水资源在经济社会发展中的作用，其变化也是跨境河流各国政府关注的核心问题。表 4.6 统计给出了 2000～2012 年澜湄流域各区间径流深较基准期 1960～1969 年的变化及气候变化和人类活动对径流变化的影响。

表 4.6　澜湄流域 2000～2012 年径流深较基准期的变化及不同环境因素对径流变化的影响（单位：mm）

	一区	二区	三区	四区	五区	六区	七区	八区	上丁站以上
总变化量	-11.7	22.5	-153.5	48.4	-1.6	133.7	327.8	-66.0	19.3
气候变化	20.2	-25.7	-36.5	47.5	51.0	11.3	87.9	21.4	28.6
人类活动	-31.9	48.2	-117.0	0.9	-52.6	122.4	239.9	-87.4	-9.3

　　由表 4.6 可以看出：①澜湄流域上丁站以上区域 2000～2012 年实测径流深较基准期增多 19.3mm，尽管该时期人类活动的加剧导致径流深减少约 9.3mm，但该时期降水增多，使天然径流深增多约 28.6mm，气候变化是上丁站以上径流增加的主要原因。②尽管气候变化导致上丁站以上整个区域径流增加，但气候变化对径流的影响存在较大的空间差异；气候变化引起二区、三区径流深分别减少 25.7mm 和 36.5mm，气候变化的影响同时使得其他区域径流深增加 11.3～87.9mm，其中七区径流增加最大。③人类活动导致四个区域径流减少，分别为一区、三区、五区和八区，其中，人类活动使得三区单位面积上的径流深减少最大(约 117.0mm)。由于不同区间面积的差异，人类活动使得八区径流量减少 213.2 亿 m³，约为三区人类活动影响减少量的 3.4 倍。

　　澜湄流域径流是支持流域内水电开发、工农业发展的重要资源，由于农业种植的季节性特征，沿河国家更为关注河川径流的年内分配及其变化。以 1960～1969 年为基准，图 4.14 给出了气候变化和人类活动对 2000～2012 年径流深年内分配的影响。

　　(1)在空间分布上，气候变化和人类活动对上游区间径流影响幅度较小，而对中下游区间径流的影响幅度较大；如人类活动对一区的最大影响幅度发生在 7 月，为-13.7mm，而对七区的最大影响幅度发生在 8 月，为 80.0mm；气候变化对这两个区间最大影响幅度分别在 7 月和 10 月，影响量分别为 10.1mm 和 51.1mm。

　　(2)在年内分配上，气候变化和人类活动对各区间径流的影响幅度具有汛期影响大、非汛期影响小的特点，分析认为，这与径流的年内分配特征是一致的，由于汛期降水多，径流量大，气候波动和人类活动对径流的影响量也相应较大；与基准期相比，2000～2012 年各区间气温普遍升高，但降水随不同月份有增有减，气候变化对各区间径流年内分配的影响主要与降水变化有密切关系，降水量增加的月份径流大多相应增加，而降水量减少的月份径流均相应减少。

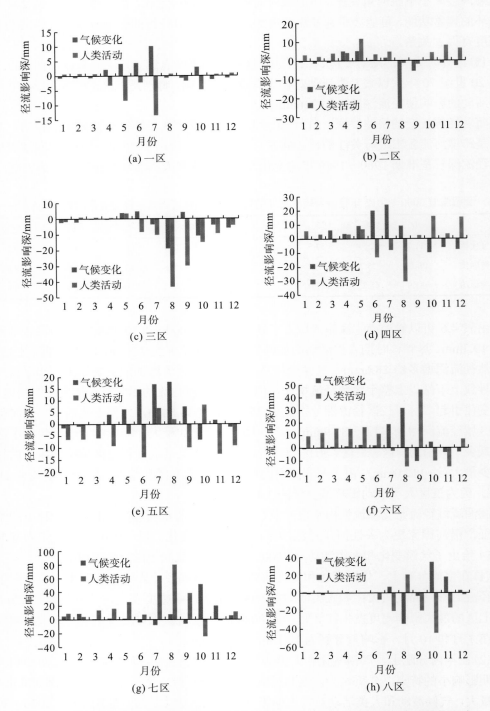

图 4.14　气候变化和人类活动对澜湄流域各区间 2000～2012 年径流深年内分配的影响

（3）人类活动对径流年内分配的影响具有较为明显的区域性特征。人类活动对上游区间径流的影响模式具有连续稳定性，如对一区到四区来说，则表现为非汛期径流增加，汛期径流减少；人类活动对下游区间不同月份径流的影响具有相对较大的随意性，如人类活动使六区汛期 8 月和 10 月径流深分别减少 14.7mm 和 10.1mm，但使得主汛期 9 月径流深增加 45.9mm，特别是七区，人类活动的影响使得该区间主汛期 7～9 月径流大幅度增加，很大程度上增加了汛期防汛压力。

参 考 文 献

曹虎. 2018. RCCC-WBM 水量平衡模型在辽宁省的适用性研究[J]. 水利技术监督, 26(6): 59-62.

管晓祥, 张建云, 鞠琴, 等. 2018. 多种方法在水文关键要素一致性检验中的比较[J]. 华北水利水电大学学报(自然科学版), 39(2): 51-56.

管晓祥, 刘悦, 张成凤, 等. 2020. RCCC-WBM 模型区域适用性及参数敏感性分析[J]. 水文, 40(2): 55-61.

谈晓珊, 王婕, 唐雄朋, 等. 2020. 1960—2012 年澜沧江-湄公河流域气候变化趋势及不同区间的径流响应[J]. 水资源与水工程学报, 31(4): 1-8.

王国庆, 张建云, 贺瑞敏. 2006. 环境变化对黄河中游汾河径流情势的影响研究[J]. 水科学进展, 17(6): 853-858.

王国庆, 张建云, 管晓祥, 等. 2020a. 中国主要江河径流变化成因定量分析[J]. 水科学进展, 31(3): 313-323.

王国庆, 乔翠平, 王婕, 等. 2020b. 全球变化下澜沧江-湄公河流域水量平衡模拟[J]. 大气科学学报, 43(6): 1010-1017.

王乐扬, 李清洲, 王艳君, 等. 2021. 海河南拒马河流域水文特性及 HBV 模型的应用[J]. 华北水利水电大学学报(自然科学版), 42(3): 70-75.

赵建华, 王国庆, 张建云, 等. 2018. RCCC-WBM 水量平衡模型在北方典型流域的适用性研究[J]. 水文, 38(2): 25-29, 14.

Guan X X, Zhang J Y, Elmahdi A, et al. 2019. The capacity of the hydrological modeling for water resource assessment under the changing environment in semi-arid river basins in China[J]. Water, 11(7): 1328.

Guan X X, Zhang J Y, Bao Z X, et al. 2021. Past variations and future projection of runoff in typical basins in 10 water zones, China[J]. Science of the Total Environment, 798: 149277.

Mann H B. 1945. Nonparametric tests against trend[J]. Econometrica, 13(3): 245-259.

Nash J E, Sutcliffe J V. 1970. River flow forecasting through conceptual models part Ⅰ—a discussion of principles[J]. Journal of Hydrology, 10(3): 282-290.

Wang G Q, Zhang J Y, He R M, et al. 2008. Runoff reduction due to environmental changes in the Sanchuanhe River basin[J]. International Journal of Sediment Research, 23(2): 174-180.

Wang G Q, Zhang J Y, Jin J L, et al. 2014. Regional calibration of a water balance model for estimating stream flow in ungauged areas of the Yellow River Basin[J]. Quaternary International, 336: 65-72.

第5章　澜湄流域水电开发对水文的影响

5.1　水电开发现状

澜沧江-湄公河在中国境内全长 2160km，平均比降为 2.12‰，河流落差大。根据全国水力资源复查成果，中国境内澜沧江流域水力资源极其丰富，是水电开发的"富矿"区，也是中国重点开发的十三大水电基地之一。根据对澜沧江全流域理论蕴藏量 10MW 及以上 157 条河流复查的结果，年发电量为 3144.04 亿 kW·h；技术可开发量装机容量为 34840MW，年发电量为 1690.33 亿 kW·h。

澜沧江干流规划了三段水电开发方案，分别为云南境内功果桥至南阿河口的中下游段、古水至苗尾的上游段以及西藏境内河段。澜沧江西藏昌都至出境段干流河段按照三库十八级（即侧格、约龙、班达、如美、古水、乌弄龙、里底、托巴、黄登、大华桥、苗尾、功果桥、小湾、漫湾、大朝山、糯扎渡、景洪、橄榄坝）进行优先开发。截至 2020 年，澜沧江云南段已建梯级水电站如表 5.1 所示。下湄公河干流一共规划建设了 11 座大型水电大坝（表 5.2），在建的 2 座，处于规划阶段的 9 座，水电规模从 260MW 到 2000MW 不等；其中，有 7 个位于老挝境内，2 个位于柬埔寨境内，2 个位于老挝与泰国的界河上（MRC，2010）。11 座水电站除栋沙宏水电站外，均为低水头径流式水坝，栋沙宏水电站主要是利用孔埠瀑布的天然落差发电。

表 5.1　澜沧江干流已建梯级电站情况

名称	正常蓄水位/m	库容/亿 m^3	建设年份	投产年份
乌弄龙	1906	2.72	2014	2019
里底	1818	0.75	2009	2018
黄登	1619	14.18	2009	2018
大华桥	1477	2.93	2010	2018
苗尾	1408	6.60	2009	2017
功果桥	1319	5.10	2009	2011
小湾	1240	153.00	2002	2009
漫湾	994	9.20	1986	1993
大朝山	899	9.40	1997	2001
糯扎渡	807	227.00	2004	2012
景洪	602	14.00	2003	2008

表 5.2　下湄公河干流水电开发情况

水电站名称	国家	状态	装机容量/MW
北本	老挝	计划	912
琅勃拉邦	老挝	计划	1460
沙耶武里	老挝	在建	1285
芭莱	老挝	计划	770
萨拉康	老挝	计划	660
帕充	老挝	计划	1079
班库	老挝	计划	2000
拉素	老挝	计划	651
栋沙宏	老挝	在建	260
上丁	柬埔寨	计划	980
桑博尔	柬埔寨	计划	1703
总计			11760

　　流入下湄公河低地的色公河(Sekong)、色桑河(Sesan)和斯雷博河(Srepok)(简称 3S 河)是下湄公河较大的几条支流。3S 流域面积约为 78650km^2，约占澜湄流域面积的 10%。3S 河主要涉及柬埔寨、老挝和越南，三个国家分别占 3S 流域面积的 33%、29%、38%(MRC，2005；Piman et al.，2013a)。3S 流域年径流量为 91km^3，约占澜湄流域年径流量的 20%(MRC，2005，2010)。3S 流域的水电开发潜力为 6400MW。截至 2022 年，3S 流域已建成 28 个水电站，其中柬埔寨 2 个，老挝 12 个，越南 14 个。总装机容量为 4543MW，约占其水电开发总潜力的 70%。另外，该流域还规划了 13 个水电站，其中柬埔寨 7 个，老挝 6 个。早期研究表明，漫湾和大朝山水电站运行使澜沧江出境处雨季流量减小 1.5%，旱季流量增加 6%，总径流量变化很小(顾颖等，2008)；下游水位变化在年际、年内时间尺度上扰动不大，但对日变化和瞬时水位变化影响明显(Li and He，2008)；漫湾和大朝山水电站不会对下湄公河水文变化造成明显的影响(Lu and Siew，2006；Kummu and Varis，2007；Delgado et al.，2010)。Hapuarachchi 等(2008)利用山梨(Yamanashi)水文模型分析得出流域 1980～2000 年年径流量并没有出现显著的变化趋势。Kingston 等(2011)认为湄公河流域的水文情势主要受气候变化的影响，其中气候变化导致 4～6 月的径流量明显增加，7～8 月的径流量减少，上游地区温度变化是澜沧江流域 4～6 月径流量增加的主要原因。

　　其他一些研究预测小湾和糯扎渡电站运行对澜沧江径流的季节调节能力达 100%，可改变径流的年内分配模式(He et al.，2006；陈翔等，2014)。Lu 等(2014)通过对 1960～2010 年清盛站日水位进行分析，表明澜沧江已建电站一定程度上改变了清盛站的水文情势。Räsänen 等(2012)利用水文模型模拟表明，澜沧江干流梯级电站使下湄公河清盛站 12 月至次年 3 月的平均流量增加 34%～155%，而 7～9 月的平均流量减少 29%～36%，改变了洪水脉冲的时间和幅度。Piman 等(2013b)通过水文模拟，预测在 2015 年水利工程建设(包含澜沧江梯级电站)的情景下，湄公河三角洲枯季流量将增加 20%～30%，洪水季节流量将减少 4%～14%。Lu 和 Siew(2006)基于清盛站、琅勃拉邦站、万象站、廊开站、那空帕侬站、穆达汉站、孔尖站、巴色站 1962～2000 年年均流量分析,认为除了几个站点以外,湄公河下游的年平均、最大和最小径流量都没有发生显著的变化。但在漫湾水电站运行之后,旱季水位波动的频率和幅度都有所增加。Lauri 等(2012)采用了 Vmod 分布式水文模型模拟了径流,表明水坝的修建过程不会对年均径流量产生显著的影响,但会导致桔井站旱季(12 月至次年 5 月)径流量增加 25%～160%,湿季径流量降低 5%～24%;清盛站旱季径流量增加 41%～108%,湿季径流量降低 3%～53%。

5.2   水电开发对水文情势的影响

人类对地球水资源的开发和利用改变了河流的自然流动(Richter et al.,1997)。许多大河的完整性在人类活动的影响下都受到了不可逆转的威胁(Best,2019)。全世界有超过40000 座大型水坝,直接影响了超过 60%的河流系统,还有数千座规划的大坝将对河流产生影响(Nilsson et al.,2005)。在长度超过 1000km 的河流中,只有 37%的河流保持自然流动。水坝修建及其对下游流量的调节是造成河流连通性丧失的主要原因(Grill et al.,2019)。水利工程的建设,使得河流流量变化不再取决于季节性降水,天然状态下的流量输沙率和水温等受大坝建设的影响逐渐改变,原来的河流水文情势发生了根本性变化(Mathews and Richter,2007)。因此,评估人类活动影响下河流水文情势变化对河流生态系统保护具有重要意义。

河流的天然水文情势对维持河流生物多样性、生态系统结构和功能至关重要(Poff et al.,1997;Richter et al.,1997)。河流流量的季节分配,包括高流量和低流量的时间、频率和持续时间,在生物学上都具有重要意义,并且与河流生态系统的物种群落密切相关(Tonkin et al.,2018)。河流水文情势是确定流域内一系列地貌过程的一个重要因素,它建立起了河流与河岸带之间相应的联系,并维持了栖息地的完整性(Stanford and Ward,1993)。

在澜湄流域,具有多年径流调节能力的小湾、糯扎渡两个水库分别于 2012 年和 2014 年建成投产后,使调节库容量猛增,达到 413 亿 m^3(Hecht et al.,2019)。据相关数据统计,下湄公河流域的人口到 2025 年预计将增至 9000 万人(Eastham et al.,2008)。整个湄公河流域地区的电力需求预计每年将增长 7%,是 2003 年发电量的四倍(Lu and Siew,2006)。考虑到湄公河流域地区水电的未来需求和经济可行性,各个国家都计划了许多开发湄公河水电潜力的项目。1960～2025 年,澜沧江-湄公河全流域的水库数量和有效水库蓄水量都呈增加的趋势,尤其在近十年呈迅速增加趋势(Hecht et al.,2019)。

5.2.1   研究数据与方法

水文数据来源于湄公河委员会官方网站,包括下湄公河干流清盛站、琅勃拉邦站、廊开站、那空帕农站、穆达汉站、巴色站、上丁站共 7 个水文站的日径流资料,廊开站的径流量时间序列为 1969～2018 年,其余站点的径流量时间序列均为 1960～2018 年。水文站基本情况如表 5.3 所示。

表 5.3　下湄公河干流 7 个站点基本情况及水文数据

站名	编号	经度	纬度	国家	时间分辨率	序列
清盛	10501	100.08°E	20.27°N	泰国	d	1960～2018 年
琅勃拉邦	11201	102.137°E	19.892°N	老挝	d	1960～2018 年
廊开	12001	102.72°E	17.877°N	泰国	d	1969～2018 年
那空帕农	13101	104.803°E	17.398°N	泰国	d	1960～2018 年
穆达汉	13402	104.737°E	16.54°N	泰国	d	1960～2018 年
巴色	13901	105.8°E	15.117°N	老挝	d	1960～2018 年
上丁	14501	106.017°E	13.545°N	柬埔寨	d	1960～2018 年

1) 水文改变指标法

水文改变指标(indicaton of hydrologic alteration，IHA)法是 Richter 等于 1997 年提出的用于评估水文改变程度的一种有效方法。以河川径流的量、时间、频率、延时及变化率五个方面为基础，将 33 个水文指标划分为与生态特征相关的五组(Richter et al.，1997)。33 个水文指标的分组、含义及其对河流生态系统的影响见表 5.4(Mathews and Richter，2007)。近年来，IHA 法越来越受到生态水文研究者的重视，并在世界许多流域得到广泛应用。

表 5.4　IHA 生态水文参数和生态系统影响

水文指标参数组	水文参数	生态系统影响
月均值流量	每月流量的平均值或中值 (12 个指标)	①水生生物的栖息地；②植物所需的土壤湿度；③陆生动物供水；④捕食者接近营巢地；⑤毛皮兽的食物和遮蔽所；⑥影响水体温度、溶解氧水平和光合作用
极值流量	年均 1d、3d、7d、30d、90d 最小流量以及最大流量、断流天数、基流指数[1](12 个指标)	①创造植物定植的场所；②植物土壤湿度压力；③动物体脱水；④植物厌氧性压力；⑤平衡竞争性、杂草性和耐受性生物体；⑥通过生物和非生物因子构造水生生态系统；⑦塑造河渠地形和栖息地物理条件；⑧河流与洪泛平原的营养盐交换；⑨持续紧迫条件，如水生环境低氧和化学物质浓缩；⑩湖泊、池塘和洪泛区植物群落的分布；⑪持续高流量利于废弃物处理和沉积物中产卵场通风
年极值流量出现时间	年最大、最小 1d 流量发生的日期(罗马日)[2](2 个指标)	①与生物体的生活周期兼容；②鱼类迁徙和产卵信号；③对生物体压力的可预见性与规避；④生活史策略和行为机制的进化
高、低流量脉冲的频率及历时	每年高、低流量脉冲[3]频率以及脉冲持续时间的平均值或中值(4 个指标)	①植物土壤湿度压力的频率与大小；②洪泛区水生生物栖息的可能性；③河流与洪泛平原营养物质和有机物的交换；④土壤矿质物质的可用性；⑤水鸟摄食、栖息和繁殖场所的通道；⑥影响河沙的输移、河道沉积物的结构(大脉冲)
流量增加率、减少率及逆转次数	涨幅、降幅的年均值或中值以及流量变化次数[4](3 个指标)	①植物干旱的压力(落水线)；②生物体滞留在岛屿和洪泛平原上(涨水线)；③对河边低移动性生物体的脱水压力

注：[1]基流指数为年最小连续 7d 流量与年均值流量的比值；[2]罗马日表示公历一年中第几天；[3]低流量脉冲定义为低于干扰前流量 25%频率的日均流量，高流量脉冲定义为高于干扰前流量 75%频率的日均流量；[4]流量变化次数指日流量由增加变为减少或由减少变为增加的次数。

2) 变化范围法

变化范围法(range of variability approach，RVA)是以详细的日流量系列数据来评估水库建设前后河流径流的变化情况，它是建立在分析 IHA 上的一种动态方法。通常是以未受水库影响前的径流自然变化情况为基础，以 33 个 IHA 的平均值加减一个标准差或者以频率为 75%和 25%作为各个指标的 RVA 阈值(Richter et al.，1996)。若建库后受影响的径流流量记录仍然落于 RVA 阈值内，则说明建库对下游径流的影响较轻，仍处于自然流量的变化范围内；若受影响的径流流量记录大部分落在 RVA 阈值以外，则说明建库对下游流域的生态环境产生了严重的负面影响。RVA 的应用可分为以下四个步骤：①以水电站建设前未受影响的日流量记录为基础统计 33 个 IHA 值；②根据上一步所得未受影响前的结果拟定各个 IHA 的 RVA 阈值；③根据水电站建设后的日流量记录计算33 个 IHA 的逐年变化情况；④根据步骤②的 RVA 阈值分析水电站建设后对河流水文情势的改变程度。

3) 整体水文改变度法

为了量化水文指标受干扰后的变化程度，Richter 等(1998)建议以水文改变度来评估。其定义公式如下：

$$D_i = \left[(N_i - N_e)/N_e\right] \times 100\%$$
$$N_e = r \times N_T$$

(5.1)

式中，D_i 为第 i 个 IHA 的水文改变度；N_i 为第 i 个 IHA 在建库后仍落于 RVA 阈值内的实际观测年数；N_e 为建库前 IHA 预期落于 RVA 阈值内的年数；r 为建库前 IHA 落于 RVA 阈值范围内的比例(这里取 50%)；N_T 为建库后受影响的径流量数据的总年数。

为对 IHA 的水文改变程度设定一个客观的判断标准，Richter 等(1998)规定 $0 \leqslant |D_i| < 33\%$为无或低度改变；$33\% \leqslant |D_i| < 67\%$为中度改变；$67\% \leqslant |D_i| \leqslant 100\%$为高度改变。若建库后河流水文情势未改变，则 D_i 为 0，为最佳状态。然而 33 个 IHA 的水文改变度有高有低，为了体现各指标的权重大小，本章采用水文综合改变度：

$$D_0 = \left(\frac{1}{33} \times \sum_{i=1}^{33} D_i^2\right)^{1/2}$$

(5.2)

5.2.2　水文指标变化

根据澜沧江水电开发的历史，以 1960~1992 年、1993~2008 年和 2009~2018 年三个时间段分别代表天然期、过渡期和影响期，运用 IHA 生态水文指标法，计算了清盛站、琅勃拉邦站、廊开站、那空帕农站、穆达汉站、巴色站和上丁站 32 个水文指标，并分析了水电开发对湄公河干流站点水文情势变化的影响。

1) 月均值流量

根据 7 个站点历年的月均值流量绘制出了天然期、过渡期和影响期湄公河下游月均值流量箱线图(图 5.1)。在水电站建设的影响下，下湄公河干流 7 个站点的月均值流量变化呈现出了一定的相似性，可以看出影响期(2009～2018 年)月均流量值相较于天然期(1960～1992 年)的变化程度明显大于过渡期(1993～2008 年)的变化程度。

在雨季(6～10 月)，影响期 7 个站点的月均值流量变化明显小于过渡期的月均值流量变化，且月均值流量呈明显下降趋势，巴色站与上丁站的下降幅度略小于上游 5 个站点，其中 7 月月均流量的下降幅度最大。在旱季，影响期清盛站、琅勃拉邦站、廊开站、那空帕农站、穆达汉站五个站点 1～5 月的月均值流量变化明显大于过渡期的月均值流量变化，且流量呈上升趋势，5 月月均流量的上升幅度达到最大。

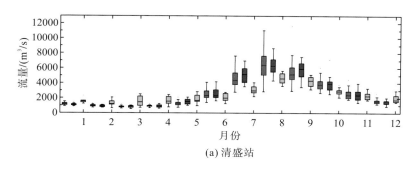

(a) 清盛站

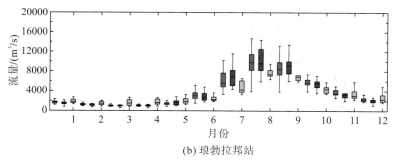

(b) 琅勃拉邦站

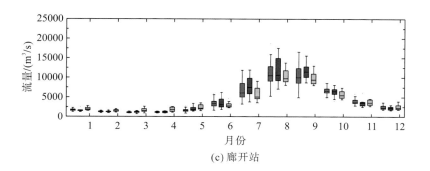

(c) 廊开站

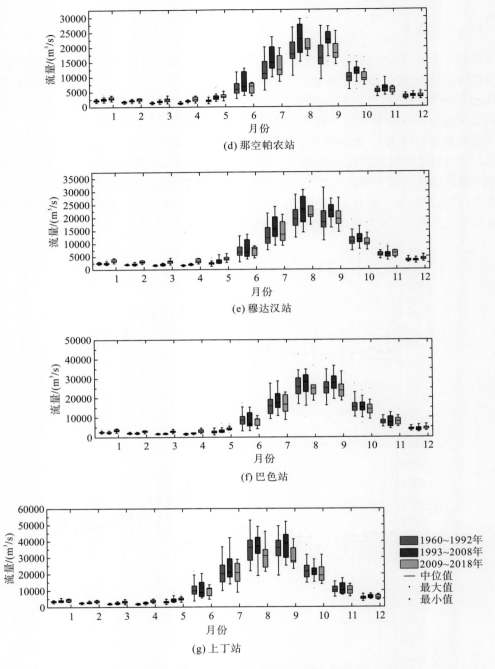

图 5.1　下湄公河干流月均值流量箱线图

2) 极值流量

从下湄公河干流 7 个站点极小值流量及其相对改变率来看(图 5.2),除那空帕农站以外,其余站点在影响期的最小值流量相对改变率(22%~87%)普遍高于过渡期的相对改变率

（-20%～23%）。清盛站与琅勃拉邦站过渡期最小值流量呈不升反降趋势，但下降幅度均未超过 20%，其余均呈上升趋势。从上下游来看，那空帕农、穆达汉、巴色、上丁 4 个下游站点的极小值流量相对变化率在过渡期与影响期均高于清盛、琅勃拉邦、廊开 3 个上游站点的极小值相对变化率。从下湄公河干流 7 个站点的极大值流量及其相对变化率来看（图 5.2），过渡期极大值流量大部分呈上升趋势，但上升幅度均在 20% 左右以内；而影响期极大值流量大部分呈下降趋势，其中清盛站的最大 7d 流量下降幅度最大为 37%。影响期上游清盛与琅勃拉邦两个站点的极大值流量下降幅度（20% 以上）显著大于下游 5 个站点的下降幅度。影响期极值流量变化表现为极小值流量增加，极大值流量减少的规律，而过渡期极值流量的变化并未出现与影响期类似的规律，这说明水电站在过渡期的影响有限。

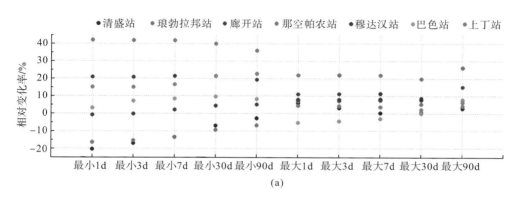

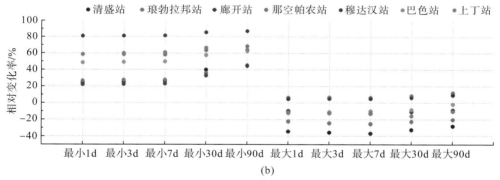

图 5.2　过渡期（a）和影响期（b）极值流量相对变化率

下湄公河干流 7 个站点在影响期的基流指数都呈上升趋势，基流指数相对变化最大的站点为上丁站，变化率为 66%，最小的站点为廊开站，变化率为 25%。而过渡期清盛、琅勃拉邦、廊开上游 3 个站点的基流指数呈下降趋势，下游 4 个站点呈上升趋势，7 个站点的变化幅度均在 16% 以内。

3）年极值流量出现时间

由表 5.5 分析得知，总的来说，7 个站点的年极小值流量出现时间在影响期都有不同程度的提前，儒略日从 3 月下旬提前到了 3 月上旬，平均提前了 25d 左右；而过渡期的年极小值流量出现时间未出现较大的改变，改变最大的站点分别为巴色站（提前 6d）、上丁站（提前 4d）、清盛站（推后 4d）。

表 5.5   极值流量出现时间及其相对变化率

| 站名 | 年极小值流量 | | | | |
	天然期	过渡期	差异天数	影响期	差异天数
清盛	88.58	92.94	4	68.4	-20
琅勃拉邦	92.7	94.31	2	74.9	-18
廊开	97.25	95.13	-2	67.6	-30
那空帕农	99.21	97.63	-2	69.1	-30
穆达汉	97.48	98.44	1	72	-25
巴色	98.55	92.31	-6	74.3	-24
上丁	102.1	98.31	-4	72.6	-30

| 站名 | 年极大值流量 | | | | |
	天然期	过渡期	差异天数	影响期	差异天数
清盛	234.4	242.9	9	247.4	13
琅勃拉邦	235.1	244.7	10	236	1
廊开	233.3	244.3	11	237.3	4
那空帕农	236.5	244.3	8	227.1	-9
穆达汉	237.1	244.4	7	227.8	-9
巴色	236.2	246.2	10	233.5	-3
上丁	240.9	242.3	1	246.7	6

从年极大值流量来说，除那空帕农站、穆达汉站、巴色站外，其余站点的年极大值流量出现时间在影响期都有不同程度的推后，儒略日推后到了 8 月底；而所有站点的年极大值流量出现时间在过渡时期都有不同程度的推后，下游的上丁站只推后了 1d，其余站点均推后了 9d 左右。

总体来说，澜湄流域水电站形成的水库在丰水期存储水量，在枯水期释放水量，使得下游站点的极小值流量出现时间改变较为明显，7 个站点的极小值流量出现时间平均提前了 25d。影响期极小值流量出现时间变化最大的分别为廊开站、那空帕农站与上丁站，极大值流量出现时间变化最大的为清盛站。

4）高、低流量脉冲频率及历时

高、低流量脉冲频率及其持续时间共同描述了一年内河流环境变化的脉冲行为。由图 5.3 可以看出，从低流量脉冲频率及其历时来说，除巴色、上丁两个下游站点以外，其余上游站点的低流量脉冲频率及历时在过渡期与影响期均未发生改变。巴色站、上丁站的低流量脉冲历时在两个时期均发生较为显著的缩短，低流量脉冲频率在过渡期均显著增加，而在影响期巴色站仅减少了 26%，上丁站增加了 6%。

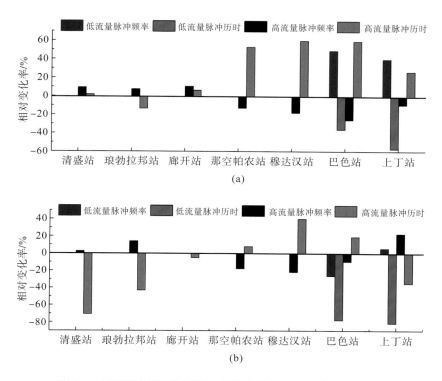

图 5.3 过渡期 (a) 和影响期 (b) 极值流量频率及历时相对变化率

从高流量脉冲频率及其历时来说，过渡期清盛、琅勃拉邦、廊开上游 3 个站的高流量脉冲频率及其历时均发生了不太显著的变化，变化幅度低于 20%；而其余下游 4 个站点的高流量脉冲频率均显著减少了，但同时高流量脉冲历时显著增加，增加幅度均在 25% 以上。影响期清盛、琅勃拉邦、廊开 3 个上游站点与上丁站的高流量脉冲历时均下降，下降幅度最大为清盛站的 68.75%（由 16d 下降到了 5d）；那空帕农、穆达汉、巴色 3 个下游站点的高流量脉冲历时均上升了，上升幅度最大为穆达汉站的 40%（由 30d 上升到了 42d）。

5) 流量增加率、减少率及逆转次数

流量增加率、减少率及逆转次数都是反映流量变异性的重要指标。清盛站、琅勃拉邦站、廊开站、那空帕农站、穆达汉站、巴色站、上丁站的流量逆转次数、流量增加率、流量减少率的相对变化率如图 5.4 所示。总体来看，两个时期下湄公河干流 7 个站点的流量逆转次数相对变化率都较大，平均相对变化率分别为 35%（过渡期）、57%（影响期）；两个时期流量逆转次数相对变化最大的站点都为清盛站，流量增加率相对变化较大的站点都为巴色站与上丁站。过渡期和影响期流量减少率相对变化最大均为廊开站，而影响期清盛站流量减少率相对变化出现骤减。

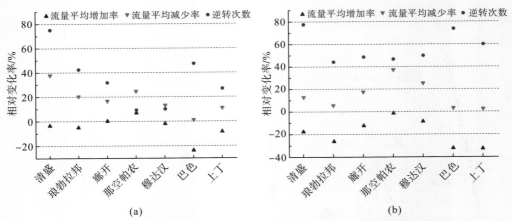

图 5.4　过渡期(a)和影响期(b)流量增加率、减少率及逆转次数相对变化率

5.2.3　生态水文指标改变程度

1)水文指标改变度分析

图 5.5 为下湄公河干流 7 个站点 32 个水文指标在过渡期和影响期两个时期的改变度情况。可以明显看出,影响期 7 个站点的月均流量水文改变度大部分均高于过渡期的月均流量水文改变度,且旱季月均流量的水文改变度均高于雨季月均流量的水文改变度。两个时期雨季月均流量的水文改变度均为中度以下,以低度改变为主,而旱季月均流量的水文

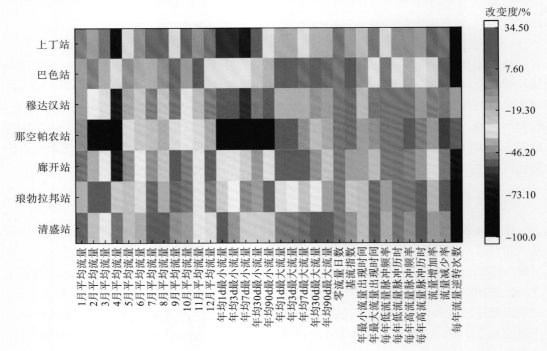

(a) 过渡期

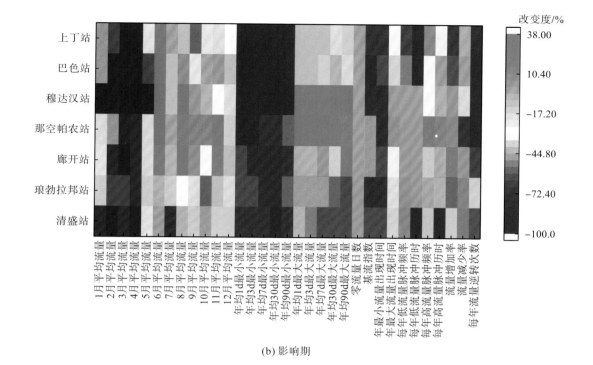

(b) 影响期

图 5.5　水文指标改变度热力图

改变度均以中高度改变为主。影响期穆达汉站、巴色站、上丁站的旱季月均流量水文改变度高于上游的四个站点，而雨季月均流量水文改变度低于上游 4 个站点。

所有站点的年均 1d、3d、7d、30d 和 90d 最小流量水文改变度均高于年均 1d、3d、7d、30d、90d 最大流量水文改变度，且影响期水文改变度均大于过渡期的水文改变度。影响期最大流量指标的水文改变度均为低度或中度改变，而最小流量指标均为中度以上改变；其中巴色站、上丁站的年均 1d、3d、7d 最小流量水文改变度均达到了 100%。过渡期的基流指数水文改变度均为低度改变，而影响期基流指数水文改变度均为中高度改变。

从极值流量出现时间来看，影响期年最小流量出现时间的水文改变度均高于过渡期年最小流量出现时间的水文改变度，且均为中度以上改变；而影响期年最大流量出现时间水文改变度均低于过渡期，且两个时期均以低度改变为主。

廊开、那空帕农、穆达汉 3 个站点的低流量脉冲频率及其历时水文改变度在过渡期与影响期两个时期都为 0。两个时期巴色和上丁两个下游站点的低流量脉冲频率及其历时水文改变度均高于清盛、琅勃拉邦两个上游站点，且均为中高度改变。影响期清盛站的高、低流量脉冲历时与上丁站的低流量脉冲历时水文改变度均达到了 100%。除清盛站外，过渡期与影响期两个时期其余站点的高流量脉冲频率及其历时水文改变度均未超过 33%，为低度改变。

影响期所有站点的流量增加率与减少率水文改变度均以低度或中度改变为主，那空帕农站的流量减少率和上丁站的流量增加率的水文改变度分别达到了 72%、71%。过渡期除了那空帕农与穆达汉站的流量逆转次数水文改变度为 11%、-14%以外，其余站点均为高度改变。影响期那空帕农、穆达汉、巴色 3 个站点的流量逆转次数达到了 100%，其余站点均为中高度改变。

2) 整体水文改变度分析

为了分析下湄公河干流 7 个站点整体水文改变度的变化，本章以 32 个水文指标改变度为基础数据，根据式 5.1 和式 5.2 计算出了过渡期与影响期清盛、琅勃拉邦、廊开、那空帕农、穆达汉、巴色、上丁 7 个站点各组 IHA 指标的整体水文改变度和各站点的整体水文改变度，如表 5.6 和表 5.7 所示。

表 5.6　过渡期水文指标整体水文改变度（%）

组别	清盛站	琅勃拉邦站	廊开站	那空帕农站	穆达汉站	巴色站	上丁站
第一组	24(L)	19(L)	27(L)	49(M)	30(L)	25(L)	35(M)
第二组	28(L)	24(L)	26(L)	68(H)	38(M)	25(L)	45(M)
第三组	17(L)	15(L)	17(L)	32(L)	38(M)	37(M)	37(M)
第四组	12(L)	8(L)	7(L)	8(L)	6(L)	33(M)	30(M)
第五组	64(M)	62(M)	52(M)	34(M)	28(L)	53(M)	47(M)
整体水文改变度	30(L)	27(L)	28(L)	52(M)	32(M)	31(M)	39(M)

注：L 表示低度水文改变；M 表示中度水文改变；H 表示高度水文改变。第一组对应月均值流量，第二组对应极值流量，第三组对应年极值流量出现时间，第四组对应高、低流量脉冲的频率及历时，第五组对应流量增加率、减少率及逆转次数。

表 5.7　影响期水文指标整体水文改变度（%）

组别	清盛站	琅勃拉邦站	廊开站	那空帕农站	穆达汉站	巴色站	上丁站
第一组	54(M)	39(M)	41(M)	36(M)	60(M)	49(M)	47(M)
第二组	65(M)	61(M)	50(M)	56(M)	65(M)	71(H)	68(H)
第三组	46(M)	54(M)	49(M)	53(M)	52(M)	44(M)	55(M)
第四组	71(H)	22(L)	8(L)	11(L)	14(L)	51(M)	62(M)
第五组	38(M)	40(M)	39(M)	71(H)	59(M)	67(M)	64(M)
整体水文改变度	59(M)	47(M)	42(M)	47(M)	58(M)	59(M)	59(M)

注：L 表示低度水文改变；M 表示中度水文改变；H 表示高度水文改变。第一组对应月均值流量，第二组对应极值流量，第三组对应年极值流量出现时间，第四组对应高、低流量脉冲的频率及历时，第五组对应流量增加率、减少率及逆转次数。

在过渡期，清盛、琅勃拉邦、廊开 3 个上游站除第五组水文指标为中度改变以外，其他组水文指标都为低度改变；那空帕农、穆达汉、巴色、上丁 4 个站点的五组水文指标的改变度均以中低度改变为主，7 个站点的第四组水文指标改变度均为低度改变。在影响期，除琅勃拉邦、廊开、那空帕农、穆达汉 4 个站点的第四组水文指标改变度为低度改变以外，其他站点其他组水文指标的改变度均为中度以上改变，以中度改变为主。总体来说，清盛、琅勃拉邦、廊开、那空帕农、穆达汉、巴色、上丁 7 个站点影响期的水文指标改变度大部分高于过渡期的水文指标改变度。过渡期第一、第二、第五组水文指标改变度大部分高于第三、第四组水文指标改变度，第五组水文指标改变度是五组中最高的，这说明澜湄流域水电开发在过渡期主要对下游站点的流量增加率、减少率产生较大的影响。

　　清盛、琅勃拉邦、廊开、那空帕农、穆达汉、巴色、上丁各站的整体水文改变度在过渡期分别为 30%、27%、28%、52%、32%、31%、39%，仅有两个站点为中度改变；而在影响期分别为 59%、47%、42%、47%、58%、59%、59%，均为中度改变。站点的整体水文改变度在两个时期都从清盛站沿河流方向至廊开站呈下降趋势，但那空帕农站以下的 4 个站点整体水文改变度均高于上游 3 个站点。

　　图 5.6 显示了各站不同等级水文改变度占总水文指标的比例。过渡期 7 个站点的水文指标均以低度改变为主，清盛、琅勃拉邦、廊开 3 个站点低度改变的水文指标所占比例明显大于下游 4 个站点。那空帕农站高度改变的水文指标所占比例是 7 个站点中最高的，所占比例为 25%；其次是上丁站，占 9%。影响期 7 个站点高度改变的水文指标比例均较过渡期均有所上升，穆达汉站高度改变的水文指标所占比例是 7 个站点中最高的，所占比例为 41%；其次是清盛站与上丁站，均占 38%。从上下游来看，清盛与琅勃拉邦两个上游站点的水文指标以中度改变为主，分别占 38%、47%。清盛站中度改变的水文指标与高度改变的水文指标所占比例相同，均为 38%；而廊开、那空帕农、穆达汉、巴色、上丁 5 个下游站点的水文指标改变度均以低度改变为主，分别占 63%、53%、59%、53%、50%。所以澜湄流域水电开发对上游站点的影响主要是中度改变，对下游站点的影响主要是低度改变。清盛站与琅勃拉邦站作为距澜沧江水电站距离最近的两个站，其水文指标的变化受上游水电站的直接影响；但从廊开站开始，水文指标的变化规律与前两个站的变化规律略有不同，这可能是下游站点受到了支流汇入、当地气候条件及人类活动的叠加影响，造成了高度改变的水文指标所占比例较大。

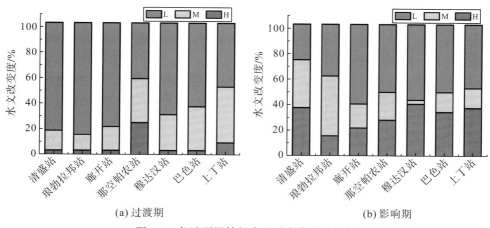

(a) 过渡期　　　　　　　　　　　　(b) 影响期

图 5.6　各站不同等级水文改变度百分比图

注：L 表示低度改变，M 表示中度改变，H 表示高度改变。

　　图 5.7 显示了下湄公河干流 7 个站点 32 个水文指标改变度绝对值的均值排序。均值大于 67% 的水文指标被认为是影响最大的因素，其次是均值大于 33% 的水文指标。过渡期影响较大的指标均值从大到小分别为每年流量逆转次数、4 月平均流量、年均 1d 最小

流量、年均 3d 最小流量、年均 7d 最小流量、年均 30d 最小流量、年均 90d 最小流量、流量减少率、11 月平均流量、3 月平均流量；影响期影响较大的指标均值从大到小分别为年均 3d 最小流量、年均 7d 最小流量、年均 30d 最小流量、4 月平均流量、年均 1d 最小流量、每年流量逆转次数、3 月平均流量、年均 90d 最小流量、2 月平均流量、年最小流量出现时间、基流指数、1 月平均流量、每年低流量脉冲历时、5 月平均流量。这说明澜湄水电开发主要影响了下游站点的极小值流量相关指标、旱季月均值流量、流量逆转次数、基流指数以及流量增加率。

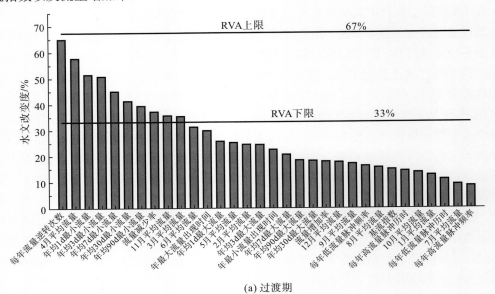

(a) 过渡期

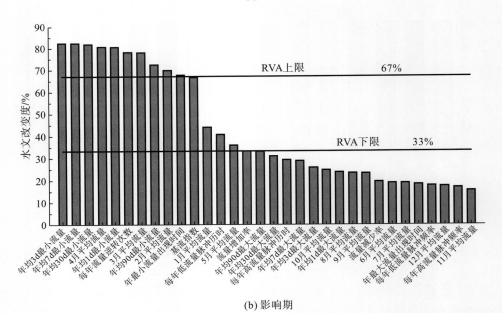

(b) 影响期

图 5.7   水文指标改变度绝对值均值排序

综上所述，澜沧江水电开发对下湄公河水文指标变化的影响主要表现在五个方面。

(1)下湄公河干流 7 个站点在影响期(2009～2018 年)的月均流量相对变化程度明显大于过渡期(1993～2008 年)，尤其在雨季(6～10 月)更为明显。雨季月均流量呈明显下降趋势，但巴色与上丁两个站点下降幅度较小，说明上游水电站的建设运行起到了调节洪峰的作用，但调节作用只影响了距离水电站较近的站点。旱季月均流量呈上升趋势，5 月月均流量的上升幅度达到最大。

(2)影响期 7 个站点年极小值流量都出现了增加趋势，年极大值流量都出现了减少趋势。而过渡期极值流量的变化并未出现与影响期一致的规律，这说明过渡期水电开发的影响有限。下湄公河干流 7 个站点的基流指数都呈上升趋势，水文改变度均为中度以上改变。过渡期年极小值流量指标的水文改变以低度改变为主，中高度改变主要出现在影响期；而年极大值流量指标的水文改变度与年极小值流量指标相反，过渡期为中低度改变，影响期均为低度改变。

(3)影响期 7 个站点的年极小值流量出现时间都有不同程度的提前，水文改变度均为中度以上改变；而过渡期的年极小值流量出现时间未出现较大的改变，水文改变度以低度改变为主。过渡期 7 个站点的年极大值流量出现时间都有不同程度推后，上游站点水文改变度以低度改变为主，下游站点以高度改变为主；影响期除那空帕农站、穆达汉站、巴色站外，其余站点都有不同程度推后，但水文改变度均为低度改变。

(4)过渡期与影响期大部分站点的低流量脉冲频率及历时水文改变度都为低度改变，但巴色、上丁两个下游站点的低流量脉冲频率及历时的水文改变度较大，均为中高度改变，低流量脉冲历时出现了较为明显的缩短。

(5)除影响期那空帕农站的流量减少率和上丁站的流量增加率为高度改变以外，其余站点两个时期的流量增加率与减少率水文改变度均为低度或中度改变。两个时期大部分站点的流量逆转次数水文改变度均为中高度改变。

(6)从整体水文改变度来看，影响期 7 个站点的水文指标改变度大部分高于过渡期的水文指标改变度。过渡期与影响期 7 个站点第五组水文指标大多均是五组水文指标中值最大的，大部分为中度改变。7 个站点的整体水文改变度在影响期均为中度改变，从清盛站沿河流方向至廊开站呈下降趋势，但那空帕农站以下的 4 个站点整体水文改变度均高于上游 3 个站点。澜湄水电开发主要影响了下游站点的极小值流量相关指标、旱季月均值流量、流量逆转次数、基流指数以及流量增加率。

5.3　澜沧江梯级水电开发对下游洪水频率的影响

水文频率分析是设计洪水相关参数计算及确定重现期的有效途径，是水利工程设计实施的重要基础。传统水文频率分析方法假设水文时间序列具有一致性，在气候变化和人类活动影响下许多河流的水文序列一致性遭到破坏，传统水文频率分析方法的适用性受到质疑(Yang et al.，2021)。变化环境下非一致性水文频率分析已成为水工设计规划、洪水分析和风险管理的关键技术环节，也是水文科学研究中的热点问题(梁忠民等，2011；郭生练等，2016)。

非一致性洪水频率研究主要集中在水文序列非一致性诊断和非一致性水文频率分析两个方面。国内外代表性的非一致性检验方法有曼-肯德尔(Mann-Kendall)、佩蒂特(Pettitt)、斯皮尔曼(Spearman)、布朗-福赛斯(Brown-Forsythe)检验和贝叶斯方法等(郭生练等，2016；吴子怡等，2017)。在非一致性水文频率分析方面，常用水文极值序列还原/还现的方法，如降雨径流关系法、时间序列的分解与合成法和水文模型法等(胡义明等，2018；宁迈进等，2019)。这类方法对水文序列进行还原/还现处理后，采用一致性假设的方法对水文序列进行频率计算，然而还原/还现方法的一致性修正成果往往存在不确定性(梁忠民等，2011；郭生练等，2016)。因此，基于非平稳极值序列的直接水文频率分析逐渐受到重视，如混合分布法、条件概率分布法、时变矩模型和广义可加模型(generalized additive models for location，scale and shape，GAMLSS)模型等。其中，时变矩模型考虑均值和方差的趋势性，将趋势性成分嵌入到分布的一、二阶矩中(时变矩)，可得到设计值随时间的变化关系。时变矩模型是描述单变量水文序列非一致性的有力工具，已经被应用到许多地区(Villarini et al.，2009；叶长青等，2013；Chen et al.，2019)。

澜沧江-湄公河连接中国、缅甸、老挝、泰国、柬埔寨和越南六个国家，是东南亚最重要的国际河流。气候变化和人类活动尤其是大规模梯级水电开发背景下，澜沧江-湄公河干流径流特征已经改变，水文序列一致性遭到破坏(吴子怡等，2017；余涛等，2021)。本书以干流泰国清盛水文站为例，利用 Mann-Kendall 趋势突变检测方法对年最大日流量序列进行非一致性分析，基于时变矩模型选择 6 种概率分布和 7 种趋势模型进行组合，产生 42 种竞争模型并进行比较择优，分析变化环境下洪水设计值响应规律，以期为流域水工规划、防洪安全和跨境水资源利用管理等提供科学依据。

5.3.1 时变矩方法

首先运用 Mann-Kendall 检验法对水文序列进行一致性判断，若序列的一致性遭到破坏，则选择时变矩方法进行分析。时变矩方法主要分析水文频率曲线特征参数随时间变化的影响，认为均值(m)和标准差(σ)随时间具有线性或抛物线性趋势特征，水文频率曲线可表示成含时间 t 的函数式(Strupczewski et al.，2001)。时变矩模型可由不同的概率分布线型和水文序列的第一、第二阶矩的趋势模型相互组合得到。本书选择 Pearson-III型分布(P-III)、广义极值分布(generalized extreme-value distribution，GEV)、广义逻辑斯谛分布(generalized logistic distribution，GLO)、正态分布(normal distribution，NORM)、二参数对数正态分布(two-parameter lognormal，LN2)和耿贝尔分布(Gumbel distribution，GMB)共 6 种概率分布函数。为分析前两阶矩随时间的变化关系，选取合适的趋势模型嵌入到分布模型中。考虑到曲线的外延性，采用线性(L)和抛物线性(P)趋势。将趋势嵌入频率曲线的第一、第二阶矩中可得到 7 类趋势模型，具体描述参考文献(Strupczewski et al.，2001；叶长青等，2013)。采用极大似然法进行参数估计，并使用赤池信息量准则(Akaike information criterion，AIC)选择最优模型作为时变矩模型进行相应的频率计算。具体框架如图 5.8 所示。

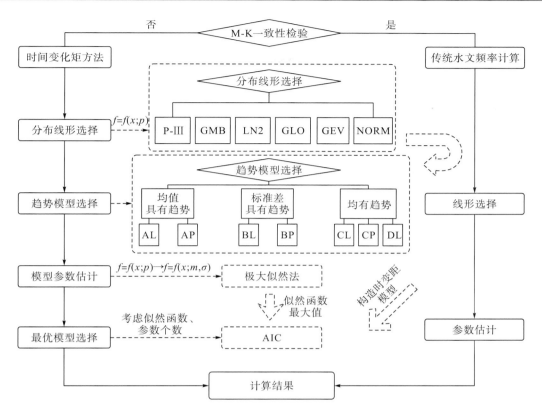

图 5.8　时变矩方法计算框架图

AL：均值具有线型趋势，标准差无趋势；AP：均值具有抛物线趋势，标准差无趋势；BL：均值无趋势，标准差具有线性趋势；BP：均值无趋势，标准差具有抛物线趋势；CL：均值具有线性趋势，标准差与 CV 值相关；CP：均值具有抛物线趋势，标准差与 CV 值相关；DL：均值和标准差均具有线性趋势；CV：变异系数。

1) 概率分布

为得到清盛站洪水序列的水文频率适宜分布函数，选择包括正态分布类、极值分布类、伽马分布类和逻辑斯谛 (Logistic) 分布类的 6 种概率分布类：正态分布 (NORM)、Pearson-Ⅲ分布 (P-Ⅲ)、耿贝尔分布 (GMB)、二参数对数正态分布 (LN2)、广义极值分布 (GEV) 和广义逻辑斯谛分布 (GLO)(表 5.8)。选配线型应根据以下两种原则：①概率密度曲线的形状应大致符合水文现象的物理性质，曲线一端或两端应有限，不应出现负值；②概率密度函数的数学性质简单，计算方便，同时应有一定弹性，但又不宜包含太多参数。

表 5.8　分布密度函数的特征及与矩的关系

分布类型	密度函数	参数与矩的关系	特征
NORM	$f(x) = \dfrac{1}{\sqrt{2}\sigma}\exp\left[-\dfrac{(x-\mu)^2}{2\sigma^2}\right]$	$m = m$ $\sigma = \sigma$	—

分布类型	密度函数	参数与矩的关系	特征
P-III	$f(x)=\dfrac{\lvert\beta\rvert\left[\beta(x-\zeta)\right]^{\alpha-1}}{\Gamma(\alpha)}\exp\left[-\beta(x-\zeta)\right]$	$m=\dfrac{\alpha}{\beta}+\zeta$ $\sigma=\sqrt{\alpha}\,/\,\beta$	薄尾
GMB	$f(x)=\dfrac{1}{\alpha}\exp\left[-\dfrac{x-\zeta}{\alpha}-\exp\left(-\dfrac{x-\zeta}{\alpha}\right)\right]$	$m=\zeta+\gamma\alpha$ $\sigma=\alpha\pi\,/\,\sqrt{6}$	混尾
LN2	$f(x)=\dfrac{1}{x\sqrt{2\pi}\sigma y}\exp\left[\dfrac{-\left(y-\mu_y\right)^2}{2\sigma_y^2}\right]$ $y=\ln x$	$m=\exp\left(\mu_y+\dfrac{\sigma_y^2}{2}\right)$ $\sigma=m\sqrt{\exp\left(\sigma_y^2\right)-1}$	混尾
GEV	$f(x)=\dfrac{1}{\alpha}\left[1-\dfrac{k(x-\zeta)}{\alpha}\right]^{\left(\frac{1}{k}\right)-1}\exp\left\{-\left[1-\dfrac{k(x-\zeta)}{\alpha}\right]^{1/k}\right\}$	$m=\zeta+\left(\dfrac{a}{k}\right)\left[1-\Gamma(1+k)\right]$ $\sigma=\dfrac{a}{\lvert k\rvert}\left\{\Gamma(1+2k)-\left[\Gamma(1+k)\right]^2\right\}$	混尾
GLO	$f(x)=\dfrac{1}{\alpha}\left[1-k\left(\dfrac{x-\zeta}{\alpha}\right)\right]^{\left(\frac{1}{k}\right)-1}\left\{1+\left[1-k\left(\dfrac{x-\zeta}{\alpha}\right)\right]^{1/k}\right\}^{-2}$	$m=\zeta+\dfrac{a}{k}(1-g_1)$ $\sigma=\dfrac{a}{\lvert k\rvert}\left(g_2-g_1^2\right)$	厚尾

2)趋势模型

为分析水文序列的前两阶矩随时间的变化特征，且不宜引入过多参数而导致曲线的外延性变差，故采用一个简单的连续函数来表述此种变化。本章考虑四种时间趋势：①均值具有趋势（A）；②标准差具有趋势（B）；③均值和标准差均具有趋势，且与固定值（CV）相关（C）；④均值和标准差均具有趋势，但二者不相关（D）。还有一种稳定状况（S），即均值和标准差均不具有趋势，二者不随时间变化，本书不考虑此种时间趋势。

在 A、B、C 三类趋势中，给出两种选择：①线性趋势（L）；②抛物线趋势（P）。对于这三类趋势，给定一个时间函数，其均在稳定状态下增加相同数量的参数：线型趋势增加一个参数，抛物线趋势增加两个参数。对于 D 类趋势，若选择抛物线趋势，则会增加较多参数，不利于趋势的外延，而洪水频率分析较为注重曲线的外延，故选择线性趋势（L），在稳定状况（S）的基础上增加两个参数。综上，共产生 7 类趋势模型，其均值和标准差的表达式及模型增加的参数个数如表 5.9 所示。

表 5.9　各类趋势模型前两阶矩的表达式

趋势模型	m	σ	趋势假设	增加参数个数/个
AL	$m=m_0+a_m t$	$\sigma=\sigma_0$	均值具有线型趋势，标准差无趋势	1
AP	$m=m_0+a_m t+b_m t^2$	$\sigma=\sigma_0$	均值具有抛物线趋势，标准差无趋势	2
BL	$m=m_0$	$\sigma=\sigma_0+a_\sigma t$	均值无趋势，标准差具有线性趋势	1
BP	$m=m_0$	$\sigma=\sigma_0+a_\sigma t+b_\sigma t^2$	均值无趋势，标准差具有抛物线趋势	2
CL	$m=m_0+a_m t$	$\sigma=m\cdot Cv$	均值具有线性趋势，标准差与 Cv 相关	1
CP	$m=m_0+a_m t+b_m t^2$	$\sigma=m\cdot Cv$	均值具有抛物线趋势，标准差与 Cv 相关	2
DL	$m=m_0+a_m t$	$\sigma=\sigma_0+a_\sigma t$	均值和标准差均具有线性趋势	2

3）参数估计

与矩估计量相比，极大似然估计量的性质更好。采用极大似然法估计概率密度函数的参数，在对其进行估计前，需要将分布的原始参数改写为时变矩的形式，即 $f = f(x,t;\theta)$ 的形式。时变矩方法(time-varying moment，TVM)方法中似然函数的表达式为

$$L = \sum_{t=1}^{N} \ln[f(x,t;\theta)] \tag{5.3}$$

式中，N 为序列样本个数；θ 为参数矩阵。

确定模型参数估计值的准则应是能使极大似然函数 L 取得最大值的参数矩阵 θ。与传统方法的极大似然估计不一样，TVM 方法采用的似然函数考虑了时间 t（叶长青等，2013）。

4）最优模型的选择

将 6 种概率分布、7 种趋势模型相互搭配，总共产生 42 个竞争模型，从 42 个模型中选取 AIC 值最小的作为最优模型。AIC 模型的基础是最大熵原理，可检验出不同模型差异的显著性，计算公式如下：

$$\text{AIC} = -2\ln\text{ML} + 2k \tag{5.4}$$

式中，ML 为似然函数的最大值；k 为模型参数个数。

AIC 既考虑了使似然函数达到最大值，即所选模型对实测序列的拟合效果，又考虑了模型参数个数的影响，模型参数越多，AIC 值越大，越不可取。

5.3.2 洪水系列非一致性诊断

清盛水文站 1960～2019 年最大日流量呈"显著下降—平稳—下降"变化过程[图 5.9(a)]。其中，1966 年、2006 年分别发生了洪量为 23500m³/s 和 29300m³/s 的特大洪水。自 2008 年后，年最大日流量虽有波动，但都在 10000m³/s 以下。选取年最大日流量序列进行非一致性分析，采用 Mann-Kendall 检验方法进行趋势和突变分析，结果表明清

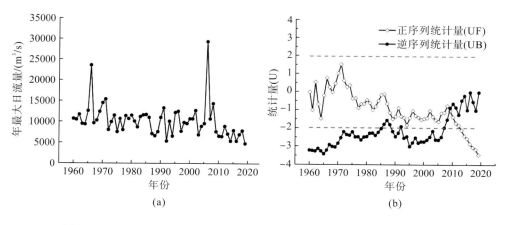

图 5.9 清盛站年最大日流量序列变化(a)以及 Mann-Kendall 突变检验(b)

盛站的年最大日流量呈显著的下降趋势（$p<0.01$），年最大日流量序列在 2008 年发生突变 [图 5.9(b)]。这与澜沧江小湾和景洪的蓄水时间比较吻合，小湾和景洪水库分别于 2008 年 12 月和 4 月开始蓄水。以上结果表明，受澜沧江梯级水电开发的影响，清盛站的年最大日流量序列发生显著变化。

5.3.3　最优分布模型选择线型比较

基于时变矩方法，选择 6 种概率分布线型和 7 种趋势模型相互组合，共得到 42 种备选模型。采用极大似然法给出最优线型的参数估计值，并计算各种模型组合的 AIC 值（表 5.10）。选择 AIC 值最小的模型组合作为最优模型组合，则清盛站年最大日流量序列最优拟合分布为 GLO，最优拟合趋势模型为 AL 趋势模型，时变矩最优模型为 GLO 分布搭配 AL 趋势模型（GLOAL 模型），即均值具有线型趋势而标准差不考虑趋势变化。

表 5.10　清盛站 TVM 模型 AIC 拟合值

模型	P-III	GMB	NORM	LN2	GEV	GLO
S	1141.64	1138.60	1165.78	1139.28	1139.32	1137.57
AL	1122.33	1124.42	1163.01	1127.63	1121.54	1120.73
AP	1125.22	1126.01	1164.75	1129.75	1123.87	1122.35
BL	1130.95	1132.25	1165.48	1137.95	1130.69	1128.57
BP	1131.94	1137.64	1166.08	1136.75	1133.40	1132.36
CL	1129.51	1126.68	1166.37	1130.16	1122.90	1121.97
CP	1124.61	1127.55	1168.32	1130.80	1124.56	1122.14
DL	1122.78	1126.26	1163.12	1129.69	1123.33	1125.34

注：表中模型 S 表示统计参数的均值和方差不随时间发生变化。

5.3.4　变化环境下线型响应规律及洪水重现期变化

结合曼-肯德尔（Mann-Kendall）突变检验法并考虑澜沧江梯级水电工程的建设时间，选择时间基准点分析水电工程建设前后洪水线型的变化情况。澜沧江干流第一个梯级电站漫湾水电站于 1986 年开工，1992 年一期工程结束。第二个梯级电站大朝山电站于 2003 年完工投产，其他电站于 2008 年以后陆续投产运行。因此选择水库修建前的 1970 年、1985 年以及 1994 年、2005 年和 2019 年作为时变矩模型的基准点。

图 5.10 为清盛站不同基准点的洪水拟合线型变化情况。在尚未进行梯级水电开发时期，1960～1970 年 GLOAL 线型高水尾端位于所有线型的最上方，同一量级洪水出现的概率偏大。1971～1985 年 GLOAL 曲线下移，但下移的幅度不大。在梯级水电站建成影响期，1986～1994 年（漫湾电站运行），GLOAL 曲线有所下降。1995～2005 年（漫湾和大朝山联合运行），GLOAL 曲线相较于 1994 年有所下降。2006～2019 年（12 个电站陆续运行），GLOAL 曲线位于所有时间基点线型下方，同量级洪水发生概率降低。澜沧江中下

游以小湾、糯扎渡为核心的梯级水电开发对洪水线型的影响较小，但水库联合运行以后清盛站同量级洪水发生的概率降低，设计洪水量级也明显降低，这说明澜沧江水库建设对清盛站洪水具有明显的调控作用。

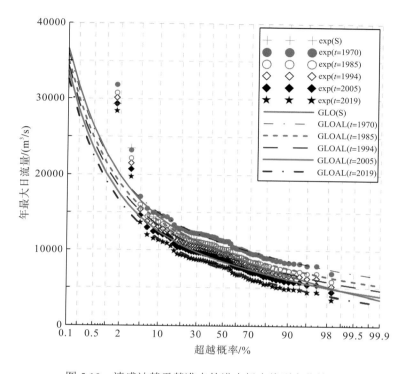

图 5.10　清盛站基于基准点的洪水拟合线型变化情况

用传统频率分析方法计算得到清盛站百年一遇的洪水设计值为 22881m³/s，用时变矩模型分析该设计值下重现期的变化(图 5.11)。与传统频率分析下某一指定流量标准值重现期不变相比，采用时变矩模型得到的重现期随时间呈上升趋势。例如，1960~1965 年为小于百年一遇，1966~2011 年为大于百年一遇且小于二百年一遇，2012 年后为大于二百年一遇。选取指定重现期 $T=100a$，采用时变矩模型分析指定重现期下设计流量的变化，如图 5.11 所示。与传统频率分析中指定重现期标准下的设计流量值不变相比，采用时变矩方法计算得到的设计流量随时间呈下降趋势。清盛站百年一遇洪水量级从 1960 年的 23274m³/s 下降到 2019 年的 19085m³/s。如果不考虑序列非一致性处理，得到的百年一遇设计值为 22881m³/s，比时变矩模型求得的 2014~2019 年糯扎渡电站运行后的设计值高出 18%~20%，即传统频率分析方法会高估洪水量级。

清盛水文站洪水重现期随时间的变化过程为上升趋势。在 TVM 法最优模型下，清盛站年最大日流量的洪水重现期从1966年之前的小于百年一遇总体上升到2011年之后大于二百年一遇。选取指定重现期 $T=100a$，对清盛站使用 TVM 方法分析指定重现期下的设计流量变化。结果表明，指定标准下(百年一遇)设计洪峰流量(与一致性条件下百年一遇洪水相对应)量级由大变小(图5.11)。清盛站百年一遇洪水量级一直在变小，特别是在 2006

年以后，百年一遇洪水量级下降到 20000m³/s 以下。如果不考虑序列非一致性处理，得到的百年一遇洪峰设计值为 22880.6m³/s，即传统频率分析方法会高估洪水量级。

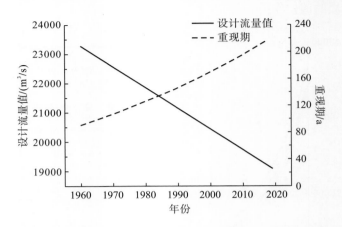

图 5.11　清盛站指定重现期设计流量及重现期变化过程图

5.3.5　影响因素分析

对澜沧江-湄公河干流清盛站年最大日流量序列进行非一致性分析,基于时变矩模型选择 6 种概率分布模型和 7 种趋势模型进行组合，共产生 42 种竞争模型进行比较，选取最优模型分析变化环境下非一致性洪水频率特征。研究结果表明：①清盛站 1960～2019 年最大日流量序列呈显著下降的趋势并在 2008 年发生突变，水文极值序列呈现非一致性；②清盛水文站广义逻辑斯谛分布搭配均值具有线型趋势的模型拟合最优；③与基于传统频率分析得到的设计流量下重现期及指定重现期下设计流量不变相比较，时变矩模型得到的重现期和设计流量均随时间发生变化。澜沧江梯级水库尤其是糯扎渡水库运行后对清盛站洪水具有明显的调控作用，因此采用传统频率分析方法会高估设计洪水量级 18%～20%。

气候和人类活动是河川径流变化的两大主要驱动因素。基于站点观测数据分析表明，1958～2015 年的近 50 年来，澜沧江-湄公河上游地区降水量减少趋势不明显，气温升高和潜在蒸散发增加是径流显著减少的重要因素(李海川等，2017；Li et al.，2019)。相对于气候变化，人类活动对径流的影响在特定时期内则更为明显。研究表明，澜沧江允景洪水文站 1987～2014 年多年年均径流量较 1980～1986 年减少 6%，人类活动对径流变化的贡献从 1987～2007 年的 43% 增加到 2008～2014 年的 95%，人类活动对径流变化的影响逐渐加剧(Han et al.，2019)。20 世纪 80 年代以来，澜沧江梯级水库建设导致径流年内分配呈现均化，下游清盛站最大日流量呈显著的减少趋势(陈翔等，2014；Li et al.，2017)。总的来说，变化环境尤其是水库建设对允景洪—万象径流年内分配的影响显著(李杨等，2021)。

本书研究结果表明，1960～2019 年清盛站年最大日流量序列呈现出显著下降趋势，水文极值序列突变年份(2008 年)与景洪电站蓄水、小湾电站投产时间吻合，说明变化环境下水文极值序列发生了变异。未来澜沧江-湄公河上游地区极端降水量将趋于增多、降水集中程度增大,流域洪水风险势必增加(丁凯熙等,2020)。在流域内水库联合调度下,可以在一定程度上缓解洪水的风险(Wang et al.,2017;Yun et al.,2021),如全流域水库联合调度可以将湄公河干流洪水从二百年一遇减至20~50年一遇(侯时雨等,2021)。未来气候变化和人类活动加剧的背景下,使用传统频率方法得到的重现期和洪水设计值将会"失真"。本书采用时变矩方法分析指定设计流量下重现期和指定重现期下设计流量,发现重现期和设计流量随时间变化。如果不考虑非一致性而使用传统方法将会低估洪水重现期和高估设计洪水量级,应对非一致性背景下传统洪水频率计算方法进行修正。

5.4　水文变异下湄公河河道生态流量评估

气候变化对长期全球河川径流和极端水文事件变化趋势具有显著的影响,而人类活动诸如水库建设等则直接导致水文情势发生改变,进而影响河流的生态系统健康(Grill et al.,2019)。为了协调水资源开发利用和河流生态保护二者平衡关系,生态流量研究逐渐得到重视。一般来说,生态流量是指为了部分恢复自然水文情势的特征,以维持河湖生态系统某种程度的健康状态并能为人类提供赖以生存的水生态服务所需要的流量和流量过程(董哲仁等,2020)。由于研究目的和对象的侧重点不同,在实际研究中出现了"生态需水""环境流量""生态径流"等相关概念。国内外学者在生态流量方面开展了大量研究,对生态流量的认识从维持最小流量和阶段性变化的流量、发展到考虑水文-生态响应关系的流量(王俊娜等,2013)。国际上主要的评估方法可分为水文学方法、水力学方法、栖息地法和整体分析法四大类。这些方法各有优势,在实际应用中需要综合考虑研究目的和数据可获得性(Mahmood et al.,2020)。

气候变化和人类活动影响下河流水文序列往往发生变异。由于天然水文情势与水生生物生长节律和生命周期等有着一定的对应关系,水文变异后将对生态系统产生不同程度的影响。国内学者在生态流量研究中针对水文变异问题开展了一些研究,如张强等(2011)和李剑锋等(2011)分别基于月和年尺度径流数据进行水文变异点分析,对黄河干流的生态需水进行估算并分析了水文变异后的生态流量满足频率。

澜沧江-湄公河是东南亚重要的国际河流,其生物多样性仅次于亚马孙河流域,同时也是全球最大的淡水渔业基地之一,据估计年渔获量约260万t,年产值39亿~70亿美元,渔业是下湄公河国家蛋白质食物来源和经济来源之一。随着流域人口增加和经济发展,澜沧江-湄公河干流的水电开发进程加快。2008年全流域水库有效库容(86亿m³)仅占多年平均径流量的2%,预计到2025年水库有效库容将增加到868亿m³,占多年平均径流量的19%(Hecht et al.,2019)。流域大规模水电开发改变了干支流的自然水文形势,对鱼类和水生生态系统产生威胁(Sabo et al.,2018)。澜沧江-湄公河在维系我国和东南亚地区的水安全、能源安全、粮食安全和生态安全中发挥着重要作用。2016年澜沧江-湄公河合作机制启动,水资源合作是澜湄合作机制的旗舰领域,因此开展生态流量研究对澜沧江-湄公河流域水资源开发利用和生态保护具有重要的实践意义。选择湄公河干流为典型河段，采用径流年内分配均匀度指标刻画径流年内分布的变化特征，利用水文序列变异点检测和流量历时曲线移动(flow duration curve shifting，FDCS)法对生态流量进行估算，并分析水文变异对生态流量的影响。研究结果可为澜沧江-湄公河跨境水资源管理提供参考。

5.4.1　研究数据与方法

采用下湄公河干流上清盛、琅勃拉邦、廊开、巴色和上丁 5 个主要水文站的逐日流量观测数据进行研究分析，该数据已经过质量控制，对于少量缺失值进行线性插补以保证数据的完整性。降水资料来源于英国东英吉利大学气候研究中心(Climatic Research Unit，CRU)的格点气候数据集，是当前全球广泛使用的数据集之一(Harris et al.，2020)。本章使用 CRU TS v. 4.04 中的逐月降水数据，空间分辨率为 0.5°×0.5°，时间范围覆盖 1901～2019 年。

1)径流年内分配均匀度指标及水文变异检验方法

为了全面刻画径流年内分布的变化特征，本章除了采用水文分析常用的变异系数(coefficient of variation，CV)外，还引入基尼系数(Gini index，GI)、变率系数(flashiness index，FI)和集中度指数(concentration index，CI)三个指标。GI 是衡量居民收入差异的经济指标，其实质是对分布均匀度的量化分析，可用来表征径流年内分布的均匀度(胡彩霞等，2012)。FI 由贝克(Baker)在 2004 年提出，可以在逐日或月尺度上描述径流变化程度的强弱(Baker et al.，2004)。奥利弗(Oliver)于 1980 年提出了 CI 用于研究降雨侵蚀力的年内变化特征，本章引入 CI 进行径流年内分配分析(Oliver，1980)。水文变异点检验是非一致水文序列计算的基础，目前国内外有众多检验方法。为了避免单一检验方法结果的不确定性，本章选取 Mann-Kendall 突变检验、Pettitt 检验、滑动 T 检验和有序类聚法四种方法的综合结果来确定水文序列中的突变点。

2)流量历时曲线移动法

根据水文变异前的月径流序列绘制参考流量历时曲线(flow-duration curve，FDC)，并使用 17 个点(0.01%、0.1%、1%、5%、10%、20%、30%、40%、50%、60%、70%、80%、90%、95%、99%、99.9%和 99.99%)代表各种情况下河流流量(图 5.12)(Smakhtin，2006)。分别定义从 A 到 F 六个河流环境管理等级(environmental management category，EMC)来定性描述各等级河流的生态条件和管理角度。A、B、C、D、E 和 F 等级分别代表天然河流、轻微干扰、适度干扰、较大扰动、严重改变和极度破坏(Smakhtin，2006)。REF 分别横向向左移动1～6步分别获得六个EMC的环境流量历时曲线(environmental flow duration curve，EFDC)(图 5.12)。最后基于天然流量过程、REF 和各等级的 EMC，通过空间插值的方法获得逐月生态流量序列(Hughes and Smakhtin，1996)，如图 5.13 所示。本章使用全球环境流量计算程序(global environmental flow calculator，GEFC)进行生态流量计算，详细信息见参考文献(Smakhtin and Eriyagama，2008)。

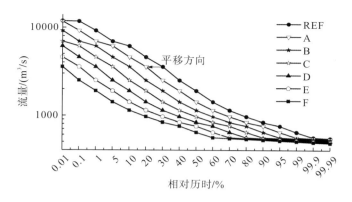

图 5.12 不同环境管理等级的流量历时曲线

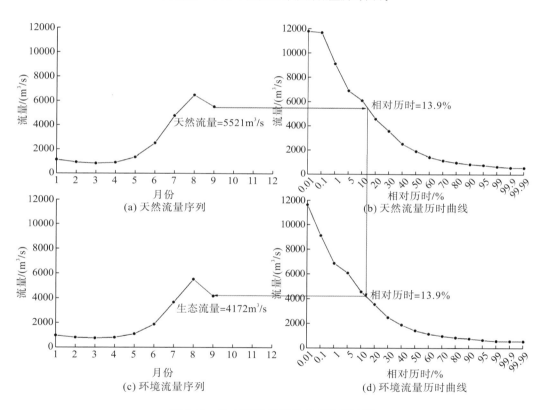

图 5.13 生态流量序列的空间插值过程

5.4.2 水文变异分析

图 5.14 为湄公河干流五个水文站 GI、FI、CI 和 CV 的时序变化。从空间变化来说，四个指数均表现出从上游到下游增加的趋势，说明越往下游径流年内分配越不均匀。受季风气候的影响，流域具有明显的干湿分异季节特征。而且湄公河流域降水主要分布在干流左侧，左岸支流贡献了湄公河约 60% 的径流量。流域降水和产流时空分异导致下游

径流年分配较上游更加集中。从时间变化方面来看，5个站点4个指数在2000年之前波动变化，而在2000年之后急剧下降，说明变化环境下湄公河干流径流年内分配趋于均匀。分别采用Mann-Kendall突变检验、Pettitt检验、滑动T检验和有序类聚法对5个站点的4个指标进行突变点检验，综合4种方法得到的检验结果如表5.11所示。清盛站和琅勃拉邦站的变异点为2008年，廊开站的变异点为2012年，巴色站和上丁站在2006年发生了突变。

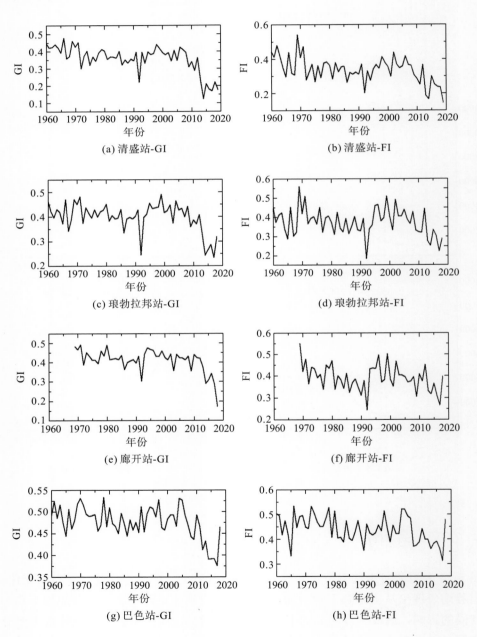

(a) 清盛站-GI   (b) 清盛站-FI

(c) 琅勃拉邦站-GI   (d) 琅勃拉邦站-FI

(e) 廊开站-GI   (f) 廊开站-FI

(g) 巴色站-GI   (h) 巴色站-FI

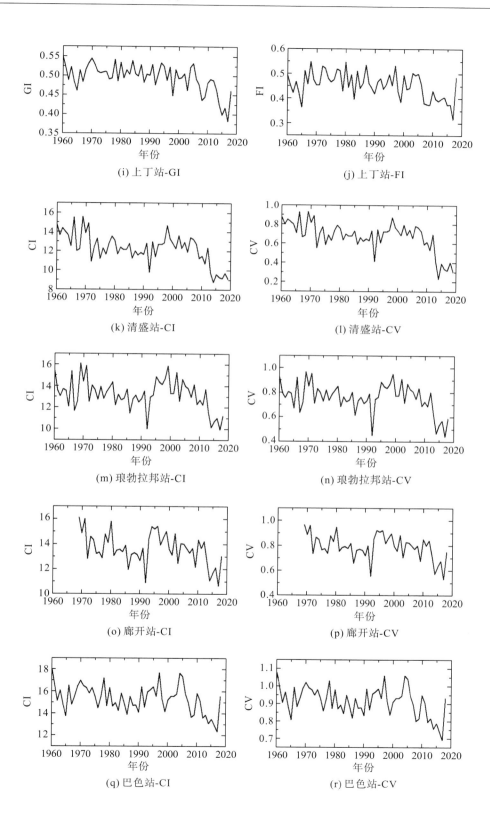

(i) 上丁站-GI

(j) 上丁站-FI

(k) 清盛站-CI

(l) 清盛站-CV

(m) 琅勃拉邦站-CI

(n) 琅勃拉邦站-CV

(o) 廊开站-CI

(p) 廊开站-CV

(q) 巴色站-CI

(r) 巴色站-CV

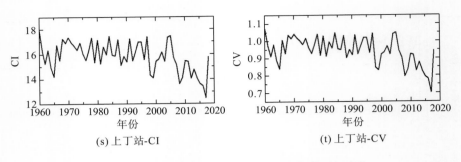

(s) 上丁站-CI　　　　　　　　　　　　　　(t) 上丁站-CV

图 5.14　湄公河 5 个站点径流年内分配指数时间变化

表 5.11　湄公河 5 个站点径流年内分配指数突变检验结果

指标	清盛站	琅勃拉邦站	廊开站	巴色站	上丁站
GI	2008	2012	2013	2006	2007
FI	2008	2012	2012	2006	2006
CI	2008	2008	2012	2006	2006
CV	2008	2008	2012	2011	2006
综合	2008	2008	2012	2006	2006

5.4.3　生态流量估算结果

根据水文变异点将水文序列划分为变异前和变异后两个序列,基于变异前的水文序列采用 FDCS 法进行生态流量估算,并与最小月平均流量法(郭利丹等,2009)、逐月频率法(李捷等,2007)和概率密度法(张强等,2011)进行比较,结果如表 5.12 所示。根据 FDCS 法计算结果,随着各个环境管理等级目标的下降,相应的生态流量也逐渐减小。维持最优河流生态条件的管理目标(EMC-A),清盛站、琅勃拉邦站、廊开站、巴色站和上丁站的生态流量分别为 2135m³/s、3026m³/s、3377m³/s、7411m³/s 和 9327m³/s,分别占年均流量的 80%、78%、75%、75%和 72%。在流域水电开发等人类活动干扰的背景下,为实现保护河流生态系统基本功能的目标(EMC-C),5 个站的生态流量分别为 1287m³/s、1721m³/s、1914m³/s、3541m³/s 和 4271m³/s,分别占年均流量的 49%、45%、43%、36%和 33%。FDCS 中 EMC-E 等级的生态流量和最小月平均流量法的结果接近,而 EMC-A 等级的生态流量略小于逐月频率法和概率密度法估算的适宜生态流量。已有研究表明,在澜沧江源头地区,维持河流生态系统最佳条件的生态流量占年均流量的 76%,而维持河流基本生态功能需要的生态流量占年均流量的 43%(Mahmood et al.,2020)。胡波等(2006)采用生态径流与需水等级系数耦合估算河道生态需水量,结果显示澜沧江最小、适宜以及理想河道生态需水量分别占多年实测平均径流量的 23.11%、36.47%和 64.84%。尽管研究的断面不同,但本书研究的结果与上述研究比较一致。

表 5.12　湄公河干流主要站点河道内生态流量 (m³/s)

站点	FDCS 法						最小月平均流量法	逐月频率法	概率密度法
	EMC-A	EMC-B	EMC-C	EMC-D	EMC-E	EMC-F			
清盛	2135	1647	1287	1029	856	742	877	2596	2107
琅勃拉邦	3026	2284	1721	1325	1064	885	1074	3772	3189
廊开	3377	2541	1914	1529	1285	1132	1257	4345	3784
巴色	7411	5137	3541	2520	1908	1565	1946	9521	8659
上丁	9327	6340	4271	2957	2181	1750	2176	12598	11151

利用空间插值方法进行逐月生态流量计算，结果如图 5.15 所示。从图 5.15 中可以看出，各河流环境管理等级的生态流量都保留天然流量年内丰枯变化的特征，充分考虑了生态水文节律。采用坦南特 (Tennant) 法对 FDCS 法、逐月频率法和概率密度法计算结果进行评价，本书在应用中采用郭利丹等 (2008) 提出的同期均值比作为 Tennant 法评价依据。在 EMC-A 等级下，5 个站点所有月份的生态流量均位于 Tennant 法中"最佳"范围标准。在 EMC-B 和 EMC-C 等级下，5 个站点接近 80%月份的生态流量位于"最佳""很好""好"范围标准。在 EMC-D、EMC-E 和 EMC-F 等级下，60%月份的生态流量位于"较好""一般"和"差"范围标准。Tennant 法评价结果说明 FDCS 估算的各环境管理等级的生态流量较为合理。逐月频率法和概率密度法计算结果在 Tennant 法等级中基本属于"最佳"范围，相对于这两种方法，FDCS 计算结果涵盖了 6 种环境管理等级下的生态流量，能够揭示不同健康状态下河流生态系统的流量特征。

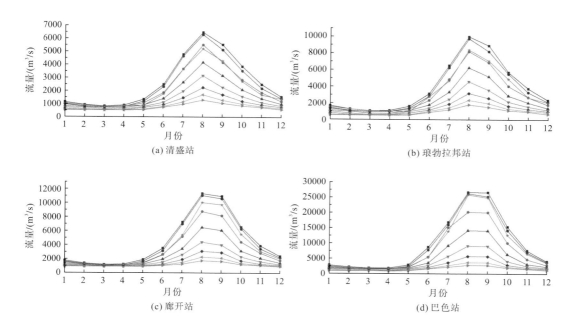

(a) 清盛站　　　　　　　　　　　　　　　　(b) 琅勃拉邦站

(c) 廊开站　　　　　　　　　　　　　　　　(d) 巴色站

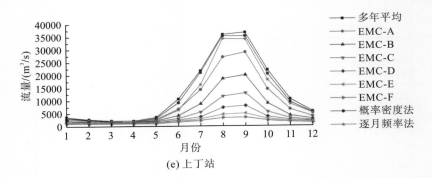

图 5.15   逐月生态流量计算结果

5.4.4   变异后生态流量满足率变化

生态流量满足率指各月的观测流量大于生态流量的天数与对应月份的总天数的比值（刘剑宇等，2015）。根据 FDCS 法估算的结果，清盛、琅勃拉邦、廊开、巴色和上丁 5 个站 EMC-A 等级下平均生态流量满足率为 73%～77%，而 EMC-B 到 EMC-F 等级的生态流量满足率均为 90% 以上（表 5.13）。说明水文变异前日尺度上保证 70% 以上的时间满足河道内生态流量，能保障河道内生态系统的正常需水。水文变异后，清盛和琅勃拉邦站 EMC-A、EMC-B 和 EMC-C 等级的平均生态流量满足率减少 5～7 个百分点，EMC-D、EMC-E 和 EMC-F 等级的平均生态流量满足率变化不明显；廊开、巴色和上丁站 EMC-A 和 EMC-B 等级的平均生态流量满足率增加 2～10 个百分点，其余等级生态流量满足率无明显变化。

表 5.13   湄公河站点生态流量平均满足率（%）

EMC	清盛		琅勃拉邦		廊开		巴色		上丁	
	变异前	变异后	变异前	变异后	变异前	变异后	变异前	变异后	变异前	变异后
A	74	68	75	69	77	83	76	86	73	77
B	92	85	94	88	93	95	94	98	94	97
C	98	93	98	96	98	99	99	99	99	100
D	99	97	100	99	99	100	100	100	100	100
E	100	99	100	99	99	100	100	100	100	100
F	100	100	100	99	99	100	100	100	100	100

图 5.16 为水文变异后湄公河 5 个站各月生态流量满足率的变化特征。由图 5.16 可知，湄公河干流生态流量满足率变化具有明显的季节性，旱季生态需水满足率增加而雨季生态需水满足率下降。由于 EMC-C 及以下等级对生态流量要求不高，因此水文变异对生态流量满足率的影响相对较小。生态需水满足率的季节性变化主要归因于流域干支流水电开发，干支流水库调节导致下游河道旱季流量增加，而雨季流量、洪水脉冲和频率减少（Räsänen et al.，2017；Ji et al.，2018；Van Binh et al.，2020）。

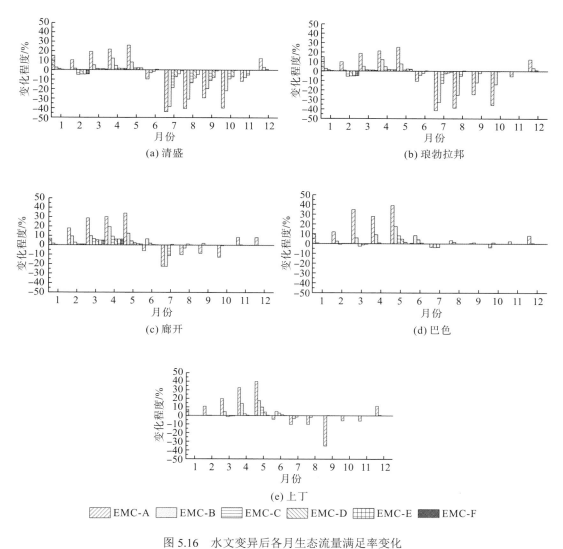

图 5.16　水文变异后各月生态流量满足率变化

基于 CRU 降水数据分析 1960～2019 年的近 60 年来流域降水的时空分布特征（图 5.17），结果表明湄公河流域平均降水量没有显著的变化趋势，但是具有明显的时空分异特征。根据下游巴色、上丁站的水文变异点，比较 1961～2006 年和 2007～2019 年两个时段的多年平均降水量变化，发现降水量变化范围为-7.23%～12.5%，澜沧江中下游和湄公河下游大部分区域降水表现出减少的趋势。此外，流域降水量变化表现为旱季降水比例增加和湿季降水比例减少，降水年内分配趋于均匀。因此，流域降水变化也是生态流量满足率呈现季节性变化的原因之一。澜沧江出境径流量占湄公河径流总量的 13.5%，但是旱季径流量比例（22%）高于雨季径流量比例（12%），因此澜沧江水库运行增加旱季流量，对湄公河生态流量维持具有积极的正面作用。而在雨季，澜沧江水库运行主要影响清盛—廊开河段，下游巴色—上丁河段水文变化主要受区间降水变化和当地人类活动影响。

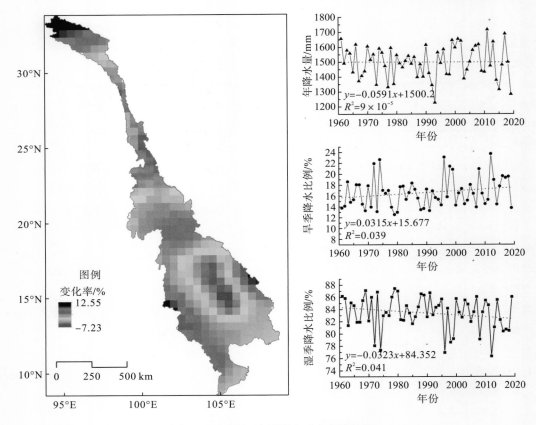

图 5.17　湄公河流域降水时空变化特征

参 考 文 献

陈翔, 赵建世, 赵铜铁钢, 等. 2014. 发电调度对径流情势及生态系统的影响分析——以小湾、糯扎渡水电站为例[J]. 水力发电学报, 33(4): 36-43.

丁凯熙, 张利平, 佘敦先, 等. 2020. 全球升温 1.5℃ 和 2.0℃ 情景下澜沧江流域极端降水的变化特征[J]. 气候变化研究进展, 16(4): 466-479.

董哲仁, 张晶, 赵进勇. 2020. 生态流量的科学内涵[J]. 中国水利(15): 15-19.

顾颖, 雷四华, 刘静楠. 2008. 澜沧江梯级电站建设对下游水文情势的影响[J]. 水利水电技术, 39(4): 20-23.

郭利丹, 夏自强, 李捷. 2008. 河流生态径流量常用计算方法的对比[J]. 人民黄河, 30(4): 28-30.

郭利丹, 夏自强, 林虹, 等. 2009. 生态径流评价中的 Tennant 法应用[J]. 生态学报, 29(4): 1787-1792.

郭生练, 刘章君, 熊立华. 2016. 设计洪水计算方法研究进展与评价[J]. 水利学报, 47(3): 302-314.

侯时雨, 田富强, 陆颖, 等. 2021. 澜沧江-湄公河流域水库联合调度防洪作用[J]. 水科学进展, 32(1): 68-78.

胡波, 崔保山, 杨志峰, 等. 2006. 澜沧江(云南段)河道生态需水量计算[J]. 生态学报, 26(1): 163-173.

胡彩霞, 谢平, 许斌, 等. 2012. 基于基尼系数的水文年内分配均匀度变异分析方法——以东江流域龙川站径流序列为例[J]. 水力发电学报, 31(6): 7-13.

胡义明, 梁忠民, 姚轶, 等. 2018. 变化环境下水文设计值计算方法研究综述[J]. 水利水电科技进展, 38(4): 93-98.

李海川, 王国庆, 郝振纯, 等. 2017. 澜沧江流域水文气象要素变化特征分析[J]. 水资源与水工程学报, 28(4): 21-27, 34.

李剑锋, 张强, 陈晓宏, 等. 2011. 考虑水文变异的黄河干流河道内生态需水研究[J]. 地理学报, 66(1): 99-110.

李捷, 夏自强, 马广慧, 等. 2007. 河流生态径流计算的逐月频率计算法[J]. 生态学报, 27(7): 2916-2921.

李杨, 王婕, 唐雄朋, 等. 2021. 变化环境下澜沧江—湄公河流域径流演变及年内分配特征[J]. 水土保持研究, 28(3): 141-148.

梁忠民, 胡义明, 王军. 2011. 非一致性水文频率分析的研究进展[J]. 水科学进展, 22(6): 864-871.

刘剑宇, 张强, 顾西辉. 2015. 水文变异条件下鄱阳湖流域的生态流量[J]. 生态学报, 35(16): 5477-5485.

宁迈进, 孙思瑞, 吴子怡, 等. 2019. 趋势变异条件下非一致性洪水频率计算方法的择优比较分析——以洞庭湖区弥陀寺站为例[J]. 水文, 39(6): 14-19.

王俊娜, 董哲仁, 廖文根, 等. 2013. 基于水文-生态响应关系的环境水流评估方法——以三峡水库及其坝下河段为例[J]. 中国科学: 技术科学, 43(6): 715-726.

吴子怡, 谢平, 桑燕芳, 等. 2017. 水文序列跳跃变异点的滑动相关系数识别方法[J]. 水利学报, 48(12): 1473-1481.

叶长青, 陈晓宏, 张家鸣, 等. 2013. 具有趋势变异的非一致性东江流域洪水序列频率计算研究[J]. 自然资源学报, 28(12): 2105-2116.

余涛, 谢平, 桑燕芳, 等. 2021. 基于 LWHM-LUCC 模型的澜沧江流域非一致性年径流频率计算与分析[J]. 武汉大学学报(工学版), 54(12): 1085-1093.

张强, 李剑锋, 陈晓宏, 等. 2011. 水文变异下的黄河流域生态流量[J]. 生态学报, 31(17): 4826-4834.

Baker D B, Richards R P, Loftus T T, et al. 2004. A new flashiness index: characteristics and applications to Midwestern Rivers and streams[J]. JAWRA Journal of the American Water Resources Association, 40(2): 503-522.

Best J. 2019. Anthropogenic stresses on the world's big rivers[J]. Nature Geoscience, 12(1): 7-21.

Chen X H, Ye C Q, Zhang J M, et al. 2019. Selection of an optimal distribution curve for non-stationary flood series[J]. Atmosphere, 10(1): 31.

Delgado J M, Apel H, Merz B. 2010. Flood trends and variability in the Mekong River[J]. Hydrology and Earth System Sciences, 14(3): 407-418.

Eastham J, Mpelasoka F, Mainuddin M, et al. 2008. Mekong River Basin water resources assessment: impacts of climate change[C]. Water for a Healthy Country National Research Flagship Report. Commonwealth Scientific and Industrial Research Organisation(CSIRO).

Grill G, Lehner B, Thieme M, et al. 2019. Mapping the world's free-flowing rivers[J]. Nature, 569(7755): 215-221.

Han Z Y, Long D, Fang Y, et al. 2019. Impacts of climate change and human activities on the flow regime of the dammed Lancang River in Southwest China[J]. Journal of Hydrology, 570: 96-105.

Hapuarachchi H A P, Takeuchi K, Zhou M C, et al. 2008. Investigation of the Mekong River basin hydrology for 1980—2000 using the YHyM[J]. Hydrological Processes, 22(9): 1246-1256.

Harris I, Osborn T J, Jones P, et al. 2020. Version 4 of the CRU TS monthly high-resolution gridded multivariate climate dataset[J]. Scientific Data, 7(1): 109.

He D, Feng Y, Gan S, et al. 2006. Transboundary hydrological effects of hydropower dam construction on the Lancang River[J]. Chinese Science Bulletin, 51(22): 16-24.

Hecht J S, Lacombe G, Arias M E, et al. 2019. Hydropower dams of the Mekong River basin: a review of their hydrological impacts[J]. Journal of Hydrology, 568: 285-300.

Hughes D A, Smakhtin V. 1996. Daily flow time series patching or extension: a spatial interpolation approach based on flow duration curves[J]. Hydrological Sciences Journal, 41 (6): 851-871.

Ji X, Li Y G, Luo X, et al. 2018. Changes in the lake area of Tonle Sap: possible linkage to runoff alterations in the Lancang River?[J]. Remote Sensing, 10 (6): 866.

Kingston D G, Thompson J R, Kite G. 2011. Uncertainty in climate change projections of discharge for the Mekong River Basin[J]. Hydrology and Earth System Sciences, 15 (5): 1459-1471.

Kummu M, Varis O. 2007. Sediment-related impacts due to upstream reservoir trapping, the Lower Mekong River[J]. Geomorphology, 85 (3-4): 275-293.

Lauri H, de Moel H, Ward P J, et al. 2012. Future changes in Mekong River hydrology: impact of climate change and reservoir operation on discharge[J]. Hydrology and Earth System Sciences, 16 (12): 4603-4619.

Li D N, Long D, Zhao J S, et al. 2017. Observed changes in flow regimes in the Mekong River Basin[J]. Journal of Hydrology, 551: 217-232.

Li S J, He D M. 2008. Water level response to hydropower development in the Upper Mekong River[J]. AMBIO: A Journal of the Human Environment, 37 (3): 170-177.

Li Y G, Wang Z X, Zhang Y Y, et al. 2019. Drought variability at various timescales over Yunnan Province, China: 1961-2015[J]. Theoretical and Applied Climatology, 138 (1): 743-757.

Lu X X, Siew R Y. 2006. Water discharge and sediment flux changes over the past decades in the Lower Mekong River: possible impacts of the Chinese Dams[J]. Hydrology and Earth System Sciences, 10 (2): 181-195.

Lu X X, Li S Y, Kummu M, et al. 2014. Observed changes in the water flow at Chiang Saen in the lower Mekong: impacts of Chinese dams? [J]. Quaternary International, 336: 145-157.

Mahmood R, Jia S FA, Lv A F, et al. 2020. A preliminary assessment of environmental flow in the three rivers' source region, Qinghai Tibetan Plateau, China and suggestions[J]. Ecological Engineering, 144: 105709.

Mathews R, Richter B D. 2007. Application of the Indicators of hydrologic alteration software in environmental flow setting[J]. JAWRA Journal of the American Water Resources Association, 43 (6): 1400-1413.

MRC. 2005. Overview of the hydrology of the Mekong Basin[R]. Vientiane: Mekong River Commission.

MRC. 2009. The flow of the Mekong[R]. Vientiane：Mekong River Commission.

MRC. 2010. MRC strategic environmental assessment (SEA) of hydropower on the Mekong mainstream[R]. Hanoi: Mekong River Commission.

Nilsson C, Reidy C A, Dynesius M, et al. 2005. Fragmentation and flow regulation of the world's large river systems[J]. Science, 308 (5720): 405-408.

Oliver J E. 1980. Monthly Precipitation distribution: a comparative index[J]. The Professional Geographer, 32 (3): 300-309.

Piman T, Cochrane T A, Arias M E, et al. 2013a. Assessment of flow changes from hydropower development and operations in Sekong, Sesan, and Srepok rivers of the Mekong Basin[J]. Journal of Water Resources Planning and Man agement, 139 (6): 723-732.

Piman T, Lennaerts T, Southalack P. 2013b. Assessment of hydrological changes in the lower Mekong Basin from Basin-Wide development scenarios[J]. Hydrological Processes, 27 (15): 2115-2125.

Poff N L, Allan J D, Bain M B, et al. 1997. The natural flow regime[J]. BioScience, 47 (11): 769-784.

Räsänen T A, Koponen J, Lauri H, et al. 2012. Downstream hydrological impacts of hydropower development in the upper Mekong Basin[J]. Water Resources Management, 26(12): 3495-3513.

Räsänen T A, Someth P, Lauri H, et al. 2017. Observed river discharge changes due to hydropower operations in the Upper Mekong Basin[J]. Journal of Hydrology, 545: 28-41.

Richter B D, Baumgartner J V, Powell J, et al. 1996. A method for assessing hydrologic alteration within ecosystems[J]. Conservation Biology, 10(4): 1163-1174.

Richter B D, Baumgartner J, Wigington R, et al. 1997. How much water does a river need? [J]. Freshwater Biology, 37(1): 231-249.

Richter B D, Baumgartner J V, Braun D P, et al. 1998. A spatial assessment of hydrologic alteration within a river network[J]. Regulated Rivers: Research & Management, 14(4): 329-340.

Sabo J L, Ruhi A, Holtgrieve G W, et al. 2017. Designing river flows to improve food security futures in the Lower Mekong Basin[J]. Science, 358(6368): eaao1053.

Shiau J T, Wu F C. 2004. Assessment of hydrologic alterations caused by Chi-Chi diversion weir in Chou - Shui Creek, Taiwan: Opportunities for restoring natural flow conditions[J]. River Research and Applications, 20(4): 401-412.

Smakhtin V. 2006. An Assessment of Environmental Flow Requirements of Indian River Basins[R]. Colombo: International Water Management Institute (IWMI).

Smakhtin V U, Eriyagama N. 2008. Developing a software package for global desktop assessment of environmental flows[J]. Environmental Modelling & Software, 23(12): 1396-1406.

Stanford J A, Ward J V. 1993. An ecosystem perspective of alluvial rivers: connectivity and the hyporheic corridor[J]. Journal of the North American Benthological Society, 12(1): 48-60.

Strupczewski W G, Singh V P, Feluch W. 2001. Non-stationary approach to at-site flood frequency modelling I maximum likelihood estimation[J]. Journal of Hydrology, 248(1-4): 123-142.

Tonkin J D, Altermatt F, Finn D S, et al. 2018. The role of dispersal in river network metacommunities: patterns, processes, and pathways[J]. Freshwater Biology, 63(1): 141-163.

Van Binh D, Kantoush S A, Saber M, et al. 2020. Long-term alterations of flow regimes of the Mekong River and adaptation strategies for the Vietnamese Mekong Delta[J]. Journal of Hydrology: Regional Studies, 32: 100742.

Villarini G, Smith J A, Serinaldi F, et al. 2009. Flood frequency analysis for nonstationary annual peak records in an urban drainage basin[J]. Advances in Water Resources, 32(8): 1255-1266.

Wang W, Lu H, Ruby Leung L, et al. 2017. Dam construction in Lancang-Mekong River Basin could mitigate future flood risk from warming-induced intensified rainfall[J]. Geophysical Research Letters, 44(20): 10378-10386.

Yang Y T, Roderick M L, Yang D W, et al. 2021. Streamflow stationarity in a changing world[J]. Environmental Research Letters, 16(6): 064096.

Yun X B, Tang Q H, Li J B, et al. 2021. Can reservoir regulation mitigate future climate change induced hydrological extremes in the Lancang-Mekong River Basin? [J]. Science of the Total Environment, 785: 147322.

第6章 澜湄流域土地利用/覆盖变化及其对水文变化的响应

　　土地利用/覆盖是指地球表面所有的自然和人为影响下所形成的覆盖物，是具有一系列自然属性和特征的综合体（赵英时等，2013）。土地利用/覆盖变化（land use-cover change，LUCC）已经成为全球气候和环境变化的重要组成部分和主要驱动力。它能反映人类活动在地球表面自然生态系统中的行为，将人类社会经济活动与自然生态进程紧密联系起来（Lambin et al.，2001；Mooney et al.，2013）。LUCC 不断影响人类生存和发展的自然基础，包括食物安全、社会经济发展稳定、生态系统服务以及环境资源的可持续利用等问题。国际地圈-生物圈计划（International Geosphere-Biosphere Programme，IGBP）和全球环境变化的人文因素计划（International Human Dimension Programme on Global Environmental Change，IHDP）于 1993 年制定了 LUCC 科学研究计划，将 LUCC 作为全球变化研究的重点。

　　时空变化规律是 LUCC 研究的核心内容。首先，目前在澜沧江-湄公河流域开展的 LUCC 研究多关注单一的土地利用/覆盖类型（如植被、水体等），在流域尺度，综合土地利用/覆盖时空变化机制尚不清楚。其次，澜沧江-湄公河流域气候和地形复杂多变，纵跨中国、缅甸、老挝、泰国、柬埔寨和越南 6 个国家，但 LUCC 的国别差异仍未明晰。最后，在澜沧江-湄公河最大的通河湖泊洞里萨湖区域，虽然已有较多的 LUCC 研究成果（Van Trung et al.，2010；孟庆吉等，2018；Kim et al.，2019；赵桔超等，2019；Mahood et al.，2020；黄子雍等，2020），但是，这些研究中较少涉及洞里萨湖 LUCC 对干流水文变化的响应。

　　基于此，借助遥感、地理信息系统、数理统计等方法，基于欧洲航天局气候变化项目土地利用/覆盖数据集（climate change initiative land cover，CCI-LC，分辨率为300m），分析了 1995～2015 年澜沧江-湄公河全流域的土地利用/覆盖时空变化规律，明晰其在中国、缅甸、老挝、泰国、柬埔寨和越南 6 个国家的地域分异规律。在此基础上，结合陆地卫星（Landsat）影像，构建洞里萨湖湖滩区年尺度土地利用/覆盖分类数据集，系统地研究 1988～2020 年该区域土地利用/覆盖时空变化规律及其影响因子。该研究可为流域内土地资源的可持续利用和有效管理提供基础信息，为流域生态过程和生态效应研究提供数据支撑。

6.1 流域 LUCC

6.1.1 流域土地利用/覆盖特征

1. 数据

1）数据简介

MCD12Q1 数据是由美国国家航空航天局（National Aeronautics and Space Administration，NASA）根据每年的中分辨率成像光谱仪 MODIS Terra 和 Aqua 观测数据处理所得。该数据描述了全球尺度的土地利用/覆盖分布。MCD12Q1 数据的空间分辨率为 500m，其在全球范围的整体精度约为 75%（Friedl et al.，2010）。ESA CCI-LC 数据则是基于欧洲航天局（European Space Agency，ESA）的 GlobCover 全球覆盖产品，结合 MODIS 观测数据制作而成的。CCI-LC 数据的空间分辨率为 300m，其在全球范围的整体精度约为 74.4%（Defourny et al.，2016）。

2）流域土地利用/覆盖分类系统

统一的分类系统是土地利用/覆盖数据比较评价的前提。MCD12Q1 和 CCI-LC 两个数据产品的分类体系存在一定差异。CCI-LC 包括 22 个一级类；14 个二级类；MCD12Q1 数据包括 17 个一级类。为使其适用于澜沧江-湄公河流域的地表覆盖分类，从研究区实际情况出发，参考《土地利用现状分类》（GB/T 21010—2017），建立研究区土地利用/覆盖分类系统，见表 6.1。

表 6.1 澜沧江-湄公河流域土地利用/覆盖分类系统及其与 CCI-LC、MCD12Q1 分类系统的对应关系

编号	澜沧江-湄公河流域分类系统	CCI-LC 分类系统	MCD12Q1 分类系统
1	耕地	10/11/12 水田：有草本，乔木或者灌木林覆盖 20 水浇地 30 耕地（覆盖度＞50%）/自然植被（乔木、灌木林、草本）（覆盖度＜50%）混合体	12 耕地 14 自然植被/耕地镶嵌体，40%~60% 为天然乔木、灌木林或草本植被
2	乔木林地	50 郁闭/稀疏的常绿阔叶林（＞15%） 60/61/62 郁闭/稀疏的落叶阔叶林（＞15%） 70/71/72 郁闭/稀疏的常绿针叶林（＞15%） 80/81/82 郁闭/稀疏的落叶针叶林（＞15%） 90 针阔混交林 100 乔木和灌木林（＞50%）混合体/草本覆盖（＜50%） 160 淹水的乔木林（淡水或者咸水） 170 淹水的乔木林（洪水淹没，咸水）	1 常绿针叶林，冠幅＞2m，覆盖度＞60% 2 常绿阔叶林，冠幅＞2m，覆盖度＞60% 3 落叶针叶林，冠幅＞2m，覆盖度＞60% 4 落叶阔叶林，冠幅＞2m，覆盖度＞60% 5 针阔混交林，落叶常绿为主（40%~60%），冠幅＞2m，覆盖度＞60% 8 木本稀树草原，冠幅＞2m，覆盖度 30%~60%
3	草地	110 草本植被（＞50%）和树木（＜50%）混合体 130 草地	10 草地：以年生草本植物为主（高度＜2m）
4	灌木林地	120/121/122 灌丛（常绿或者落叶） 40 天然植被混合体（树木、灌木林、草本植被）覆盖度＞50%/耕地（覆盖度＜50%） 180 淹水的灌木林和草本植物	6 郁闭灌丛：以木本多年生植物为主（高度 1~2m），覆盖度＞60% 7 稀疏灌丛：以木本多年生植物为主（高度 1~2m），覆盖度 10%~60% 9 稀树草原：树木覆盖度 10%~30%（冠幅＞2m）

编号	澜沧江-湄公河流域分类系统	CCI-LC 分类系统	MCD12Q1 分类系统
5	水体	210 水体	17 水体:至少 60%的区域被永久水体覆盖 11 永久湿地:永久淹水面积 30%~60%,植被覆盖度 10%的土地
6	建设用地	190 城镇地区	13 城市和建筑用地:至少 30%的不透水表面,包括建筑材料、沥青道路
7	其他土地	200/201/202 裸地 150/152/153 稀疏植被(树木、灌丛、草本),覆盖度<15% 220 永久冰雪	15 永久冰雪:全年至少有 60%的地区被冰雪覆盖 10 个月 16 裸地:至少 60%的区域是没有植被覆盖的裸露地区(沙,岩石,土壤),植被覆盖<10%

3)数据精度评价

应用全球土地利用/覆盖产品解决特定区域的问题时,有必要对每个数据集进行具体的分析并进一步评估数据总体精度(Liang et al.,2019)。为明确数据在澜沧江-湄公河流域的精度情况,我们提出了一种伪纯像元精度评价的策略,即以 30m 分辨率的 GlobeLand30 为参考,计算不同栅格窗口大小(如 300m 和 500m)范围内单一土地利用/覆盖类型占比,超过某一预定的比值则视为纯像元,再结合混淆矩阵分析,对 CCI-LC 和 MCD12Q1 数据进行全流域尺度的精度评价。

结果表明(图 6.1),CCI-LC 数据总体精度高于 MCD12Q1。此外,随着单一土地覆盖类型占比阈值的增大,两套数据的总体精度呈现下降的趋势。当阈值为 50%时,CCI-LC 和 MCD12Q1 的总体精度分别为 72.37%和 70.91%。当阈值为 100%时,CCI-LC 和 MCD12Q1 的总体精度分别为 55.16%和 45.41%。基于精度评价结果,在后续的研究中,选择 CCI-LC 数据进行澜沧江-湄公河流域的 LUCC 研究。

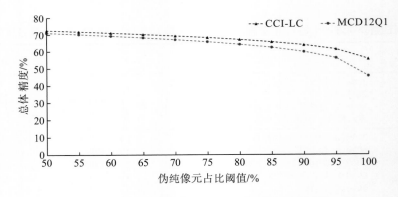

图 6.1　CCI-LC 和 MCD12Q1 数据精度评价结果

2. 流域土地利用/覆盖现状

2010 年,澜沧江-湄公河流域土地利用/覆盖呈现出"乔木林地-耕地-灌木林地-草地"主导的结构特征(图 6.2)。其中,乔木林地和耕地的面积相对较大,二者占比(覆盖类型面积占研究区面积的比值)之和超过了 70%。乔木林地、耕地、灌木林地和草地的占比分别

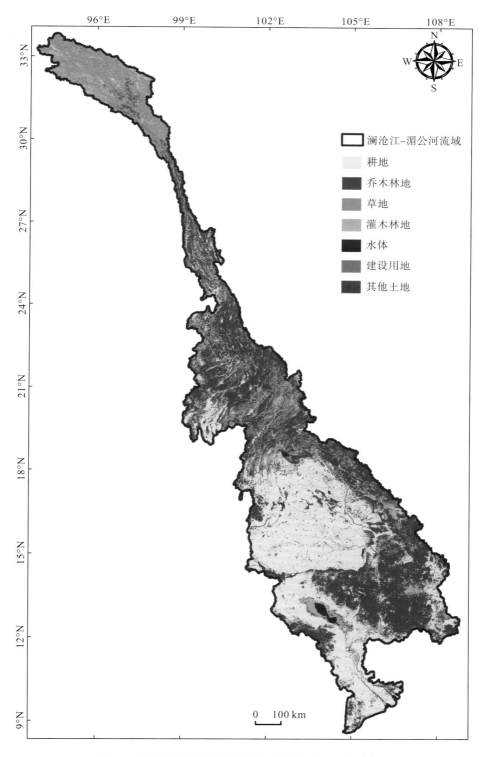

图 6.2　澜湄流域土地利用/覆盖现状图(以 2010 年为例)

为 36.97%、37.64%、14.56% 和 9.14%（2010 年）。水体、建设用地以及其他土地（包括裸地和永久冰雪等）的面积较小，它们的占比均不足 2%。

空间上，流域上游青藏高原地区以草地为主导，分布有少量耕地和乔木林地；毗邻其下的"三江并流区"及其南部地区主要是乔木林地、灌木林地和耕地交错分布，建设用地分布在邻近水体和耕地的区域。流域下游（下湄公河）北段主要分布有乔木林地和灌木林地，且东、西部差异较大，土地利用/覆盖类型分布有明显的界线；北段西面地类主要为耕地且呈现大范围连续分布的空间格局，其间建设用地呈点状聚集分布；东面主要分布有乔木林地、灌木林地和少量耕地。流域下游（下湄公河）南段即湄公河三角洲地区基本为耕地，仅有少量乔木林地和灌木林地零星分布。

6.1.2　流域 LUCC 时空动态

1. LUCC 分析方法

LUCC 包括时间变化、空间变化和质量变化（朱会义等，2001）。基于叠加分析、统计分析和强度分析等方法，选用不同的度量指标来探析澜沧江-湄公河流域土地利用/覆盖的变化特征。

土地利用动态度是衡量土地利用变化速度最常用的指标，包括单一土地利用变化动态度（K）和综合土地利用动态度（LC）（王秀兰和包玉海，1999；朱会义等，2001）。K 表达的是一定时间范围内某种土地利用类型的数量变化情况；LC 则能够反映土地的利用程度。

强度分析是一种在多个时间点内表示多个类别差异的数学计算框架（Aldwaik and Pontius，2012），从时间间隔、类别变化两方面来分析连续时间段内土地利用/覆盖的变化数量和变化强度。强度分析中变化的大小是空间范围的大小和变化的强度两个因素的乘积。时间层次通过定义每个时间段内土地利用/覆盖的年变化率 S_t 和从第一时间点到最后时间点的所有时间间隔内发生的总体变化均匀分布时的年均匀变化率（即统一变化强度 U），来回答每个分析时段内，总体年变化数量和变化强度的问题。类别层次通过计算某个类别年均增加强度 G_{tj} 和减少强度 L_{ti}，来解释在特定的时间段内类别变化相对活跃和缓慢情况（Aldwaik and Pontius，2013）。表 6.2 详细描述了 LUCC 分析中选用的各项度量指标。

热点分析主要基于综合土地利用动态度（LC），结合数据的空间分辨率，以像元大小的 10 倍（3km×3km）生成网格，对研究区进行网格化。根据每个网格的综合土地利用动态度，采用 Getis-Ord Gi*方法（Mitchel，2005），识别具有统计显著性的高值（热点）低值（冷点）的空间聚集分布，据此来刻画流域内土地利用/覆盖变化的热点区域和土地利用变化空间格局。

表 6.2 指标计算公式及参考

符号	公式	参数	参考文献
K	$K = \dfrac{U_b - U_a}{U_a} \times \dfrac{1}{T} \times 100\%$	式中，U_a 和 U_b 分别为研究初期和末期地类的面积；T 为研究时段长，当 T 为年时，K 为研究区某地类的年变化率	（王秀兰和包玉海，1999）
LC	$\mathrm{LC} = \left[\dfrac{\sum\limits_{i=1}^{n} \Delta \mathrm{LU}_{i-j}}{2\sum\limits_{i=1}^{n} \mathrm{LU}_i} \right] \times \dfrac{1}{T} \div 100\%$	式中，LU_i 为研究初期地类 i 的面积；$\Delta \mathrm{LU}_{i-j}$ 为研究时段内地类 i 转换为地类 j 面积；T 为研究时段长，当 T 为年时，LC 代表研究区土地利用的年变化率	（王秀兰和包玉海，1999）
S_t	$S_t = \dfrac{\left\{ \sum\limits_{j=1}^{J} \left[\left(\sum\limits_{i=1}^{J} C_{tij} \right) - C_{tjj} \right] \right\} \Big/ \left[\sum\limits_{j=1}^{J} \left(\sum\limits_{i=1}^{J} C_{tij} \right) \right]}{Y_{t+1} - Y_t} \times 100\%$	式中，S_t 为年均变化强度；J 为土地利用/覆盖类型的总数；i 和 j 分别为不同时间点的土地利用/覆盖类型；C_{tij} 为某一时间段内 i 类转变为 j 类的面积；C_{tjj} 为某一时间段内类别 j 未发生转变的面积；t 为研究时段 $[Y_t, Y_{t+1}]$ 的年份索引	（Aldwaik and Pontius，2012，2013）
U	$U = \dfrac{\sum\limits_{t=i}^{T-1} \left\{ \sum\limits_{i=1}^{J} \left[\left(\sum\limits_{i=1}^{J} C_{tij} \right) - C_{tjj} \right] \right\} \Big/ \left[\sum\limits_{j=1}^{J} \left(\sum\limits_{i=1}^{J} C_{tij} \right) \right]}{Y_T - Y_1} \times 100\%$	式中，U 为各个时段的年均变化强度，即统一变化强度；T 为研究时段长，$[1, T-1]$ 为 t 的范围；J，C_{tij} 和 C_{tjj} 参数同公式 S_t	（Aldwaik and Pontius，2012，2013）
G_{tj}	$G_{tj} = \dfrac{\left[\left(\sum\limits_{i=1}^{J} C_{tij} \right) - C_{tjj} \right] \Big/ (Y_{t+1} - Y_t)}{\sum\limits_{i=1}^{J} C_{tij}} \times 100\%$	式中，G_{tj} 为某一时间段内 j 类别增加的强度；J，C_{tij} 和 C_{tjj} 参数同公式 S_t	（Aldwaik and Pontius，2012，2013）
L_{ti}	$L_{ti} = \dfrac{\left[\left(\sum\limits_{j=1}^{J} C_{tij} \right) - C_{tii} \right] \Big/ (Y_{t+1} - Y_t)}{\sum\limits_{j=1}^{J} C_{tij}} \times 100\%$	式中，L_{ti} 为某一时间段内 i 类别减少的强度；C_{tii} 为某一时间段内类别 i 未发生转变的面积；J 和 C_{tij} 参数同公式 S_t	（Aldwaik and Pontius，2012，2013）

2. LUCC 时间动态

1）土地利用/覆盖结构变化

1995～2015 年，除耕地、建设用地和水体外，其他土地利用/覆盖类型面积均呈现减少趋势，见表 6.3 和图 6.3。灌木林地面积减少最多，共减少了 12675.33km²，面积占比由 16.00%下降到 14.43%。其次为乔木林地，共减少了 4640.4km²，面积占比由初期 37.50%下降到 36.92%。草地面积虽略有减少，但变化不大。耕地为面积增加最多的土地利用/覆被类型，增加了 16325.82km²，其面积占比由 35.64%增加到 37.67%。建设用地增加了 1779.93km²，面积占比由 0.07%增加到 0.29%。水体面积出现小幅度增加，其他土地面积变化较小。

表 6.3   1995～2015 年澜沧江-湄公河流域土地利用/覆盖类型面积变化情况   （单位：km²）

土地利用/覆盖类型	1995 年	2000 年	2005 年	2010 年	2015 年
耕地	287165.61	294166.53	301117.05	303293.61	303491.43
乔木林地	302117.58	305940.06	299973.51	297824.94	297477.18
草地	74856.78	74189.34	73639.71	73603.53	73746.18
灌木林地	128912.22	118568.88	117785.97	117314.46	116236.89
水体	11085.48	11185.74	11182.14	11227.32	11402.82
建设用地	576	662.94	1015.11	1445.31	2355.93
其他土地	973.44	973.62	973.62	977.94	976.68

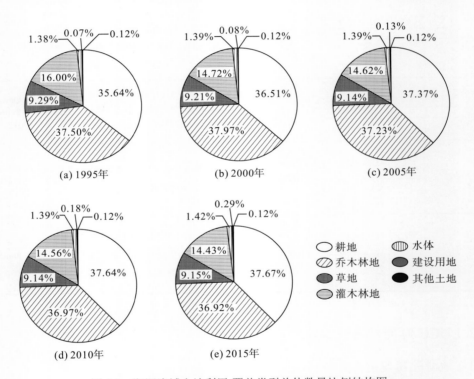

图 6.3   澜湄流域土地利用/覆盖类型总体数量比例结构图

由图 6.4 可知，1995～2015 年，建设用地动态度最大，其变化过程呈现"增加—减少—再增加"的趋势，1995～2000 年增加了 3.02%，2001～2005 年增幅为 10.62%，2006～2010 年出现小幅下降，2011～2015 年增幅为 12.60%。耕地动态度呈现减小的趋势，1995～2005 年动态度变化平稳，2005 年后动态度逐渐降低。乔木林地动态度呈现"先增加后减少"趋势，在 1995～2000 年增加，2000 年后动态度呈减小趋势。灌木林地动态度呈现减少趋势，1995～2000 年动态度变化最大，2000 年后面积动态度减少逐渐放缓。草地、其他土地和水体动态度未有明显变化。

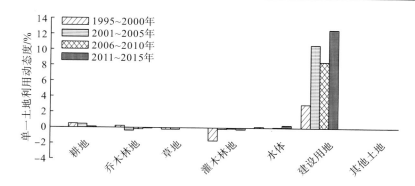

图 6.4　1995～2015 年澜湄流域土地利用变化动态度

2）土地利用/覆盖变化强度

　　四个时期 LUCC 面积和年均变化强度如图 6.5 所示。1995～2015 年 LUCC 面积逐渐减小，变化强度呈现出减弱的趋势。1995～2000 年和 2001～2005 年两个阶段是 LUCC 较为激烈的两个阶段，其年均变化强度分别 0.64%和 0.39%，高于研究期间的统一变化强度（0.34%）。

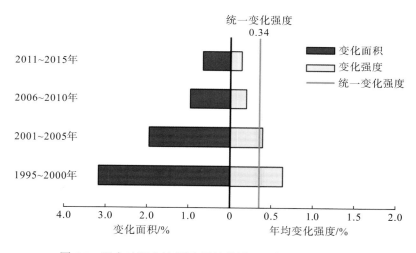

图 6.5　四个时期土地利用/覆盖数量和强度时间变化分析

　　四个时期内不同土地利用/覆盖类型增加和减少强度变化如图 6.6 所示，1995～2015 年，建设用地的变化最明显，研究时期内建设用地的增加强度远远大于年均统一变化强度，最大值接近 8%，建设用地不断扩张。灌木林地增加和减少的强度虽然在不断降低，但是四个时期均超过统一变化强度，增加和减少较为活跃，其中 1995～2000 年减少最为明显。乔木林地变化不稳定，1995～2000 年乔木林地的增加强度超过统一变化强度（0.64%），随后的三个时期内不断减小，在 2001～2005 年和 2006～2010 年减少强度均超过统一变化强度，2011～2015 年变化强度小于 0.13%。耕地主要表现为增加，增加强度最大为 0.5%（1995～2000 年）。此外，水体、草地和其他土地未有明显变化。

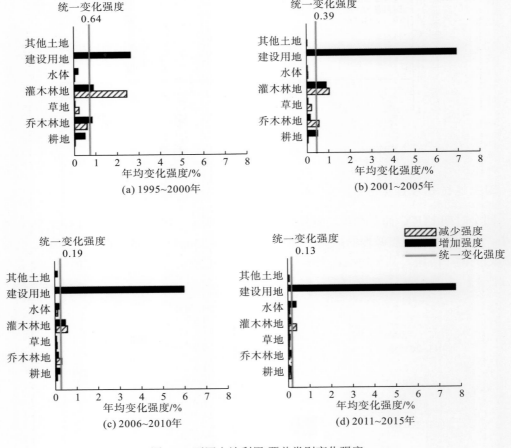

图 6.6 不同土地利用/覆盖类别变化强度

3. LUCC 空间动态

1995~2015 年澜沧江-湄公河流域土地利用动态变化热点和冷点区域的空间分布如图 6.7 所示。四个时期内 LUCC 的热点区域主要集中在澜沧江-湄公河流域下游。

1995~2000 年，LUCC 热点区域最多，主要集中在上游的澜沧江流域，分布范围广、面积大；流域下游区域的北部、东部和西部亦有分布，呈现出点状空间聚集分布，但未有连片分布。2001~2005 年变化热点转移至流域下游区域，在空间上呈现地域性连续分布，主要集中在柬埔寨和越南两国。自 2006 年起，流域内变化热点空间分布格局较为相似，上游区域变化热点面积不断缩小，大部分热点主要集中在下游区域，空间上呈现出聚集度低、零星分布的格局，大部分的热点区域依旧分布在柬埔寨。整体上看，LUCC 在 1995~2000 年变化较为激烈，2001~2015 年变化逐渐减缓，热点范围不断缩小。

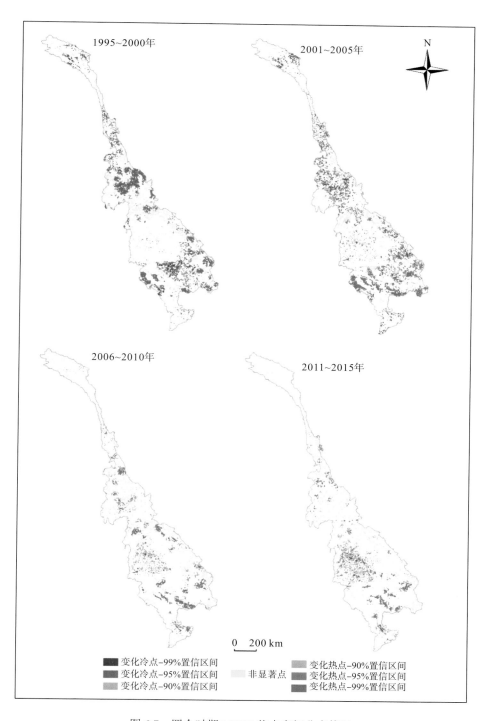

图 6.7　四个时期 LUCC 热点空间分布格局

6.1.3 流域 LUCC 的地域分异

1. 流域土地利用/覆盖现状

图 6.8 显示出各国境内流域段土地利用/覆盖的空间分布格局。中国境内流域段为"草地-乔木林地-灌木林地"主导的土地利用/覆盖结构，草地占比为 40.24%～40.90%，为面积最大的土地利用/覆盖类型；其次是乔木林地，占比为 33.04%～35.93%；再次为灌木林地和耕地，面积占比分别为 11.68%～14.76% 和 10.45%～11.20%。澜沧江-湄公河流域在中国境内的南北段土地利用/覆盖类型分布差异大，北段高寒地区主要是草地，南段多为乔木林地和灌木林地，开阔的河谷地区多分布耕地。

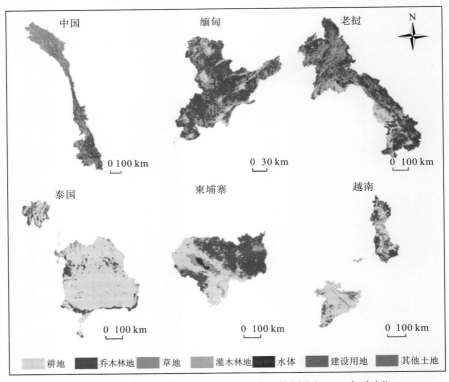

图 6.8 各国境内流域段土地利用/覆盖现状图（以 2010 年为例）

缅甸和老挝境内流域段土地利用/覆盖结构较为相似。缅甸境内流域段形成"乔木林地-灌木林地-耕地"主导的结构，其中乔木林地占比为 56.45%～62.45%，占境内流域段总面积的一半以上；其次为灌木林地，占比为 27.40%～33.86%；其余依次为耕地（占比9.20%～10.43%）、水体和建设用地。乔木林地和灌木林地集中分布于缅甸境内流域段的中部地区，耕地主要分布在地势平坦的河谷四周以及乔、灌林混合区域的边缘。老挝境内流域段的主要土地利用/覆盖类型为乔木林地，占比为 53.51%～55.81%；其次是灌木林地和草地，分别占 27.99%～28.34% 和 13.24%～14.95%。从空间格局来看，从北到南地表覆盖类型主要为灌木林地和乔木林地，占比较少的耕地主要分布在与泰国接壤的边境地带。

泰国境内流域段土地利用/覆盖类型表现为"耕地-乔木林地-灌木林地"主导的结构。耕地面积占比达 81.32%～81.67%，也是全流域耕地的主要分布区域，其余地类按面积占比大小依次为乔木林地、灌木林地、水体、草地和建设用地。该流域段土地利用/覆盖空间格局以耕地为基底，建设用地呈现点状聚集分布，而乔木林地和灌木林地主要分布在边缘地区。

柬埔寨境内流域段土地利用/覆盖类型形成"乔木林地-耕地-灌木林地"主导的结构，乔木林地覆盖面积最大，占比为 45.84%～52.91%；其次为耕地，其占比为 35.33%～41.42%；灌木林地占比为 8.84%～10.50%。该流域段土地利用/覆盖呈现明显的区域分异，从西至东分别为乔木林地-耕地-乔木林地，耕地和乔木林地之间存在明显分界线。

越南境内流域段土地利用/覆盖类型表现为"耕地-乔木林地-灌木林地"主导的结构，耕地占比为 55.14%～58.44%；其次为乔木林地，面积占比为 26.76%～31.81%；其余依次为灌木林地、水体、建设用地和草地。该流域段北部耕地集中分布于干流沿岸，其周围有乔木林地和灌木林地分布；南部的三角洲地区大部分为耕地，其间分布少量的乔木林地。

2. 流域土地利用/覆盖类型的变化

图 6.9 描述了各国境内流域段不同土地利用/覆盖类型面积占比情况及其变化。1995～2015 年，各国境内流域段建设用地面积均增加，中国、缅甸和老挝三国境内流域段 LUCC 特征相似，耕地和乔木林地面积增加，灌木林地面积逐渐减少；泰国境内流域段灌木林地面积减少；柬埔寨和越南境内流域段耕地和灌木林地面积增加，乔木林地面积减小。

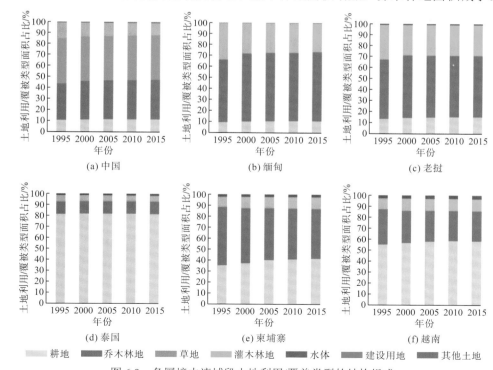

图 6.9　各国境内流域段土地利用/覆盖类型的结构组成

　　图 6.10 中单一土地利用动态度描述了不同时间段内每种土地利用/覆盖类型的动态度变化情况。各国境内流域段土地利用动态度变化最明显的是建设用地，其作为人类活动的主要表征，不同时期的动态度凸显的是建设用地扩张的变化速率。中国境内流域段建设用地动态度表现为"两端低中间高"的趋势，动态度由 1995～2000 年的 3.81%上升到 2001～2005 年的峰值 9.30%，后减少至 2011～2015 年的 4.62%，建设用地的扩张有所放缓。缅甸境内流域段建设用地动态度则相反，表现为"两端高中间低"的趋势，动态度由 1995～2000 年的 16.88%下降至 2006～2010 年的 4.34%，2011 年后快速增加到 13.86%。老挝、泰国和越南三国境内流域段建设用地动态度变化趋势相似，均表现为"增加—减小—再增加"的趋势。其中 1995～2000 年和 2006～2010 年为动态度变化较小的时段，其余两个时段建设用地动态度变化较大。柬埔寨境内流域段 1995～2015 年建设用地动态度呈现出一直上升的态势，由 1995～2000 年的 3.01%持续上升至 2011～2015 年的 25.67%。

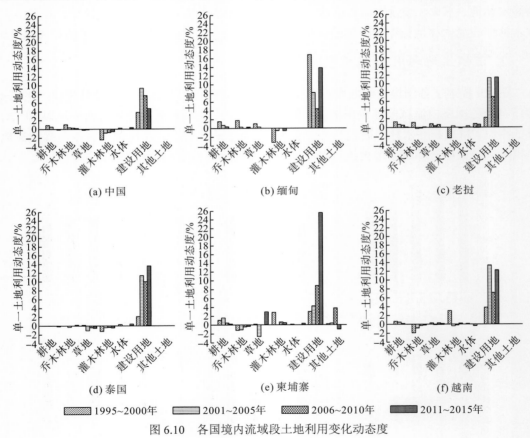

图 6.10　各国境内流域段土地利用变化动态度

　　1995～2015 年，中国、缅甸、老挝和越南四国境内流域段耕地、乔木林地、草地和灌木林地动态度变化相似，其动态度均有逐渐减小的趋势。泰国境内流域段耕地没有发生明显的变化，乔木林地变化很小，草地动态度先增大后减小。柬埔寨境内流域段耕地和乔木林地动态度减小，草地和灌木林地动态度持续波动。

3. 流域土地利用/覆盖变化热点的空间分布

由图 6.11 可知，1995～2015 年各国境内流域段的 LUCC 热点区域逐渐减少。其中，中国境内流域段的 LUCC 热点区域在 1995～2000 年聚集程度高，2001～2005 年变化热点最少，2006～2015 年变化热点分布范围扩大但聚集度低。缅甸境内流域段的 LUCC 热点在 1995～2000 年主要分布在东部地区，2001～2005 年热点区域最少且零星分布在东部和北部地区，2006～2015 年主要集中分布在北部地区。老挝境内流域段的 LUCC 热点区域1995～2000 年集中于北部地区，而 2001～2005 年与 2006～2010 年热点区域分布相似，主要是南部和东南部地区。泰国境内流域段的 LUCC 热点区域主要呈点状聚集分布在边境地区，而 2011～2015 年则由边界向内部转移。柬埔寨境内流域段西部以及洞里萨湖流域，东北和东南部地区是 LUCC 的热点区域。1995～2000 年和 2001～2005 年变化热点空间分布范围较广，较为聚集。2006 年后变化热点减少，2006～2015 年西部的热点区域消失，2011～2015 年变化热点主要分布在该流域段的东部地区，洞里萨湖周边的变化热点消失。越南境内流域段 LUCC 的变化热点区域主要集中在北部地区，1995～2005 年变化热点较为聚集，2006 年后变化热点逐渐扩散且减少。

综上，1995～2015 年澜沧江-湄公河流域土地利用/覆盖呈现出"乔木林地-耕地-灌木林地-草地"主导的结构特征。全流域 51.35%～53.50% 的地表覆盖为乔木林地和灌木林地，35.64%～37.67% 的流域面积为耕地。流域上游主要是草地，乔木林地、灌木林地、耕地和其他土地交错分布，且自北向南乔木林地分布范围扩大。流域下游北段主要分布乔木林地和灌木林地，且东、西部土地利用/覆盖类型分布有明显的界限，西面主要分布耕地；东面主要分布乔木林地、灌木林地和少量耕地。流域下游南段多为耕地，仅有少量乔木林地和灌木林地零星分布。1995～2015 年流域 LUCC 主要特征表现为：土地利用/覆盖面积变化逐渐减小，变化强度呈现出减弱的趋势；1995～2000 年是 LUCC 较为活跃的时期，LUCC 热点区域最多，面积大，空间上较为聚集，说明该时期人类对土地资源的利用强度较大；2001～2005 年 LUCC 变化面积和强度逐渐变缓，变化热点零星分布且面积不断缩减。建设用地作为人类活动的主要表征，呈现持续扩张的趋势。

各国境内流域段的土地利用/覆盖时空分布差异较大，不同时期土地利用/覆盖变化各有特点。中国境内流域段，高海拔地区多分布草地，高山峡谷区主要分布乔木林地和灌木林地。耕地、乔木林地和灌木林地是流域下游的主要土地利用/覆盖类型；流域下游地势高的区域(缅甸、老挝和柬埔寨东部)分布乔木林地和灌木林地，地势平坦地区(泰国，柬埔寨中部和越南湄公河三角洲地区)主要分布耕地。1995～2015 年，各国境内流域段建设用地增加，动态变化最明显；中国、缅甸和老挝境内流域段 LUCC 特征相似，耕地和乔木林地面积增加，灌木林地面积逐渐减少；泰国灌木林地面积减少；柬埔寨和越南耕地、灌木林地面积增加，乔木林地面积减小。各国境内流域段在 1995～2000 年土地利用/覆盖变化较为活跃，LUCC 热点区域较多，2005 年后 LUCC 热点区域逐渐减少。各国境内流域段土地利用/覆盖数量结构状况和空间结构充分体现了流域各国的土地利用特点。

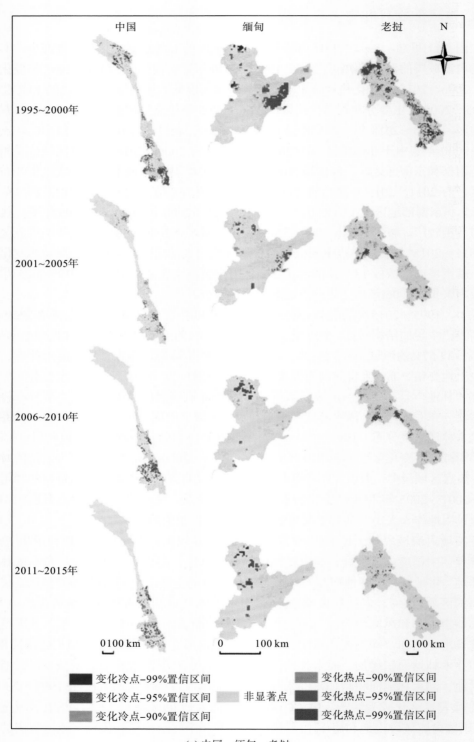

(a) 中国、缅甸、老挝

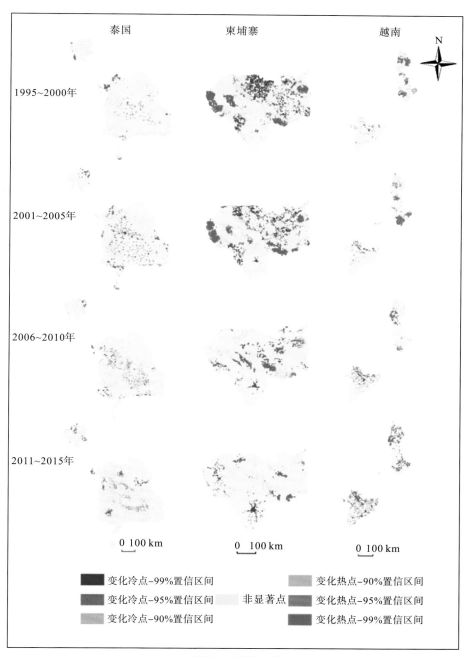

(b) 泰国、柬埔寨、越南

图 6.11　各国境内流域段不同时期 LUCC 热点空间分布格局

6.2 洞里萨湖湖滩区 LUCC 及其对干流水位的响应

6.2.1 湖滩区土地利用/覆盖特征及变化

1. 湖滩区土地利用/覆盖特征

1) 数据简介

陆地卫星(Landsat)系列(TM、ETM+、OLI 传感器)影像数据用于洞里萨湖湖滩区土地利用/覆盖的分类。影像空间分辨率为 30m，下载自美国地质勘探局(United States Geological Survey，USGS)官网(https://www.usgs.gov/land-resources/nli/landsat)，行列号为 127/051、126/051 和 126/052。研究区常年云覆盖量较大，为了确保每年获取的数据具有相近的水文和物候条件，使用 1988～2020 年 1～3 月的影像。由于影像质量因素，此次未能获取研究区 1990 年、1997 年、2004 年、2008 年、2010 年、2012 年、2013 年的土地利用/覆盖分类图。

以桔井水文站的水位代表澜沧江-湄公河干流水位。桔井水文站逐日数据来源于湄公河网站(http://ffw.mrcmekong.org/)。该数据时序覆盖 1987～2020 年，观测间隔为 1 天。

2) 湖滩区土地利用/覆盖分类系统

基于 Landsat 影像，从洞里萨湖湖滩区实际情况出发，参考澜沧江-湄公河流域土地利用/覆盖分类系统(表 6.1)，以及孟庆吉等(2018)、Mahood 等(2020)的研究为基础，确定研究区土地利用/覆盖分类系统。将研究区的土地利用/覆盖分为水体、荒地、草地、灌木林地、其他林地、耕地等 6 类。需要说明的是，在洞里萨湖湖滩区，还有建设用地和乔木林地两个土地利用/覆盖类型。考虑到洞里萨湖湖滩区建设用地面积过小，约占湖滩区面积的 0.89%(1988 年)，未将其作为单独土地利用/覆盖类型。另外，乔木林地的面积约占湖滩区面积的 2.12%(1988 年)，但是，乔木林地多位于湖体边缘，丰水年经常被淹没，其光谱特征与灌木林地较相似，难以识别、解译，也未将其作为单独的土地利用/覆盖类型。

3) 湖滩区土地利用/覆盖现状

洞里萨湖湖滩区的土地利用/覆盖类型以耕地、灌木林地为主。其中，耕地面积最大。荒地、其他林地、草地和水体的面积相对较小，它们的占比之和在大部分年份小于 30%。例如，1988 年，水体、荒地、草地、灌木林地、其他林地、耕地的占比分别为 4.33%、13.14%、2.78%、32.61%、5.42%、41.71%。空间上，灌木林地、荒地、耕地环洞里萨湖依次由内向外分布，其他林地、草地和水体则散布于三个环带中(图 6.12)。

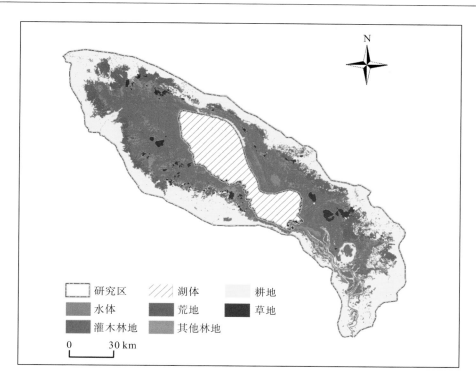

图 6.12　洞里萨湖湖滩区的土地利用/覆盖现状图（以 1988 年为例）

2. 湖滩区土地利用/覆盖的时间动态

1）土地利用/覆盖类型的变化

从图 6.13 来看，1988～2020 年，水体是最易发生变化的地类，其后依次是其他林地、荒地、草地、灌木林地、耕地。其中，水体面积的动态度波动较大，为-64.59%～240.13%，最大动态度出现在 2017 年；其他林地面积的动态度为-48.04%～77.60%；荒地和草地面积的动态度分别为-33.28%～35.08%和-24.18%～36.91%；灌木林地和耕地面积的动态度相对较小，分别为-14.53%～20.00%和-9.32%～14.73%。

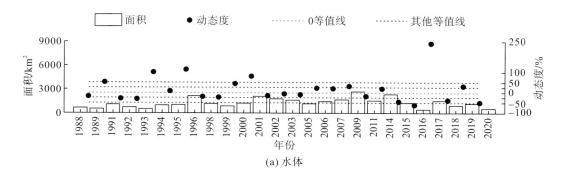

(a) 水体

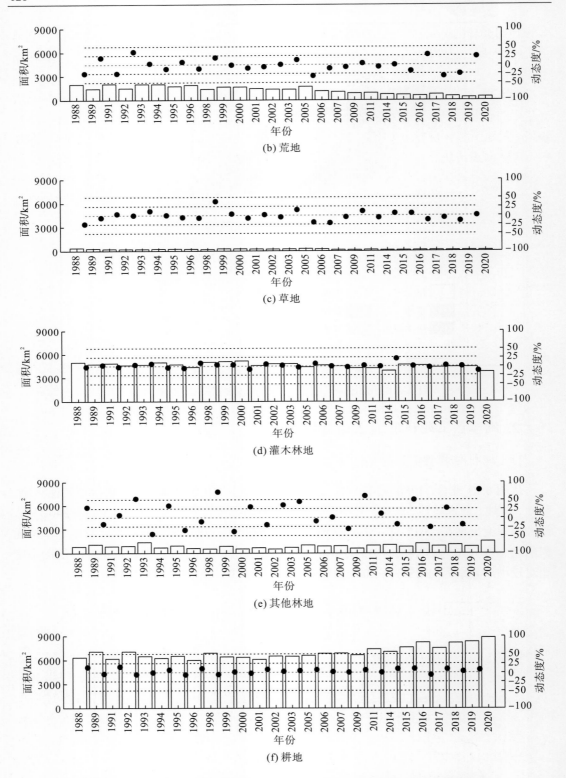

图 6.13 1988～2020 年洞里萨湖湖滩区各土地利用/覆盖类型的面积及其动态度

使用趋势线分析各土地利用/覆盖类型面积的变化趋势和速率。为厘清洞里萨湖湖滩区 LUCC 与干流梯级电站工程影响的关系，重点关注 1988～2007 年和 2009～2020 年两个时段。

图 6.13 和表 6.4 显示，在整个研究期间，荒地、草地、灌木林地呈显著减少趋势，耕地呈显著增加趋势，水体和其他林地无显著变化。1988～2007 年，水体面积呈显著增加趋势，荒地面积呈显著减少趋势，其他土地利用/覆盖类型面积的变化不显著。2009～2020年，水体面积的变化趋势在方向上发生改变，由显著增加趋势转变为显著减少趋势；草地面积的减少趋势、耕地面积的增加趋势由不显著变为显著。此外，从变化速率来看，相较于 1988～2007 年，在 2009～2020 年，除灌木林地以外的其他土地利用/覆盖类型的变化速率均不同程度地增大，尤其是耕地。

表 6.4　1988～2020 年洞里萨湖湖滩区土地利用/覆盖类型的变化趋势及速率

统计值	分析时段	水体	荒地	草地	灌木林地	其他林地	耕地
R^2	1988～2020 年	0.05	0.86	0.72	0.44	0.09	0.60
	1988～2007 年	0.42	0.44	0.17	0.09	0.06	0.00
	2009～2020 年	0.57	0.81	0.73	0.00	0.40	0.79
p	1988～2020 年	0.27	0.00*	0.00*	0.00*	0.15	0.00*
	1988～2007 年	0.01*	0.00*	0.10	0.24	0.32	0.85
	2009～2020 年	0.02*	0.00*	0.00*	0.92	0.07	0.00*
slope	1988～2020 年	13.09	−49.60	−6.23	−22.17	7.04	57.85
	1988～2007 年	55.16	−34.06	−3.22	−11.34	−9.29	2.71
	2009～2020 年	−154.97	−47.43	−7.32	−3.34	45.32	167.61

注：统计分析的显著性水平设置为 0.05，R^2 表示决定系数，p 表示显著性，slope 表示斜率。

2）土地利用/覆盖类型的转移

从研究起始年（1988 年）至终止年（2020 年）的土地利用/覆盖类型转移情况（表 6.5）来看，转入面积最大的地类为耕地，共转入 2665.96km^2，占 2020 年耕地面积的 30.25%。1988～2020 年，共有 20.73% 的水体、76.62% 的荒地、43.47% 的草地、13.76% 的灌木林地、17.30%的其他林地转变为耕地，它们分别占转入耕地面积的 5.09%、57.20%、6.90%、25.48%、5.33%。转出面积最大的地类为灌木林地，共转出 1859.24km^2，占 1988 年灌木林地面积的 37.66%。转出的灌木林地中，5.05%、0.53%、0.10%、57.79%、36.53% 的部分分别转变为水体、荒地、草地、其他林地、耕地。地类之间交换面积最多的是荒地和耕地，荒地向耕地转移了 1524.80km^2，占 1988 年荒地面积的 76.62%。

表 6.5　1988～2020 年洞里萨湖湖滩区土地利用/覆盖类型转移矩阵　　　（单位：km^2）

年份		2020 年						
		水体	荒地	草地	灌木林地	其他林地	耕地	总计
1988 年	水体	411.76	1.65	2.85	43.94	59.00	135.79	654.99
	荒地	8.43	314.61	0.70	74.15	67.30	1524.80	1990.00
	草地	3.96	1.06	113.16	92.27	28.86	184.02	423.34
	灌木林地	93.82	9.93	1.83	3077.42	1074.46	679.20	4936.66
	其他林地	12.95	8.94	0.86	417.62	238.97	142.15	821.49
	耕地	25.14	104.83	0.39	24.80	19.70	6148.38	6323.25
	总计	556.07	441.03	119.79	3730.20	1488.29	8814.34	15149.72

3. 湖滩区土地利用/覆盖的空间动态

1988～2020 年，湖滩区土地利用/覆盖的空间格局变化主要有以下特征(图 6.14)。

(1)第一环带东南部区域的灌木林地、其他林地和草地，以及第二环带的大部分区域逐步被耕地占据。第二环带中连片的荒地在 2006 年以后加速减少，截至 2020 年，仅东南部区域还有少许存留。灌木林地位于东南区域的部分在 2011 年开始出现明显的离散化特征，此后逐步转变为耕地。值得注意的是，2006 年以前，在其他土地利用/覆盖类型和耕地的转换过程中，常常出现可逆的相互转换；但是，2006 年以后，这种可逆转换现象减少。研究末期，荒地、草地、灌木林地和其他林地向耕地的转换最终变为不可逆。

(2)第一环带内经常发生灌木林地和其他林地的相互转换，而且这一转换在 1988～2007 年、2009～2020 年两个时段均是可逆的。例如，1992 年、1993 年、1994 年、2015 年、2016 年、2017 年灌木林地和其他林地的相互转换。但是，与其他区域、其他年份不同，2017 年，湖区西北侧连片的灌木林地转为其他林地。截至 2020 年，这些其他林地中的大部分仍未恢复为灌木林地。

(3)受湖体和洞里萨河水位变动的影响，水体分布范围波动较大。与此同时，随着水体面积的扩张或收缩，水体周边的其他土地利用/覆盖类型会相应地被淹没或出露，形成其他土地利用/覆盖类型与水体的相互转换。在 2009～2020 年，洞里萨河和洞里萨湖相接的水体区域逐步被耕地替代。

此外，由研究期间地表覆盖空间格局的变化可知，其他林地的分布不稳定，是除水体之外最易发生变化的土地利用/覆盖类型。

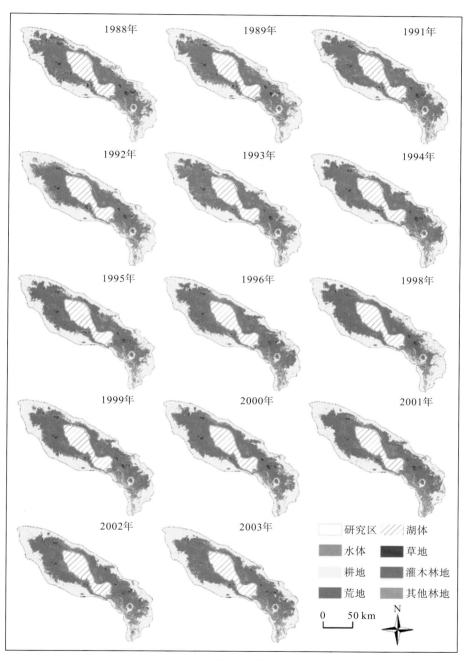

(a) 1988~2003年

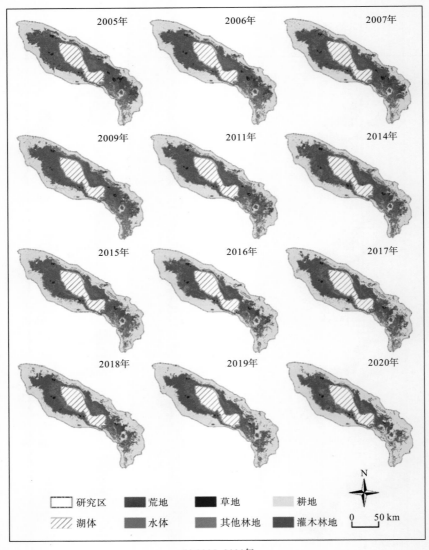

(b) 2005~2020年

图6.14   1988~2020年洞里萨湖湖滩区土地利用/覆盖的空间格局

6.2.2   湖滩区LUCC对干流水位的响应

1. 湖滩区土地利用/覆盖对干流水位的响应

1)干流水位的变化

干流水位(以枯井水文站的平均水位表示)在枯水期、丰水期的主要有如下变化特征(图6.15)。枯水期[图6.15(a)]：干流水位在6.43~8.53m波动，相较于其他时段，1987~1995年的水位较低。丰水期[图6.15(b)]：干流水位在11.97~17.26m波动。干流水位在丰水期的波动幅度远大于枯水期。

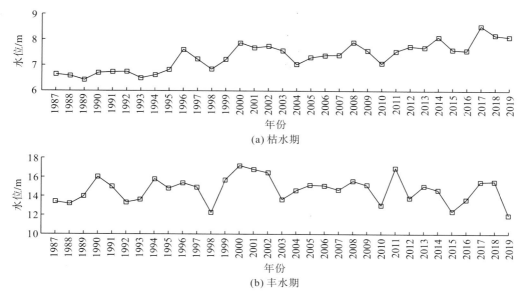

图 6.15　1987~2019 年干流水位在枯水期、丰水期的变化

从趋势线分析结果来看，整个研究期内枯水期干流水位的变化呈显著升高趋势（$R^2 = 0.70$，$p = 0.00$，slope = 0.05）。1987~2006 年（对应于 LUCC 分析中的 1988~2007 年时段）的枯水期干流水位（$R^2 = 0.59$，$p = 0.00$，slope = 0.05）、2008~2019 年（对应于 LUCC 分析中的 2009~2020 年时段）的枯水期干流水位（$R^2 = 0.37$，$p = 0.04$，slope = 0.06）的变化也呈升高趋势，但在显著程度和变化速率方面略有差异。而整个研究期内的丰水期干流水位，以及 1987~2006 年、2008~2019 年的丰水期干流水位的变化趋势均不显著（$p > 0.05$）。

2）土地利用/覆盖类型面积与干流水位的相关性

在洞里萨湖湖滩区土地利用/覆盖类型面积与干流水位的相关性分析（表 6.6）中，考虑干流水位作用的延时效应以及土地利用/覆盖分类使用影像的成像时间（每年 1~3 月），当年土地利用/覆盖类型面积对应上一年的干流水位。例如，1988 年的土地利用/覆盖类型面积对应 1987 年的干流水位。

枯水期：1988~2020 年，荒地、草地、灌木林地、耕地面积均与干流水位显著相关，耕地面积与干流水位为正相关，荒地、草地、灌木林地面积与干流水位为负相关。其中，荒地与干流水位的相关强度最大，相关系数为-0.83。对比 1988~2007 年和 2009~2020 年两个时段，二者主要的差异在于，水体面积与干流水位的相关性不再显著且相关方向发生了改变；草地面积与干流水位相关性由不显著变为显著。

丰水期：1988~2020 年，水体、其他林地、耕地面积均与干流水位显著相关。水体面积与干流水位呈正相关，其他林地、耕地面积与干流水位呈负相关。其中，其他林地与干流水位的相关强度最大，相关系数为-0.61。对比 1988~2007 年和 2009~2020 年，二者主要的差异在于，水体面积和干流水位的相关性由显著变为不显著。

表 6.6　洞里萨湖湖滩区土地利用/覆盖类型面积与干流水位的相关性

枯/丰水期	统计值	分析时段	水体	荒地	草地	灌木林地	其他林地	耕地
枯水期	r	1988～2020 年	0.32	-0.83	-0.74	-0.49	0.07	0.62
		1988～2007 年	0.73	-0.68	-0.34	-0.14	-0.47	-0.05
		2009～2020 年	-0.27	-0.69	-0.74	0.09	0.12	0.43
	p	1988～2020 年	0.11	0.00*	0.00*	0.01*	0.75	0.00*
		1988～2007 年	0.00*	0.00*	0.19	0.60	0.06	0.84
		2009～2020 年	0.48	0.04*	0.02*	0.82	0.76	0.24
丰水期	r	1988～2020 年	0.56	0.10	0.06	0.14	-0.61	-0.39
		1988～2007 年	0.69	-0.36	-0.35	-0.24	-0.51	-0.18
		2009～2020 年	0.57	0.02	-0.10	0.22	-0.70	-0.46
	p	1988～2020 年	0.00*	0.62	0.76	0.49	0.00*	0.05*
		1988～2007 年	0.00*	0.15	0.17	0.36	0.04*	0.48
		2009～2020 年	0.11	0.95	0.79	0.57	0.04*	0.21

注：统计分析的显著性水平设置为 0.05，r 表示相关系数，p 表示显著性。

2. 湖滩区土地利用/覆盖对土地利用强度的响应

1)湖滩区土地利用强度的变化

以土地利用程度综合指数（庄大方和刘纪远，1997）表示湖滩区的土地利用强度（图 6.16）。研究期间，湖滩区土地利用程度综合指数位于 290～319。其中，2020 年的土地利用程度综合指数最高，其次是 2019 年和 2016 年，而 2001 年的土地利用程度综合指数最低。

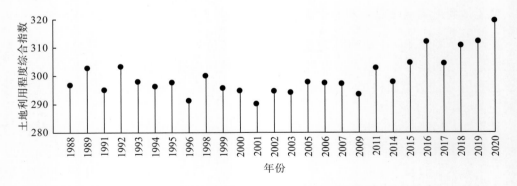

图 6.16　1988～2020 年洞里萨湖湖滩区土地利用强度的变化

此外，1988～2020 年土地利用程度综合指数呈显著增加趋势（$R^2 = 0.38$，$p = 0.00$，slope = 0.43）。其中，1988～2007 年该指数的变化不显著（$p > 0.05$）；2009～2020 年该指数呈显著的增加趋势（$R^2 = 0.75$，$p = 0.00$，slope = 1.89）。

2) 土地利用/覆盖类型面积与土地利用强度的相关性

表 6.7 表明，1988～2020 年各土地利用/覆盖类型面积均与土地利用强度显著相关。其他林地、耕地面积与土地利用强度呈正相关，其余地类面积与土地利用强度呈负相关。其中，耕地与土地利用强度的相关强度最大，相关系数为 0.95。

表 6.7　洞里萨湖湖滩区土地利用/覆盖类型面积与土地利用强度的相关性

统计值	分析时段	水体	荒地	草地	灌木林地	其他林地	耕地
r	1988～2020 年	-0.53	-0.71	-0.64	-0.43	0.67	0.95
	1988～2007 年	-0.73	-0.17	-0.01	0.17	0.46	0.89
	2009～2020 年	-0.94	-0.83	-0.64	-0.04	0.78	0.97
p	1988～2020 年	0.01^*	0.00^*	0.00^*	0.03^*	0.00^*	0.00^*
	1988～2007 年	0.00^*	0.51	0.98	0.51	0.06	0.00^*
	2009～2020 年	0.00^*	0.01^*	0.06	0.92	0.01^*	0.00^*

注：统计分析的显著性水平设置为 0.05，r 表示相关系数，p 表示显著性。

对比 1988～2007 年和 2009～2020 年两个时段，二者主要的差异在于：荒地、其他林地面积与土地利用强度的相关性由不显著变为显著；除灌木林地外，其余土地利用覆盖类型面积与土地利用强度的相关性在 2009～2020 年有所提升。

综上，1988～2020 年，洞里萨湖湖滩区土地利用/覆盖类型始终以耕地、灌木林地为主，二者历年的占比之和超过 67%，以耕地面积占比最大。在此期间，耕地显著增加，荒地、草地、灌木林地显著减少，水体、其他林地的变化不显著（显著性水平设为 $\alpha=0.05$）。随着耕地面积的不断扩张，第一环带东南部区域连片的灌木林地、其他林地和草地斑块破碎化明显，第二环带内荒地逐步消失。与 1988～2007 年相比，2009～2020 年这 11 年，洞里萨湖湖滩区土地利用/覆盖的变化以其他覆盖类型向耕地的转化为主。

此外，1988～2020 年，连接洞里萨湖的湄公河干流水位在枯水期呈明显的升高趋势，但丰水期的变化不显著。澜沧江梯级电站对下湄公河干流水位变化的影响主要表现在枯水期。随着澜沧江干流最大的小湾、糯扎渡 2 个高坝大库投入运行，2009～2020 年梯级电站对干流水位变化的影响较以前(1988～2007 年)有所增强，但湖滩区土地利用/覆盖类型面积变化与干流水位变化的相关性较弱，而与湖滩区土地利用强度的相关性却有不同程度提升。因此，上游高坝大库运行以后，洞里萨湖湖滩区土地利用/覆盖的变化与上游干流梯级水电影响之间的关联较小。

参 考 文 献

黄子雍, 王军德, 张育斌. 2020. 柬埔寨洞里萨湖流域土地景观变化与人类活动关系浅析[J]. 中国农村水利水电, 450(4): 30-34, 38.

孟庆吉, 臧淑英, 宋开山, 等. 2018. 1990 年与 2016 年干、湿季洞里萨湖湿地状况对比研究[J]. 湿地科学, 16(6): 801-807.

王秀兰, 包玉海. 1999. 土地利用动态变化研究方法探讨[J]. 地理科学进展(1): 83-89.

赵桔超, 杨昆, 朱彦辉, 等. 2019. 1998—2009 年洞里萨湖流域湿地时空变化特征研究[J]. 西南林业大学学报(自然科学), 39(6): 130-136.

赵英时, 等. 2013. 遥感应用分析原理与方法[M]. 2 版. 北京: 科学出版社.

朱会义, 何书金, 张明. 2001. 土地利用变化研究中的 GIS 空间分析方法及其应用[J]. 地理科学进展, 20(2): 104-110.

庄大方, 刘纪远. 1997. 中国土地利用程度的区域分异模型研究[J]. 自然资源学报, 12(2): 105-111.

Aldwaik S Z, Pontius R G Jr. 2012. Intensity analysis to unify measurements of size and stationarity of land changes by interval, category, and transition[J]. Landscape and Urban Planning, 106(1): 103-114.

Aldwaik S Z, Pontius R G Jr. 2013. Map errors that could account for deviations from a uniform intensity of land change[J]. International Journal of Geographical Information Science, 27(9): 1717-1739.

Defourny P, Kirches G, Brockmann C, et al. 2016. Land Cover CCI: Product User Guide Version 2[DB/OL]. http://maps.elie.ucl.ac.be/CCI/viewer/download/ESACCI-LC-PUG-v2.5.pdf[2018-10-19].

Friedl M A, Sulla-Menashe D, Tan B, et al. 2010. MODIS Collection 5 global land cover: algorithm refinements and characterization of new datasets[J]. Remote Sensing of Environment, 114(1): 168-182.

Kim S, Sohn H G, Kim M K, et al. 2019. Analysis of the relationship among flood severity, precipitation, and deforestation in the Tonle Sap Lake Area, Cambodia using Multi-Sensor approach[J]. KSCE Journal of Civil Engineering, 23(3): 1330-1340.

Lambin E F, Turner B L, Geist H J, et al. 2001. The causes of land-use and land-cover change: moving beyond the myths[J]. Global Environmental Change, 11(4): 261-269.

Liang L, Liu Q S, Liu G H, et al. 2019. Accuracy evaluation and consistency analysis of four global land cover products in the Arctic Region[J]. Remote Sensing, 11(12): 1396.

Mahood S P, Poole C M, Watson J E M, et al. 2020. Agricultural intensification is causing rapid habitat change in the Tonle Sap Floodplain, Cambodia[J]. Wetlands Ecology and Management, 28(5): 713-726.

Mitchel A. 2005. The ESRI guide to GIS analysis, volume 2: spartial measurements and statistics[M]. New York: Esri Press.

Mooney H A, Duraiappah A, Larigauderie A. 2013. Evolution of natural and social science interactions in global change research programs[J]. Proceedings of the National Academy of Sciences of the United States of America, 110(suppl 1): 3665-3672.

Van Trung N, Hyun C J, Sun W J. 2010. Change detection of the Tonle sap floodplain, Cambodia, using ALOS PALSAR data[J]. Korean Journal of Remote Sensing, 26(3): 287-295.

第 7 章　澜湄流域水环境变化及监测

自 20 世纪 90 年代以来，澜湄流域大规模水电开发，极大地改变了河流原有水文过程，流量、流速、水位等水文情势剧烈变化，导致天然河流水质、水温等水环境要素的时空分异规律发生改变。本章基于澜沧江各断面的实际观测结果、数字流域建设成果以及湄公河委员会提供的境外湄公河水温观测数据，对澜沧江段水质量、澜沧江-湄公河干流水体水温进行定性及定量评估。并根据水环境的整体状况构建澜沧江流域水环境智能监测与优化方案，为境外湄公河的水环境监测体系的建立提供参考。

7.1　流域水环境变化

7.1.1　流域水环境监测评估

1. 水环境评价研究进展

水电工程的水环境监测评估是指按照一定的目的，依据一定的方法和标准，在各个水环境要素评价的基础上，对大型水电工程的水环境质量进行定性和定量的评估，反映水环境的整体状况(戴会超等，2015)。根据已有的研究成果，选择监测点位，影响因素包括典型特征水电工程、重要干支流节点及流域。评估方法包含多种类型：从评价的时间范围分类，主要集中于月尺度分析，少数涉及日内尺度；从评价方法分类，主要有层次分析法、主成分分析法等(Thirumalaivasan，2003；王刚等，2015；王昱等，2020)。

国外水环境评价工作起步时间早，通常较为具体，实用性强。评价程序大致包括如下 4 个方面：①确定评价的范围；②确定评价的对象和影响因素，并进行基础资料的搜集，如污染源调查等；③对水体的适宜性进行评价，如水质评价、风险评价等；④向社会发布评价结果，并提出相关保护措施，对水环境管理部门提出建议(Zhang et al.，2019)。美国国家环保署 2002 年提出了"流域水环境指数"，利用指标体系(indexing system)总体评价流域内饮用水源风险，选取 15 个指标，其中 7 个指标与水源状况相关，8 个指标与生态系统脆弱性相关；利用水质安全状况利用定性指标进行说明，分为好、问题很少、问题较多等级别，水源脆弱性分为低和高级别(USEPA，2002)。加拿大政府利用水质指数(water quality index)法对水体进行评价(Hurley et al.，2012)，将水体赋予不同的分值(0~100)，据此将水体划分为极好(95~100)、好(80~94)、中等(60~79)、及格(45~49)、差(0~44)等 5 个级别，对不同级别的水体采取不同的水处理工艺(王珮等，2013)。欧盟(Arthur et al.，2010)制定的《地表水体取水导则》(*The Surface Water Abstraction Directive*)根据水体满足公众使用的处理水平及取水的适宜度将水体分为以下类别：A1 类水体仅经过简单的物理处理和消毒就能满足使用要求；A2 类水体需要经过常规的物理、化学处理、消毒以满足使用要求；A3 类水体需要集约化的物理、化学处理，附加处理措施和消毒手段才能满足使用要求。

近年来，中国对于水库(湖泊)水环境的评价一般针对水功能特征，依据《地表水环境质量标准》(GB 3838—2002)，分一般污染物状况、有毒污染物状况和水库富营养化状况进行评价，水质状况在计算一般污染物指数、有毒污染物指数、富营养化指数的基础上，按权重进行综合评价计算，评价指数分为 1、2、3、4、5 五个等级，只是针对水质状况进行评价，较少考虑水质污染风险、污染物健康风险等问题。目前国内针对水库(湖泊)的水质评价，大多集中于对水质评价方法的探讨上，主要有污染指数法、模糊评价法、灰色评价法、物元分析法、单因子评价法、人工神经网络(artificial neural network，ANN)评价法等(陈守煜和李亚伟，2005；尹海龙和徐祖信，2008；张小君等，2013；袁振辉等，2019；杜书栋等，2022)。

2. 水环境评价指标

水质指标是水环境评价的主体部分。水质标准的选取根据评价目的和水域功能而定(张远等，2020)。地表水质评价常用标准为《地表水环境质量标准》(GB 3838—2002)、《海水水质标准》(GB 3097—1997)、《渔业水质标准》(GB 11607—1989)、《生活饮用水卫生标准》(GB 5749—2022)、《农田灌溉水质标准》(GB 5084—2021)等，也可以采用当地环保部门根据当地实际情况制定的地方标准。例如，进行地表水水环境质量的评判，根据水环境功能的类别从《地表水环境质量标准》(GB 3838—2002)中选择水质标准；如根据灌溉用水要求或其他用水要求进行水质评价，则选择《农田灌溉水质标准》(GB 5084—2021)；如对建设项目排放废水对水体产生的影响进行评价，则采用《污水综合排放标准》(GB 8978—1996)和《地表水环境质量标准》(GB 3838—2002)。

评价指标的选取随评价水体的性质及评价目的不同而异。一般根据水域类别、评价等级、当地的环保要求及污染状况，从《地表水环境质量标准》(GB 3838—2002)的水质参数中选取。

(1)常规水质参数。它反映水域水质一般状况等，以《地表水环境质量标准》(GB 3838—2002)中所列的 pH、溶解氧(dissolved oxygen，DO)、高锰酸盐指数(Permanganate index，I_{Mn})、化学需氧量(chemical oxygen demand，COD)、五日生化需氧量(5-day biochemical oxygen demand，BOD_5)、氨氮、酚、氰化物、砷、汞、铬(六价)、总氮及水温为基础，根据水域类别、评价等级及污染状况适当增减。

(2)特殊水质参数。如果水域周围有建设项目向水体排放废水，则应根据建设项目特点、水域类别、评价等级以及建设项目所属行业的特征水质参数进行选择。

(3)其他参数(如水生生物和底质参数)。对于污染源复杂、超标污染物种类多、水质监测资料多的水体可多选择一些评价指标；对于污染源少、超标污染物种类相对较少的水体，可少选一些评价指标。

相关水质指标的取舍，需建立在实测数据分析基础之上，以最小经济成本获得科学、高效、代表性的监测数据是研究的核心目标之一。

3. 水环境监测布点优化

水环境监测布点优化，是利用监测资料对区域水环境划分级别或类型，在空间上按环境污染程度划分出不同的污染区域，结合水环境监测断面的重要性和沿程变化，科学合理布设水环境监测断面；布点优化的目标在于用少量具有代表性的监测点尽可能合理、准确、完整地反映监测区域的水环境质量。从 20 世纪 60 年代末期开始，国外学者曾对大范围内水质监测点的优化布设进行了较多的研究，但至 20 世纪 80 年代初，国外学者仍未能提出系统的监测点优化布设的具体原则和方法（杨员等，2015）。我国 1985 年开展了水环境监测点的初步设置工作，当时仅根据工作需要和经验而设置监测点，缺乏系统的科学分析（李怡庭，1999）。

目前国内的水环境监测点位优化多数以《地表水和污水监测技术规范》（HJ/T 91—2002）为依据，它对监测断面的布设原则、设置数量、设置方法、采样点位的确定等做出了明确规定。其中地表水监测断面的布设原则包括：监测断面在总体和宏观上须能反映水系或所在区域的水环境质量状况；各断面的具体位置须能反映所在区域环境的污染特征；尽可能以最少的断面获取足够的有代表性的环境信息；同时还须考虑实际采样时的可行性和方便性。在进行水质监测布点优化工作中，除了应按照技术规范执行外，还应考虑区域水文、水体功能等自然环境特征、污染源分布情况、社会经济情况和环境管理等因素（孟伟等，2007）。

在获取了一定的监测数据后，对监测点进行优化布设的方法主要有数理统计法、模拟法、网格法。数理统计法是以历史监测数据为基础对布点进行统计优选；网格法是以相关的网格概念及其模型来对水域形状比较规则的区域进行布点优化；模拟法是通过对区域水质进行模拟来对污染源少、水质分布较简单的区域进行布点优化。结合对国内外近 10 年相关文献的分析和澜沧江梯级水电的实际情况，选择运用数理统计方法进行布点的优化较为合理，其具体方法包括物元分析法、主成分分析法、模糊聚类分析法、方差分析法、最优分割法、贴近度法等（唐摇影，2014；王辉等，2014；刘潇等，2015；Li et al.，2018；Rao et al.，2020）。

国内有关监测布点优化具代表性的研究包括：弓晓峰等（2006）利用物元矩阵结合综合关联函数提出优化点位的《鄱阳湖乐安河流域水质监测优化布点》；马飞和蒋莉（2006）利用模糊数学中的聚类原理以南运河为例优化，设置水质监测断面的《河流水质监测断面优化设置研究——以南运河为例》；章鑫灿（2001）通过对监测断面典型位置的方差分析判断显著性差别，同时做相关性分析以判断各测点间的密切程度，从而决定断面上测点的具体位置的《潮阳市练江水质监测优化布点效果分析》；庄世坚（1992）通过逐次提取测点所反映的环境质量信息的主成分，定量系统地进行寻优分析、筛选测点的《环境监测优化布点的一种新方法》；周劲等（2005）应用最优分割分析法解决山东省水环境监测优化布点系统中有序样本的分类问题，完成《最优分割分析在水环境监测优化布点中的应用》。这些方法各有优势，可在前期调查的基础上，因地制宜、结合实际水质状况选择运用。

4. 水电开发的水环境评价回顾

作为重要的水电能源基地，澜沧江已建设和规划多座大型水电项目。针对澜沧江流域水电开发的水环境监测评价，以水电站环境影响评价为主，主要由华能澜沧江水电股份有限公司委托的中国电建集团昆明勘测设计研究院有限公司、中国水利水电科学研究院等单位组织开展，其中也包括云南大学和南京水利水电科学研究院等一些科研机构参与，具体的监测任务则由水电站所处的地、市一级环境监测站完成。

澜沧江水电开发企业根据环境影响评价报告要求，开展了水电站建设期、施工期及运行期的水环境监测，监测方法以《地表水环境质量标准》（GB 3838—2002）为主，监测的水化学、物理指标 16～27 项，监测频率为 3～6 次/a，积累了部分观测数据。此类水环境监测体系基于云南省或辖区内水功能区划目标构建，监测指标以水化学特性为主，监测时段兼顾丰、平、枯三期，但监测指标的选择并不统一，断面的选择未作优化，监测任务按环境影响评价规定实施，拓展性和针对性不足。

在糯扎渡水电站的水环境监测工作中，监测点包括澜沧江干流、左支小黑江、右支小黑江、黑河等河段，监测期为 2011～2014 年，每年监测丰、平、枯 3 期。监测项目包括水温、氨氮、I_{Mn}、BOD_5 等 9 项。监测的指标体系以营养物质为主，并未涉及重金属和离子等指标。中国水利水电科学研究院监测指标体系的构建，侧重于干支流营养物质污染源的判识，在支流汇入口布设监测点，能有效识别多条主要来水中污染物质所占比例，并据此提出针对性的控制方案，但藻类种群、数量等生物指示性指标未涉及（晏志勇等，2008）。中国水电顾问集团昆明勘测设计研究院（现中国电建集团昆明勘测设计研究院有限公司）编制的《澜沧江流域综合监测规划大纲》，水环境水质监测规划了 38 个干支流监测点，监测内容包括水温、pH、固体悬浮物（suspend solid，SS）、DO、I_{Mn}、BOD_5、COD_{Cr}、氨氮、总磷（TP）、总氮（TN）、氰化物、挥发酚、硫化物、石油类、砷、汞、镉、六价铬、铅、锰、铜、锌、硒、阴离子表面活性剂、粪大肠菌群、叶绿素 a 共 26 项。监测频率方面，采取每年逢单月监测，长期监测。

南京水利水电科学研究院从河流功能出发评价河流健康，其评价指标系统包括河流的服务功能、环境功能、防洪功能、开发利用功能及生态功能 5 个子系统（耿雷华等，2006）。在设立指标体系时，从各个子系统中分别选出一些指标来组合指标体系，这种指标体系虽然指标繁多，但却不利于揭示河流健康的内在联系，而且容易出现指标间彼此交错线性相关等问题。该研究最后选择和确定的指标主要根据三方面情况：①评价的指标具有独立性；②从定性方面选择最能反映河流健康程度的指标；③资料的可靠性和可获取性。据此，选择了 25 个指标作为健康河流的评价指标集。在具体设计时，根据健康河流的内涵将河流的健康评价指标体系分成 3 个层次，分别为目标层、准则层和指标层。对于澜沧江流域，利用层次分析法，通过专家咨询和打分结合经验判断，按结构图的层次结构关系进行判别比较，计算出了澜沧江流域各指标的权重。以年为时段（1995～2000 年）确定澜沧江健康评价指标现状值，澜沧江的健康评价综合指数为 0.64，对照河流健康划分的评判标准，其基本结论是澜沧江的健康处于良好状态的下缘。但该评价体系未阐明各指标间的相关性及其必要性，部分指标，如水体自净率、灌溉保证率等未划分江段，较为笼统，指标体系并不针对水环境监测的具体实施，实际操作时监测难度大且代表性有所欠缺。已开展的水环境监测工作，仅针对单一水电站或部分流域，并未建立针对全流域尺度的综合监测评价指标体系(表 7.1)，未突出小湾、糯扎渡等高坝大库水电站的特殊性。

表 7.1　澜沧江水环境监测规划及实施情况

实施单位	主要监测依据	监测指标	监测应用
中国电建集团昆明勘测设计研究院有限公司	《地表水环境质量标准》(GB 3838—2002)	水温、pH、溶解氧、高锰酸盐指数、COD、BOD$_5$、氨氮、TP、TN、SS、石油类等 26 项	景洪水电站，小湾水电站，澜沧江中下游水电站等
中国电建集团西北勘测设计研究院有限公司	《水和废水监测分析方法》	水温、pH、溶解氧、高锰酸盐指数、COD、BOD$_5$、氨氮、TP、TN、砷、镉、铅、锌、氰化物、挥发酚、石油类、阴离子表面活性剂、硫化物、大肠杆菌等 19 项	功果桥水电站
中国水利水电科学研究院	《地表水和污水监测技术规范》(HJ/T 91—2002)	水温、pH、溶解氧、高锰酸盐指数、化学需氧量、BOD$_5$、氨氮、总磷、总氮、透明度共 10 项	糯扎渡水电站
南京水利水电科学研究院	河流健康理论	服务功能、环境功能、防洪功能、开发利用功能及生态功能 5 个子系统，25 项评价指标	澜沧江流域

5. 澜沧江水环境监测指标选择

应用参照系法和模型模拟法对河流健康进行评价，各国科学家已建立起众多的河流健康评价指标体系。对 1972~2010 年 150 余篇相关研究成果、国家标准和法规等进行归纳总结，梳理出包含具体参评指标的国内外河流健康评价体系，共 45 个，902 项各类指标；其中包括仅含有 4 个指标的评价标准(李国英，2004)，也有含 67 项指标的评价体系(Szoszkiewicz et al.，2006)。

面对构建于不同尺度、不同评价对象的众多评价指标体系，针对高原山地环境河流监测实践和澜沧江实际情况，有必要在已有研究成果基础上进行分析，统计各个指标在 45 个评价系统中的被重复采用次数，并结合指标所揭示的流域特征，筛选出具有普遍认可度、能综合体现流域各方面特征的指标，作为澜沧江高坝大库河流健康评价的主要指标。河流健康评价指标体系中，依据各指标所表达的流域特征，将评价指标分为 4 类：河流生境物理指标、水环境指标、生物指标、人类活动及用水指标。在澜沧江案例中重点针对水环境指标进行筛选，包括水文、泥沙和水质要素三类，主要用于反映河流水环境总体状况，45 个评价系统共有参评指标 251 项。通过对各指标在各评价系统中采用次数的统计，分析各指标采用情况及其所揭示的水环境特征，表明：实际采用指标 57 个，其中 18 个指标(占指标数近 32%)为单次使用，平均 1 个指标被 4 个或 5 个评价系统采用，表明水环境指标的选取较生境物理特征指标分散；从指标被采用的情况看，57 个指标中采用率超过 50% 的指标仅有 1 个，超过 25% 和 20% 的分别有 5 个和 9 个指标，表明用于评价水环境状况的指标集中认同度略小。分析以上具有一定认同度的评价指标所揭示的水环境特征可知，拥有 20% 以上采用率的有 10 个指标：径流量变化率、盐度、电导率、水质达标率、水温、水位变化、输沙变化率、pH、河道径流量、生态需水保证率，加上溶解氧(采用率达 16%)能反映径流、输沙、生态用水和水质 4 个方面的水环境情况。

分析用于揭示河流水环境的 10 个指标间相关关系，发现：①用于体现河流水文情势特征的指标有 5 个，即径流量变化率、水位、输沙变化率、河道径流量和生态需水保证率。根据其相关关系，可进一步对水环境监测指标进行筛选，筛选理由如下：其一，径流量是计算河道径流变化率的基础,获得了径流信息,就可以揭示径流量变化率特征和水文情势变化趋势,为此,径流量变化率和径流量可合二为一;其二,在技术水平上,通过确定径流变化率和用水类指标内的水资源利用率的阈值可计算河流生态需水;其三,径流变化可直接导致水位的变化,尽管河流输沙变化及其引起的河床形态变化都影响着生态系统的健康,但径流变化与河流连通性又直接影响河流输沙特征的变化。同时有研究表明:径流的年内和年际变化是维持所有本土生物多样性和水生生态系统完整性的关键;流量的发生时间是河流供水、水质和影响河流物种分布、丰富度和流水系统生态完整性的"关键变量",在关键生态敏感河段还应保留水位指标。为此,最终在以上 5 个指标中排除径流量和生态需水量,保留其余 3 个指标作为评价河流水文情势的主评指标。②水质初选指标:电导率、水温、pH、溶解氧(dissolved oxygen,DO)和水质达标率,用于揭示河流水体水质状况。其中,水质达标率已包含了其余 4 个指标所揭示的水质状况,可以直接揭示河流水质的总体状况,但它难以直接揭示与其他指标之间的关联度,并且各地标准不一,需针对不同水质控制目标扩充其监测子类;而电导率、溶解氧等 4 个指标虽然无法确定河流水质的达标率,但很大程度上可以直接应用于河流保护目标的确定与监督管理,如水温的变异影响水体溶解氧及悬浮物的数量,从而影响水生生物的生命周期、繁衍生息和人类生活及工农业生产用水;水温与水化学条件对浮游植物群落组成的影响具有更为重要的作用;溶解氧的高低与大型无脊椎动物数量密切相关等。因此,水质达标率需扩充监测指标,而电导率、水温、pH、溶解氧 4 个指标因直接与生物、用水、土地利用、水文及生境等指标相关联,作为判定河流健康水质状况的依据,也保留作为主评指标。综上,水环境状况的主评指标确定为径流量变化率、电导率、水温、水位变化、pH、输沙变化率和溶解氧 7 个指标。

澜沧江流域水电开发对水生环境产生深远的影响,除了单个工程所带来的生态环境影响外,由于系统的关联和累积效应,还存在对流域生态系统的叠加影响。采用统一的评价指标构建监测体系,积累科研数据资料,为环境管理、污染控制提供科学依据,预防和减免区域性、累积性、潜在性的不利环境影响,对维护河段生态环境安全具有现实意义。

基于河流健康评价指标体系的复杂性,在应用于实际操作中时,应有针对性地选择一些可揭示河流健康基本状况的主要指标。径流量变化率、电导率、水温、水位、pH、输沙变化率和溶解氧 7 个水环境监测指标能够揭示河流健康基本状况及其变化趋势(表 7.2),但基于指标间的相互关系(表 7.3)和数据采集的可获取性,需进一步筛选适合澜沧江高坝大库的指示性指标。

表 7.2　指标与水环境的关联

指示性指标	与水环境的关联
径流量变化率	表征流域内水量年内、年际变化幅度,与生态系统关系密切
电导率	衡量水质的重要指标,表征水的含盐成分、含离子成分、含杂质成分等,水越纯净,电导率越低
水位	与流量、河道形态相关,与消落带污染物的析出相关联
pH和水温	不同水生生物有着各自适应范围,pH和水温影响水体化学和生物过程,反映水体水化学性状
输沙变化率	与进入水体的污染物迁移转化密切相关,水电开发将对河流输沙产生较大影响,输沙率的变化指示污染物的富集与扩散状况
溶解氧	与有机污染物含量关系密切,是衡量水体自净能力的重要指标

表 7.3　指标间的内在关系

相关指标	指标内在关系
径流量变化率与水位	流域范围的降水经由蒸发和下渗，并未完全成为河道内的流量；虽然在一些森林茂密的小型流域，流域径流量与河道内流量并非完全呈线性关系，但澜沧江干流区域地形为山地，地表径流很快汇入河道，水位变化与流域径流量呈现密切线性关联性，通过河道断面测量可推算径流量，因此，水位变化足以指示径流变化，两个指标可选取一个作为代表
水温与pH、DO	pH 指示氢离子的浓度，温度升高，由水电离出的氢离子和氢氧根离子的浓度都会升高，水体呈酸性变化趋势，所以温度升高 pH 会降低，但导致 pH 变化的因素还有水中化学污染物析出等；水温与溶解氧也有关系，当其他条件不变时，水温升高，溶解氧数值下降，但引起溶解氧变化的重要原因还有藻类等微生物的呼吸作用，这些过程往往是相互交织的，难以在自然环境中分割测量
水质达标率	在通常的理解中，水质达标率涵盖了水温、pH、DO 等指标，但本指标体系中，根据监测环境（河道、库区）和污染类型（营养盐、重金属），以及监测水体的用水标准，此指标需增加监测子类，包含多种水化学指标（如 TN、TP、氨氮、Ag、Hg 等），在其应用于不同的监测区域时，水质达标率的指标要有针对性差别
输沙率与底泥	在年尺度范围，由于高坝大库的建设运行，水流速度变缓，水体挟沙能力下降，将导致输沙率显著下降，因此河道泥沙将多数沉积，以底泥的形式存在；底泥是监测重金属迁移扩散的重要对象，对于水质评价较为重要

综上，径流变化率和水位关系密切，且在澜湄流域多数呈线性关系，可不监测径流量变化率，而选择水位作为监测指标；水温与 pH、DO 关系密切，但并非一一对应或单一影响来源，均需开展监测；水质达标率指标需根据监测区的水环境污染类型和水质要求进行定义，与水温、pH 以及 DO 等指标并不冲突；输沙率需经由复杂观测和水文计算得出，对于水质的指示性意义也低于底泥，因此可不监测输沙率，选择底泥作为监测指标。

因此，结合澜沧江流域水质监测目的和高原山地环境高坝大库特点，选择的水环境指标为 7 项，分别是水位、电导率、pH、水温、DO、底泥及水质达标率（含营养盐或重金属类）。水质达标率的确定需在监测断面水物理及化学元素分析的基础上，结合水体水质要求制定监测内容。功果桥、小湾、糯扎渡及景洪 4 个水电站均较早开展了相应的监测工作。根据 2009 年小湾水电站 7 个断面的监测结果（《小湾水电站库区环境质量现场监测报告》，临沧市环境监测站），小湾水电站库区的主要污染物为 TN、TP 以及氨氮，其中沘江断面因矿业开发，受重金属铅、镉污染，水质为 V 类水。

根据《糯扎渡水电站环境影响评价报告》预测，澜沧江干流绝大部分水体发生富营养化的可能性小，但左、右岸支流小黑江由于流速变缓及回水顶托作用，局部发生富营养化的可能性大。化学需氧量（COD）在丰水期浓度大，明显劣于其他指标，需要在水电站建成之后加强监测。根据 2005～2011 年水质监测结果分析，库区水质总体达到Ⅲ类水标准，超标项目主要为大肠杆菌、TP 和 TN。2011～2013 年，中国水利水电科学研究院委托普洱市环境监测站开展了每年 6 次的水质连续监测，监测项目有 10 项，监测点为 15 个，监测结果未发现富营养化现象，丰水期水质好于枯水期，TP、TN 等营养盐物质仍是超标的主要因素。

2011 年西双版纳州环境监测站对景洪库区的水质监测报告显示，库区多个监测点各项水质指标除 TP、TN、氨氮为Ⅱ类外，其他皆为Ⅰ类，重金属和离子物质未检出。

根据功果桥水电站环境影响评价报告，功果桥水电站支流沘江流域的城镇人口和工矿业发展,使有机物和重金属污染加重,库区有可能发生富营养化,需加强水体营养盐和重金属监测。

结合已有监测数据和报告,基于河流健康的水环境监测中水质达标率指标需包括营养盐物质及重金属,并在不同江段开展有针对性的监测。小湾、糯扎渡及景洪水电站开展以营养盐为主的监测,功果桥水电站则需在此基础上增加重金属(水体及底泥)的监测。监测频率为第一年水质监测项目逢双月开展 6 次监测与采样,其中水温、DO、电导率、浊度(turbidity,TURB)、pH 采取自测方式,其他指标在水质实验室设备到位情况下自测,否则送测;第二年根据已有数据分析,继续沿用上年监测频率,或分丰、平、枯三期,在每年 3 月、8 月、12 月开展监测与采样。水质达标率涉及监测指标共 15 项,包括 TURB、COD、BOD_5、氨氮、总氮、总磷、叶绿素 a,以及砷、镉、六价铬、铅、锰、铜、锌、粪大肠菌群。根据初期监测的指标在丰、平、枯三期的变化情况,监测项目可做适当调整。

按照监测断面的历史数据分析和水功能区划,水质达标率指标划分为两类:①不含重金属类:TURB、COD、BOD_5、氨氮、总氮、总磷、叶绿素 a,以及粪大肠菌群;②重金属类:在上述营养盐监测指标上,增加底泥和水体的砷、镉、六价铬、铅、锰、铜、锌监测。在功果桥等重金属污染监测区域,断面监测指标采用①+②两类指标监测,其他区域采用①类指标开展监测。

水温监测方面,在河流掺混剧烈的河段,以及水深较浅无明显水温分层的库区河段,采用自动水温记录仪监测表层水温。在水深较大,有明显分层的库区断面,采用自动水温链开展连续监测。此外,选择监测各断面藻类种类及生物量数据,作为水环境监测的选测指标。

6. 监测指标优化

实施流域监测之后,需要在数据分析的基础上,根据监测断面指标变化,对监测指标体系的建立进行分类和总结,评价产生优化监测指标。针对不同水期水量和水质的差异,将监测指标划分为几个类别,分别为常规监测项目、优化监测项目和选测项目 3 种类型指标,分类原则见表 7.4。

表 7.4　指标类型优化方法

类型	实际监测结果	监测要求	污染风险
常规监测项目	超标项目	要求必测或未要求必测	有风险或无风险
常规监测项目	检出但未超标	要求必测	有风险
优化监测项目	检出但未超标	要求必测	无风险
选测项目	检出但未超标	未要求必测	有风险
选测项目	未检出	要求必测或未要求必测	有风险或无风险

常规监测项目:每年按照要求监测 3~6 次。优化监测项目:每年仅在该指标最不利(超标)月份监测 1 或 2 次。选测项目:在掌握本底值的情况下,可进行监测或不测。依据以上原则,在获得连续监测数据后,对监测指标进行优化。

7.1.2　水电开发河段水环境监测示范

1. 监测断面选择

水环境断面布设的基本原则包括准确性、代表性和可行性原则(李基明和陈求稳，2013)，通常布设断面于汇流或分流处或断面形状发生剧烈变化处，以及其他需要设立断面的地方，如桥涵附近便于采样的地方、现有水文站附近等。

由于功果桥、小湾、糯扎渡和景洪水电站所处环境基本代表了澜沧江已建干流水电站河道环境的基本类型，因此断面选择布设在 4 个水电站所涉流域范围内。在布设断面时，需充分考虑基于现行国控、省控和华能澜沧江水电股份公司建立的监测断面，做到新增监测与现有监测的有序衔接。表 7.5 汇总了多家管理、设计及科研单位在澜沧江中下游已开展或设计开展水质监测的断面情况。

表 7.5　澜沧江中下游干流水质监测断面布设情况

序号	断面名称	国控断面	云南省省控断面	昆明院断面①	水科院断面②	澜沧江公司断面③	选择断面④
01	兔峨		●				●
02	旧州水文站		●	●		●	●
03	景洪水电站		●	●		●	●
04	黑惠江		●				
05	珠街		●				●
06	漫湾		●				
07	景临桥		●	●	●	●	●
08	双江		●				
09	思茅港		●	●			●
10	允景洪	●	●	●		●	●
11	橄榄坝		●			●	
12	关累		●	●		●	●
13	曼安		●				●
14	曼拉撒		●				
15	小湾水电站			●		●	●
16	糯扎渡水电站			●	●	●	●
17	补远江汇口			●			●

注：①昆明院断面表示中国电建集团昆明勘测设计研究院有限公司监测断面；②水科院断面表示中国水利水电科学研究院监测断面；③澜沧江公司断面表示华能澜沧江水电股份有限公司监测断面；④选择断面代表本书研究所选断面。

表 7.5 中部分监测断面位于水质敏感河段，为多家单位交叉选择，如旧州水文站、景洪水电站、景临桥、允景洪和关累等；而部分断面，如兔峨、珠街、曼安和补远江汇口等，虽仅有 1 家单位选择为监测点，但涉及水生生物重要栖息地及重要支流汇口，本书将其纳

入监测范围。需要指出的是，上述 17 个监测点中，黑惠江、漫湾、双江、橄榄坝及曼拉撒 5 个监测点为水文局常规监测断面，水质变化与水电开发联系不紧密，橄榄坝断面未建设水电站，因此在断面选择时将其排除。

基于已有监测点的筛选，布设断面含历史监测点 12 个及新增监测点 9 个，共计 21 个，分布于 4 个干流水电站(功果桥水电站、小湾水电站、糯扎渡水电站、景洪水电站)及重要支流河段(基独河、沘江、漾濞江、黑惠江、左右岸小黑江、右岸黑河及补远江)，位置见表 7.6 和图 7.1。

表 7.6　确定布设的监测点

监测编号	断面名称	地点
MS1	兔峨	基独河汇入澜沧江口前 1km
MS2	沘江入口	沘江汇入澜沧江口前 3km，新增
MS3	旧州水文站	功果桥电站坝下水文站
MS4	莽街渡大桥	小湾坝上 25km 公路桥，新增
MS5	小湾水电站	小湾库区坝上拦污漂
MS6	漾濞江汇口	漾濞江永平河交汇处，新增
MS7	珠街	黑惠江回水孔雀村
MS8	小湾坝下	小湾坝下大桥，新增
MS9	景临桥	澜沧江干流景临桥
MS10	右岸小黑江	右岸小黑江汇入口，新增
MS11	左岸小黑江	左岸小黑江汇入口，新增
MS12	碧云桥	碧云桥，新增
MS13	黑河	黑河回水中部(原热水塘)，新增
MS14	糯扎渡水电站	糯扎渡坝大坝前
MS15	糯扎渡坝下	糯扎渡坝下景临桥，新增
MS16	思茅港	思茅港
MS17	景洪水电站	景洪水电站坝上拦污漂
MS18	允景洪	允景洪水文站
MS19	曼安	曼安水文站
MS20	补远江汇口	补远江汇入澜沧江处
MS21	关累	关累水文站

21 个监测点的布设，涵盖了华能澜沧江水电股份有限公司规划环评所设断面(7 个)、中国电建集团昆明勘测设计研究院所设断面(4 个)以及云南大学已实施 2 年监测断面(5 个)；除干流外，考虑到临江工矿业、渔业养殖与城镇污染，在干支流交汇口布设断面，增加了支流沘江、漾濞江、左右岸小黑江及黑河等监测断面，用于辨识污染源来源。各监测断面相对均匀分布，平均相距约 60km(河道距离)，4 个断面位于水文站，考虑到取样的便利性，5 个断面位于公路桥下。糯扎渡水电站 7 个监测断面的布设，与中国水利水电科学研究院已连续监测 3 年的断面匹配，涵盖环评监测断面，也可保证采样工作的通达性和数据的连续性。功果桥及景洪水电站分别位于小湾、糯扎渡水电站的上下游，作为能量、物质和污染源承载力计算的入口和出口，布设了相应监测断面。

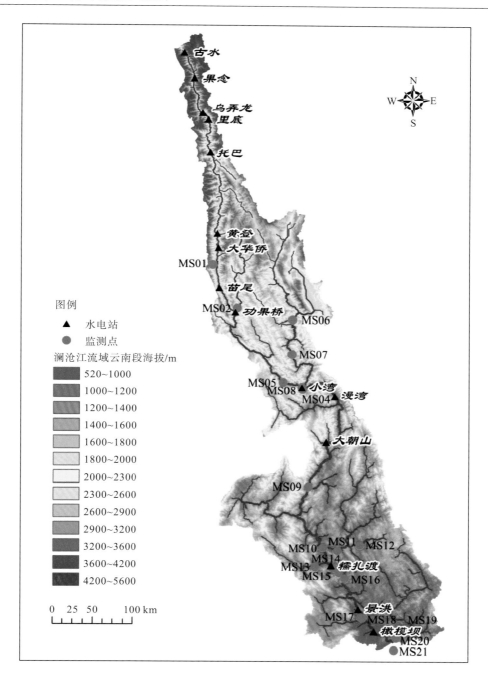

图 7.1　澜沧江流域(云南段)水环境监测点位置示意图

新增断面原因：MS2 沘江入口断面，存在重金属污染风险，沘江上游开发有亚洲最大的铅锌矿，在此断面进行底泥的重金属污染监测；MS4 莽街渡大桥断面，云南大学已实施 2 年的连续监测，作为水温及藻类监测样点；MS6 漾濞江汇口断面，位于永平河与漾濞江交汇处，上游有城镇污染源，为小湾库区污染物沿程降解扩散分析而设立；MS8

小湾坝下断面与 MS15 糯扎渡坝下断面,作为污染物拦截及水温影响对照断面;MS10 右岸小黑江、MS11 左岸小黑江、MS12 碧云桥及 MS13 黑河位于糯扎渡库区支流河段,存在渔业养殖及矿业开发导致的水质污染风险,设计为新增断面用于评估支流水质变化。

基于历史数据分析,各断面污染源存在差异,在开展水质监测时,监测项目做相应调整。常规监测(水位、电导率、pH、水温、DO)基础上,在有重金属污染江段——沘江及旧州水文站(功果桥坝下)开展底泥重金属监测,在小湾水电站及其坝下进行复测,分析沿程变化。在水温监测方面,河道型断面开展表层水温监测,在水深较大、有水温分层现象的小湾、糯扎渡及景洪水电站开展垂向水温监测。

监测断面优化的目的在于以最少的监测断面、最小的人力和物力代价,获得尽可能全面的水环境信息,反映水质动态及其总体环境质量,从而取得对污染源进行有效控制的最佳方法。监测断面优化设置的案例已有很多,但国内外的研究都未给出统一或高度认可的优化方法,这与监测目的不同、监测断面水环境差异较大有密切关联。断面优化布设要求从流域(或子流域)角度出发,将科学与需要相结合,采用宏观与微观、经验设点与技术论证、理论结果与实测检验相结合的方式,使断面布设具备代表性和可操作性。断面优化方法通常有经验方法、基于数理统计的方法、数值模拟方法等,然后根据聚类分析,对全年丰、平、枯水期具有相同聚类结果的断面进行必要的合并,具有相同功能的断面群中,没有设置断面的,则考虑增加监测断面。

澜沧江水环境监测优化布设的主要内容包括:布设断面数目的优化;断面微观位置的确定;依据监测结果确定断面优化组合。优化工作根据前期布设的 37 个断面所获监测数据,采用多种优化方法(物元分析法、模糊聚类法及数值模拟等方法)优化结果取交集的形式,确定去除的监测断面。具体步骤包括:首先,使用各优化方法在丰、平、枯 3 个水期分别作断面优化分析,同一水期共同优化的结果作为该水期建议优化分析断面;然后,各水期待优化断面取交集作为去除断面,最终确定 21 个监测断面。

2. 断面长期自动观测系统

小湾和糯扎渡水电站坝前水域深度均超过 200m,国内尚未见成熟的观测方案和案例。本书研究中除自行设计制作了垂向观测装置外,也根据需要布设了垂向温度观测链。

自主设计的垂向水温监测设备(陆颖等,2016)为固定于水面的浮漂平台,在浮漂平台上固定有滑轮组件,在该滑轮组件上绕有固定缆绳,在固定缆绳的一端固定有配重,另一端固定有悬沙采集筒,在配重与悬沙采集筒之前的固定缆绳上设置有若干温度传感器,结构见图 7.2 和图 7.3,传感器采用美国 ONSET 公司制造的 U22 和 UTBI 两种自动测温仪器。U22 防水深度为 120m,UTBI 防水深度为 300m。根据已有文献,西南岭谷区大型水库跃温层多数出现至 40m 水深之下。因此,布设实验设计遵循"表层加密,深层稀疏"的原则,U22 监测表层水温,UTBI 紧随其后,布设向深层水域延伸。共使用 U22 和 UTBI 各10 个,小湾水电站坝前区域垂向水温布设间隔见表 7.7,采样时间间隔为 30min。监测 5个月后,改进了该设备,研发出浮台式水温观测链,数据通过远距离无线电(long range radio,LORA)或 4G 信号回传服务器,结构图及实施现场见图 7.4~图 7.6。

表 7.7　小湾坝前水温监测设备及其布设水深间隔

编号	水深/m	设备
01	1	U22
02	3	U22
03	5	U22
04	7	U22
05	9	U22
06	11	U22
07	15	U22
08	18	U22
09	21	U22
10	25	U22
11	30	UTBI
12	35	UTBI
13	40	UTBI
14	45	UTBI
15	50	UTBI
16	60	UTBI
17	80	UTBI
18	120	UTBI
19	160	UTBI
20	200	UTBI

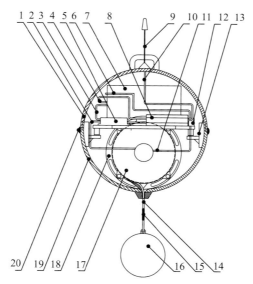

图 7.2　浮球式垂向水温自动监测系统(结构图)

注：1.浮力球上半壳体；2.数据输入线；3.数据收发组件电源线；4.4G 信号发射器电源线；5.数据收发组件；6.卷扬控制器电源线；7.电池组；8.4G 信号发射器；9.天线；10.信号连接线；11.卷扬器控制线；12.卷扬控制器；13.支座；14.测量线缆；15.测量探头；16.配重块；17.卷扬器；18.固定架；19.浮力球下半壳体；20.密封胶条。

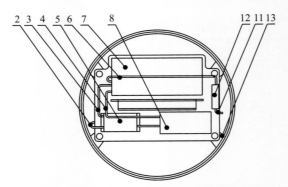

图 7.3　浮球式垂向水温自动监测系统（俯视图）
注：图中数字含义同图 7.2。

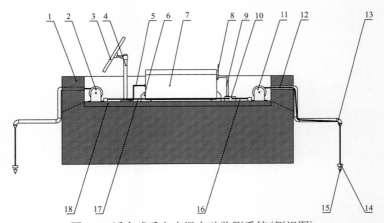

图 7.4　浮台式垂向水温自动监测系统（侧视图）
注：1.漂浮体；2.测量探头线缆卷扬机①；3.太阳能板；4.太阳能板支架；5.太阳能供电线；6.数据收集箱固定扣；7.数据收集箱；8.天线；9.数据收集输入线保护管；10.数据收集集线盒；11.测量探头线缆卷扬机②；12.测量探头线缆；13.测量探头线缆支架管；14.测量探头；15.配重物；16.数据输入线①；17.数据输入线②；18.底座固定板。

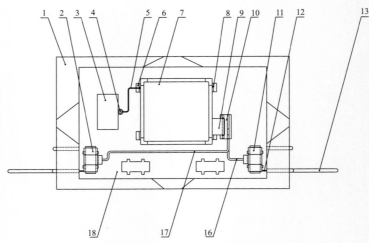

图 7.5　浮台式垂向水温自动监测系统（俯视图）
注：图中数字代表含义同图 7.4。

图 7.6　浮台式垂向水温自动监测系统布设现场

　　在澜沧江中游地区建立了固定气象观测站,用于陆域气温、湿度、风速、降水量气象要素观测,如图 7.7 所示。观测位置位于小湾、糯扎渡、景洪等水电站内,采用混凝土浇灌,使用全球主流生产商制造的仪器设备,开展标准化观测,形成了从水下到地上的综合、连续、自动观测体系。观测系统的核心仪器是美国 ONSET 公司生产的 U30 全要素气候站,由气象传感器、数据采集器、电源系统、野外防护箱和安装支架等部分构成。风速风向等传感器为气象专用传感器,具有高精度、高可靠性的特点。数据采集器具有气象数据采集、实时时钟、气象数据定时存储、参数设定、人机界面和标准通信功能。

图 7.7　小湾水电站陆域气象观测系统

7.1.3 流域水环境特征

1. 营养盐时空分布

澜沧江河道水体中的 TN 包括有机氮、NH_3-N(铵离子+游离氨)和硝态氮(硝酸盐氮+亚硝酸盐氮),其价态随着水体生物的利用过程而变化。在水生生态系统中,有机氮被异养微生物转化为 NH_3-N,然后由硝化细菌转化为硝态氮,硝态氮则由硝化细菌异化还原为氮气(N_2)。其余部分氮被微生物同化,进入生物体,最终转化为活性污泥组分。

在考虑水污染时,一般认为 TN 是总凯氏氮(total Kjeldahl nitrogen,TKN)和硝态氮的加和,TKN 是有机氮和 NH_3-N 的加和。TKN 测定值覆盖 NH_3-N 和在硫酸热消解条件下能转化为铵盐的有机氮化合物。排除澜沧江水体中氮背景值,输入性氮主要来源于生活污水、工业废水及地表径流。生活污水中,有机氮(尿素与含氮有机物)占 TN 的 60%左右,其余为 NH_3-N。尿素又称碳酰胺(carbamide),工业上用氨气和二氧化碳在一定条件下合成,在天然环境中易分解为 NH_3-N 和 CO_2,生活污水中的硝态氮和不可生物氨化的有机氮含量均很低。而工业废水,如化肥、制革、食品、煤炭加工废水,含氮量较高,而化工类废水可能含有比例较高的硝态氮及不可生物降解的有机氮,此类有机氮易造成河水 TN 超标。

按照《地表水环境质量标准》(GB 3838—2002)的水域划分标准,澜沧江水质功能应至少满足Ⅲ类水标准,即集中式生活饮用水地表水源地二级保护区、鱼虾类越冬场、洄游通道、水产养殖区等渔业水域及游泳区,各标准限值见表 7.8。

表 7.8 《地表水环境质量标准》(GB 3838—2002)基本项目标准限值

序号	项目		I 类	II 类	III 类	IV 类	V 类
1	水温/℃		人为造成的环境水温变化应限制在:周平均最大温升≤1 周平均最大温降≤2				
2	pH		6~9				
3	溶解氧/(mg/L)	≥	饱和率为90%(或7.5)	6	5	3	2
4	高锰酸盐指数/(mg/L)	≤	2	4	6	10	15
5	化学需氧量(COD)/(mg/L)	≤	15	15	20	30	40
6	五日生化需氧量(BOD_5)/(mg/L)	≤	3	3	4	6	10
7	氨氮(NH_3-N)/(mg/L)	≤	0.15	0.5	1.0	1.5	2.0
8	总磷(以 P 计)/(mg/L)	≤	0.02(湖、库 0.01)	0.1(湖、库 0.025)	0.2(湖、库 0.05)	0.3(湖、库 0.1)	0.4(湖、库 0.2)
9	总氮(湖、库,以 N 计)/(mg/L)	≤	0.2	0.5	1.0	1.5	2.0

序号	项目		标准值				
			I 类	II 类	III 类	IV 类	V 类
10	铜/(mg/L)	≤	0.01	1.0	1.0	1.0	1.0
11	锌/(mg/L)	≤	0.05	1.0	1.0	2.0	2.0
12	氟化物(以 F⁻计)/(mg/L)	≤	1.0	1.0	1.0	1.5	1.5
13	硒/(mg/L)	≤	0.01	0.01	0.01	0.02	0.02
14	砷/(mg/L)	≤	0.05	0.05	0.05	0.1	0.1
15	汞/(mg/L)	≤	0.00005	0.00005	0.0001	0.001	0.001
16	镉/(mg/L)	≤	0.001	0.005	0.005	0.005	0.01
17	铬(六价)/(mg/L)	≤	0.01	0.05	0.05	0.05	0.1
18	铅/(mg/L)	≤	0.01	0.05	0.05	0.05	0.1
19	氰化物/(mg/L)	≤	0.005	0.05	0.02	0.2	0.2
20	挥发酚/(mg/L)	≤	0.002	0.002	0.005	0.01	0.1
21	石油类/(mg/L)	≤	0.05	0.05	0.05	0.5	1.0
22	阴离子表面活性剂/(mg/L)	≤	0.2	0.2	0.2	0.3	0.3
23	硫化物/(mg/L)	≤	0.05	0.1	0.2	0.5	1.0
24	粪大肠菌群/(个 / L)	≤	200	2000	10000	20000	40000

2015 年 7 月至 2016 年 7 月，开展了 21 个监测点的水体氨氮监测，监测结果当中有 96.6%的氨氮含量未超过《地表水环境质量标准》(GB 3838—2002)III 类水标准,低于 1mg/L 浓度标准,水质较好。监测结果当中有 85%的氨氮含量未超过《地表水环境质量标准》(GB 3838—2002) II 类水标准，低于 0.5mg/L。MS6、MS13、MS14、MS15 的 4 个断面氨氮含量超过III类水标准，其中 MS6 监测点位于漾濞江永平河交汇处，区域内农业较为发达,且人口相对稠密,农业和生活污染源产生较多排放。MS13、MS14 和 MS15 监测点位于糯扎渡电站前后，于 2015 年 7 月超标，主要是由于 7 月降水增多引起污染物随水流入黑河，进而流入糯扎渡水库，导致糯扎渡水电站上下氨氮浓度超标。

时间尺上，氨氮浓度超标的有两个时间段和 4 个断面，其中 2015 年 7 月氨氮含量超标的 4 个断面为 MS6、MS13、MS14、MS15，2016 年 1 月超标的为 MS13 断面。初步判断 2015 年 7 月 4 个断面为区间降水导致面源污染物进入水体，2016 年 1 月断面 S13 黑河回水中部超标的原因主要是由于 1 月水量较小，但排入水体的污染物几乎不变，进而导致水体氨氮含量较高。

图 7.8～图 7.12 为澜沧江各监测点多时段水体氨氮含量变化监测结果。

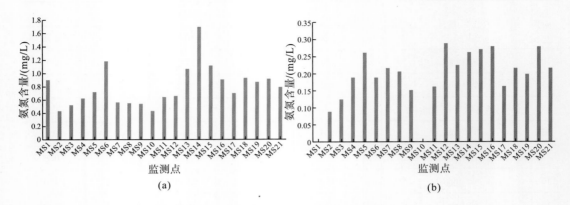

图 7.8　2015 年 7 月（a）、9 月（b）各监测点氨氮含量

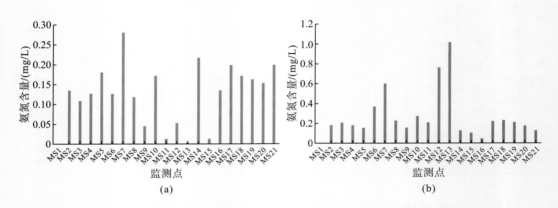

图 7.9　2015 年 11 月（a）、2016 年 1 月（b）各监测点氨氮含量

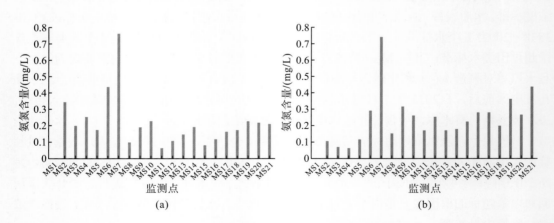

图 7.10　2016 年 3 月（a）、5 月（b）各监测点氨氮含量

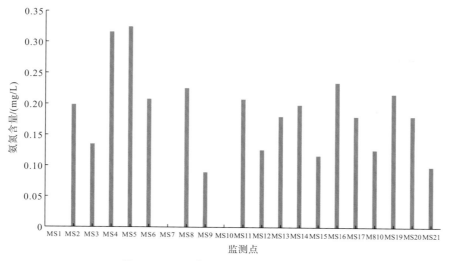

图 7.11　2016 年 7 月各监测点氨氮含量

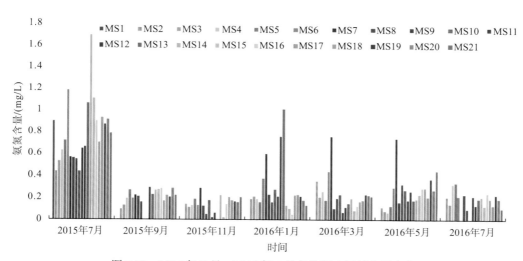

图 7.12　2015 年 7 月～2016 年 7 月各监测点氨氮含量变化

2. 总磷(TP)

磷酸盐是藻类和微生物生存繁殖的必要营养物质，同时也是造成水质超标、水体富营养化的主要原因。进入澜沧江河道的人为磷酸盐来源主要是城镇污水，通常以正磷酸盐、聚合磷酸盐和有机磷等多种形式存在，以总磷(TP)表达各种磷的总含量。各种形式的磷中，正磷酸盐最易被藻类和微生物吸收利用，也称为生物可利用磷；而无机磷酸盐沉淀物则难以被藻类和微生物利用，称为生物不可利用磷；聚合磷酸盐在酸性条件或生物作用下可水解为正磷酸盐。

水体中的过量磷主要来源于肥料、农业废弃物和生活污水。生活污水中磷酸盐的主要来源是洗涤剂，除了引起水体富营养化外，还在水体表面产生大量泡沫。澜沧江梯级水电开发形成若干大型水库，河流向湖泊转变，水电大坝坝前区域水体常年呈湖泊形式，从而造成了磷酸盐的累积效应。沉积在库底底泥中的聚合磷酸盐在还原状态下会成为"磷源"，释放磷酸盐，从而增加水体磷的含量，即使无外源磷酸盐输入，水体富营养化程度也不会降低。原因在于，长期在水库底部沉积了大量富含磷酸盐的沉淀物，它由于不溶性的铁盐保护层作用通常不会与水体混合。但是，当底层水含氧量低而处于还原状态时（通常在夏季水温分层、水体分层时出现），保护层消失，从而使磷酸盐释入水体中。基于这一现象，判断磷酸盐来源的时空分布格局变得异常复杂。

澜沧江流域云南段 21 个监测点的水体总磷监测结果（图 7.13～图 7.17）显示，空间分布上，除 MS3、MS6、MS9 和 MS19 监测点外，其余监测点水体总磷含量未超过《地表水环境质量标准》（GB 3838—2022）Ⅲ类水标准，低于 0.2mg/L 浓度标准。MS3 位于功果桥水电站的坝下水文站，总磷含量超标时间为 2015 年 7 月和 9 月以及 2016 年 7 月，处于汛期，初步判断为 7 月水库泄水引起底泥当中的含磷物质下泄造成；MS6 位于漾濞江永平河交汇处和 MS9 位于澜沧江水干流景临桥，与氨氮超标情况类似，区间人口稠密，农业发达，承接了上游的生活和农业污染，造成水质超标；MS19 监测点位于漫湾库区以下断面曼安，漫湾库最高值产生在曼安监测点，原因是区间内大量种植橡胶、香蕉等经济作物，含磷类化肥施用量较大污染主要产生在澜沧江一级支流补远江流域，浓度随支流汇入干流后逐渐削减。时间尺度上，总磷含量超标的 4 个断面，其超标时间出现在 2016 年 5 月和 2016 年 7 月，为全年主汛期，初步判断为区间降水导致面源污染物进入水体。

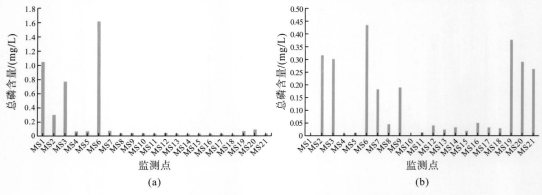

图 7.13　2015 年 7 月(a)、9 月(b)各监测点总磷含量

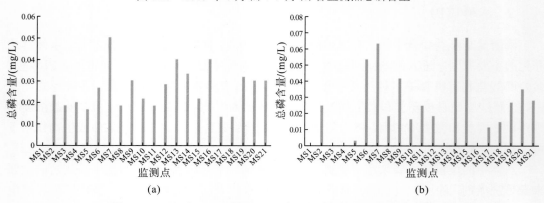

图 7.14　2015 年 11 月(a)、2016 年 1 月(b)各监测点总磷含量

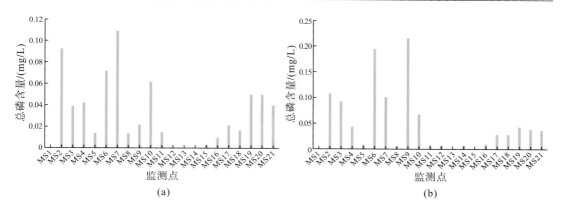

图 7.15　2016 年 3 月 (a)、5 月 (b) 各监测点总磷含量

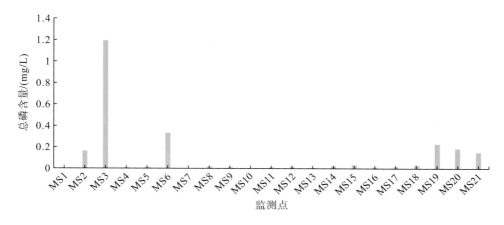

图 7.16　2016 年 7 月各监测点总磷含量

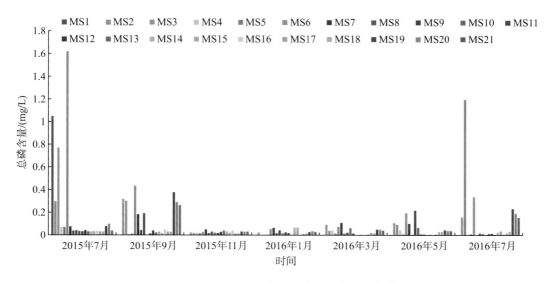

图 7.17　2015~2016 年各监测点总磷含量时间变化

3. 澜沧江水体重金属分布

水体重金属主要来自采矿、冶金、化工、电子等工业废水。亚洲最大铅锌矿——兰坪铅锌矿位于澜沧江流域中游，功果桥水库段一级支流沘江流域，虽然采取了系列工业废水处理措施，但水体中重金属含量历来受到多方关注。重金属污染的特征是其在水体中不能被生物降解，而只能发生各种形态间的相互转化、扩散和富集。重金属通常被水中的悬浮物或泥沙等胶体物质吸附而富集；也可与硫酸根、碳酸根化合形成氢氧化物、硫化物和碳酸盐类沉积物，使重金属从悬浮粒子或底泥中释放进入水体；某些重金属还可被微生物转化，如无机汞通过微生物转化为毒性更强的甲基汞；水体环境中的重金属价态亦会发生转变，如氧化环境中的铬多以高价态 Cr(Ⅵ)存在。这一系列过程即为重金属在水环境中的迁移转化。由于天然水体环境复杂，重金属进入水体后，其迁移、转化也因环境条件的改变而变得异常复杂。重金属可能存在于水相，也可能在悬浮物或底泥沉积物中，当外部条件改变时，也可能发生液相与固相的相互转化。重金属的价态及存在形式的差异，导致其毒性差异巨大。

重金属虽不能被生物分解，但可以在生物体内吸附、积累并得到富集，汞(Ag)及其他重金属被微生物转化后形成金属有机物，并通过植食性动物富集至鱼体内，最终可能进入人体，产生严重健康风险。

不同种类重金属在水体中的迁移、转化行为各不相同，既取决于其自身化学特性，又与环境条件相关。本书重点关注毒性较大的 Hg、Cd、Pb、As 等元素的水体时空分布。

1)汞(Hg)

澜沧江流域的汞污染主要来自沘江流域铅锌矿开发中的工业废水，此外，农药中也含有有机汞。水体中的悬浮物和底质胶体，如氧化硅、腐殖质等对汞有强烈的吸附作用，能吸附大量溶解性汞，从而限制了汞的扩散能力。汞通常吸附沉降至底泥中，向沉积物转移，已有研究表明(环境水化学)，在直接受污染的水体中，底质中汞的含量远远大于水体(水相)中含量，汞污染物迁移距离通常较近，集中在排放口附近的底泥及悬浮物中。

澜沧江流域云南段水体汞含量监测结果(图 7.18)显示，空间分布上，监测点水体 Hg含量监测结果 82%未超过《地表水环境质量标准》(GB 3838—2002)中Ⅲ类水标准，低于0.001mg/L 浓度标准，全部监测点均未超过Ⅳ类水标准。年平均值较高监测点出现在 MS2、MS3、MS4、MS8 及 MS9，分别位于功果桥和小湾库段，其中最高汞含量监测点位于 MS8，即小湾水库，显示小湾水库汇集了较多的汞。初步判断水体中的 Hg 主要来自高环境背景含量和支流沘江铅锌矿区。其余监测点汞含量均较低。Hg 浓度较高的 5 个断面，其超标时间出现在 11 月至次年 5 月，为全年枯水期。6 月至次年 10 月，全流域水体中 Hg 含量均在Ⅱ～Ⅲ类水质标准内。

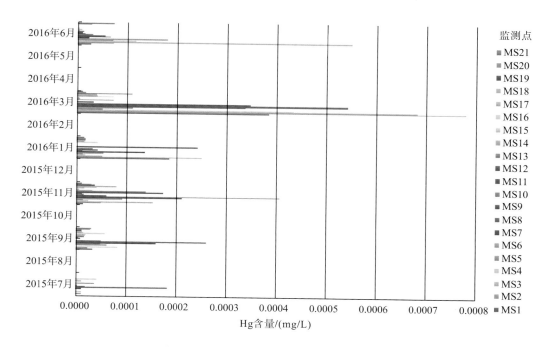

图 7.18　2015～2016 年各监测点 Hg 含量

2) 镉（Cd）

镉污染主要来自采矿、冶金、垃圾焚化处理、电镀和肥料生产等，澜沧江流域的工业不发达，镉污染主要来自采矿业。镉对人体危害较大，低浓度下即可显出毒性。镉是一种扩散能力较强的元素，在水体中也称为水迁移性元素，在河流水体中主要以化合物 $CdCl^+$ 和 $CdCl_2$ 形式存在。Cd 的吸附与解吸与水体 pH 密切相关，在 pH 较高的水体中，泥沙颗粒、氧化物、氢氧化物胶体及腐殖酸等对镉有强烈吸附作用；但当 pH 降低到一定范围，则呈现负吸附即解吸状态，此时氧化物中的镉又可以被释放至水体中。此外，水体中镉的分布还与氧化还原电位相关，随着水体氧化性增强，吸附在沉积物中的镉化合物会逐渐解吸释放至水相；反之，水体还原性提高，沉积物对镉的吸附能力增强。镉类化合物具有较大的脂溶性、生物富集性和毒性，并在动植物和水生生物体中蓄积。

澜沧江流域云南段水体镉含量监测结果显示(图 7.19)，空间分布上，流域监测点水体 Cd 含量均未超过《地表水环境质量标准》（GB 3838—2002)Ⅲ类水标准，低于 0.005mg/L 浓度标准。多数断面含量低于 0.001mg/L，达到《地表水环境质量标准》（GB 3838—2002）Ⅰ类水标准。水体 Cd 含量平均值最高监测点出现在 MS2 及 MS7，分别位于功果桥和小湾库段的沘江入汇口和黑惠江，其余断面 Cd 含量较高的监测点 MS3 和 MS6 也处于功果桥至小湾库段，初步判断水体中的 Cd 主要来自高环境背景含量和支流沘江，其余监测点含量均较低。11 月至次年 5 月间，全流域水体中 Cd 含量均在Ⅰ-Ⅱ类水质标准内。

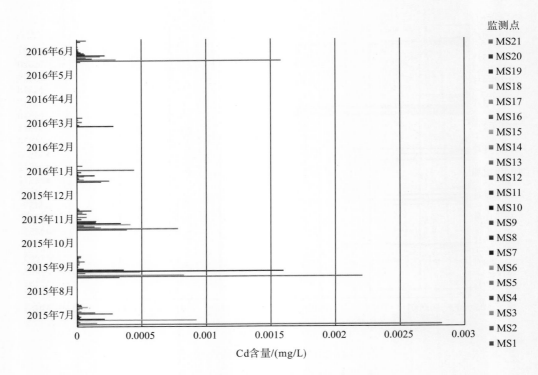

图 7.19　2015～2016 年各监测点 Cd 含量

3) 铅(Pb)

　　铅除来源于自然界本身外,人类扰动是主要的污染源,工业废水和含铅矿产开采是大规模铅污染的主要原因。澜沧江沘江流域的铅锌矿开采可视为澜沧江流域主要的铅污染源。除去未经处理或处理不完全的开矿废水,挟带大量铅元素经由沘江进入澜沧江外,大气降水降尘也是铅化合物扩散、进入澜沧江水体的主要途径。一般情况下,水体中的铅化合物(如 Pb^{2+})含量较低,一个原因是铅化合物难溶解于水,另一原因是铅极易被水中悬浮物(如黏土粒子)吸附,吸附物趋于沉淀形成底泥。因此铅的迁移扩散能力和扩散范围有限,与汞一样,铅元素趋向于集中在排放口附近的底泥和悬浮物中,其自净能力较强。但是,铅也能随悬浮物被河水搬运至下游。

　　澜沧江流域云南段水体铅含量监测结果显示(图 7.20),流域监测点水体铅含量未超过《地表水环境质量标准》(GB 3838—2002)Ⅲ类水标准,低于 0.05mg/L 浓度标准。年平均值较高监测点出现在 MS2、MS3、MS6 及 MS7,分别位于功果桥和小湾库段,其中最高值出现在 MS2,即沘江入汇口监测点,初步判断水体中的铅主要来自高环境背景含量和支流沘江。其余监测点水体中铅含量均低于 0.01mg/L,达到《地表水环境质量标准》(GB 3838—2002)Ⅰ类水标准,11 月至次年 5 月,全流域水体中铅含量均在Ⅰ～Ⅱ类水质标准内。

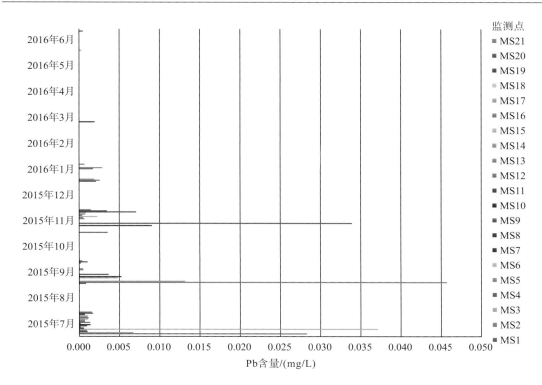

图 7.20　2015～2016 年各监测点 Pb 含量

4) 砷 (As)

砷污染物主要来源于化学工业、冶金工业和采矿业的副产品，常存在于工业废水和废气中。澜沧江流域的砷应主要来源于支流沘江流域的矿业开采业。砷并非动物和人体必需元素，而且砷化合物，无论是无机砷还是有机砷均含毒性。

进入水体的砷元素可以与水中的各种物质发生作用，如沉淀、吸附、氧化还原、配位交换及生物化学反应等。这些作用导致砷元素在水体发生水流迁移、沉积迁移、气态迁移和生物迁移等过程。溶解性较好的砷化合物可随水体流动而迁移，砷相对于汞、铅等重金属更易发生水流迁移；砷也可吸附到黏粒上，进入金属离子沉淀中，从水体析出迁移到底质，已有研究表明，铁对砷(砷酸盐)的吸附能力很强，砷的沉淀迁移与黏粒中铁的含量成正比；水体中的砷厌氧菌(如甲烷菌)可使水体中的无机砷还原发生甲基化，形成有机砷化合物，此类砷通过生物的有机化作用，实现了砷元素的自然解毒过程。

澜沧江流域云南段水体砷含量监测结果显示(图 7.21)，流域监测点水体 As 含量未超过《地表水环境质量标准》(GB 3838—2002)Ⅲ类水标准，低于 0.05mg/L 浓度标准。砷含量平均值较高监测点出现在 MS2、MS3、MS6、MS7 及 MS8，位于功果桥和小湾库段，初步判断水体中的砷主要来源于高环境背景含量和支流沘江，其余监测点砷含量均较低。此 5 个断面，As 含量较高的时间出现在 6 月和 7 月，在全年主汛期当中，初步判断为区间降水导致面源污染物进入水体。

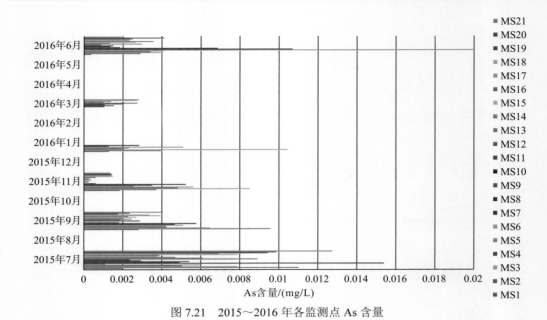

图 7.21　2015～2016 年各监测点 As 含量

4. 功果桥-小湾库段泥沙重金属分布

2015 年开展了功果桥-小湾库段河流泥沙采集，用于分析泥沙中重金属分布的时空规律。采样结果显示（图 7.22 和图 7.23），8 月、11 月功果桥库区坝上泥沙（底泥、悬沙）中 Zn 含量平均值分别为 690.65mg/kg 和 388.38mg/kg，超过了表 7.9 所示的《土壤环境质量　农用地土壤污染风险管控标准（试行）》（GB 15618—2018）规定的风险筛选值，其中功果桥库区 8 月坝上悬沙中、11 月坝上底泥中 Zn 含量超过了风险筛选值。8 月功果桥库区泥沙

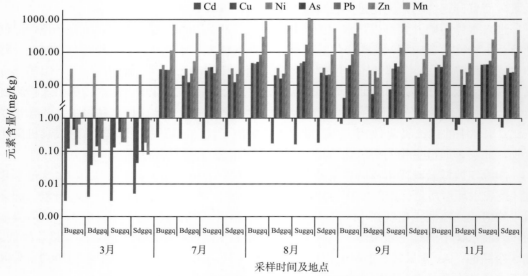

图 7.22　功果桥水库泥沙中重金属元素含量的分布图

注：Buggq、Bdggq 分别为功果桥坝上、坝下底泥；Suggq、Sdggq 分别为功果桥坝上、坝下悬沙，下同。

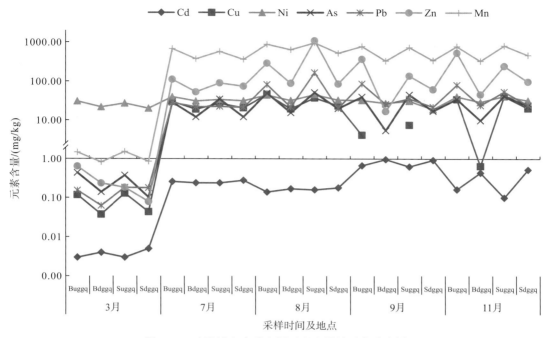

图 7.23　功果桥水库重金属元素含量的时空分布图

（底泥、悬沙）中 Pb 的平均含量为 125.03mg/kg，超过《土壤环境质量　农用地土壤污染风险管控标准（试行）》（GB 15618—2018）规定的风险筛选值。8 月、11 月功果桥水库坝上泥沙 Cu 含量超过《土壤环境质量　农用地土壤污染风险管控标准（试行）》（GB 15618—2018）规定的风险筛选值；7~11 月，功果桥库区坝上泥沙中的 Mn 含量和 As 含量也明显超过风险筛选值；9 月、11 月功果桥坝下泥沙中 Cd 的含量均超了规定的风险筛选值。功果桥水库泥沙中 7 种重金属（Cu、As、Pb、Mn、Ni、Cd、Zn）含量的变化受季节径流量影响明显，丰水期重金属含量较高，平水期含量仍偏高；空间上，受水电大坝阻隔的影响，除 Cd 含量外，坝上库区泥沙中重金属总体含量均超过坝下。

表 7.9　《土壤环境质量　农用地土壤污染风险管控标准（试行）》（GB 15618—2018）（单位：mg/kg）

序号	污染物项目 [a,b]		风险筛选值			
			pH≤5.5	5.5＜pH≤6.5	6.5＜pH≤7.5	pH＞7.5
1	镉	水田	0.3	0.4	0.6	0.8
		其他	0.3	0.3	0.3	0.6
2	汞	水田	0.5	0.5	0.6	1
		其他	1.3	1.8	2.4	3.4
3	砷	水田	30	30	25	20
		其他	40	40	30	25
4	铅	水田	80	100	140	240
		其他	70	90	120	170

序号	污染物项目 [a,b]		风险筛选值			
			pH≤5.5	5.5<pH≤6.5	6.5<pH≤7.5	pH>7.5
5	铬	水田	250	250	300	350
		其他	150	150	200	250
6	铜	水田	150	150	200	200
		其他	50	50	100	100
7	镍		60	70	100	190
8	锌		200	200	250	300

注：[a] 重金属和类金属砷均按元素总量计。[b] 对于水旱轮作地，采用其中较严格的风险筛选值。

因《土壤环境质量 农用地土壤污染风险管控标准(试行)》(GB 15618-2018)不涉及 Mn 元素含量的评价，本研究 Mn 元素背景值采用云南重金属元素背景值的几何平均值，为 461mg/kg(国家环境保护局和中国环境监测总站，1990)。

从图 7.24 和图 7.25 可以看出，小湾库区 2015 年 11 月坝上及 2016 年 7 月坝下、11 月坝上、坝下泥沙中 Zn 含量均超过《土壤环境质量农用地土壤污染风险管控标准(试行)》(GB 15618—2018)规定的风险筛选值；2016 年 11 月，小湾水库坝上、坝下泥沙中 Pb 含量明显偏高，超过了规定的风险筛选值，Cu 含量明显高于 2015 年该时期，且超过了规定的风险筛选值；2015～2016 年(除 2016 年 3 月以外)Hg 含量都不高，均未超过规定的风

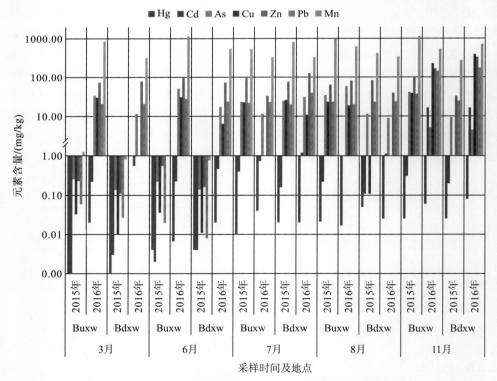

图 7.24　2015～2016 年小湾水库泥沙中重金属元素含量的分布图

注：Buxw、Bdxw 分别为小湾坝上、坝下泥沙。

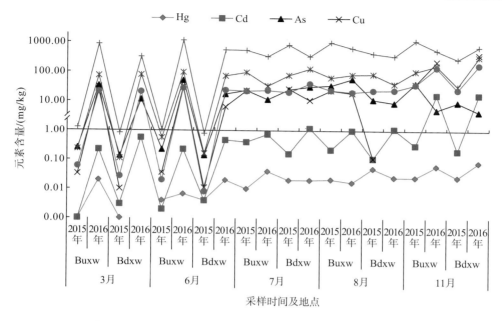

图 7.25　2015～2016 年小湾水库重金属元素含量的时空分布图

注：Buxw、Bdxw 分别为小湾坝上、坝下泥沙。

险筛选值；2016 年 As 的含量总体高于 2015 年，其中 3 月、6 月、8 月坝上 As 含量均超过了规定的风险筛选值；2016 年 Cd 含量明显高于 2015 年，其坝下含量均超过了规定的风险筛选值，11 月坝上、坝下泥沙中 Cd 含量超过了规定的风险筛选值十几倍，严重超标，且会造成坝下局部水域 Cd 污染事件；2016 年 3 月、6 月重金属含量明显超过 2015 年。水库泥沙中重金属含量变化受季节径流量影响明显，雨水挟沙、径流量增加导致河道中重金属含量也较高。

兰坪铅锌矿区下游的功果桥库区 Pb、Zn 污染明显，其中 8 月坝上悬沙中 Zn 含量、11 月坝上底泥中的含量超过了《土壤环境质量农用地土壤污染风险管控标准(试行)》(GB 15618—2018)规定的风险筛选值，主要原因是支流沘江的汇入，沘江上有亚洲最大的兰坪铅锌矿，近些年大规模的开采导致流域内较严重的重金属污染。2016 年 3 月、6 月重金属含量明显超过 2015 年，主要原因是 2016 年云南地区雨水较 2015 年明显增多，是丰水年，雨水挟带大量富集重金属的泥沙汇入河流，导致 2016 年 3 月、6 月河道中泥沙重金属含量偏高。小湾水库泥沙中 As、Cd 污染较重，其含量较高有多种原因，可能由于上游采矿活动或者库区周围农业生产大量使用 As、Cd 含量较高的化肥、农药，雨水集中冲刷，挟带着 As、Cd 超标的泥沙汇入澜沧江被水电大坝拦截，导致重金属富集，产生超标现象。

5. 澜沧江水体叶绿素 a 含量变化

水体中叶绿素 a 起着中心传递体的作用，其含量是表征光能自养生物量的重要指标(刘冬燕等，2003)。叶绿素是藻类重要的组成成分之一，所有的藻类都含有叶绿素 a，叶绿素的含量与该水体藻类的种类、数量及发育状况等密切相关(高玉荣，1992；于海燕等，

2009)，也与水环境质量有关(Brown et al.，1999；翁笑艳，2006；Béchet et al.，2013；Olsen et al.，2015)。

　　叶绿素 a 是藻类进行光合作用的重要色素且易于分析测试，其在水中的含量通常被用于表征水中藻类总体含量，以及评判水体的营养状态，是水环境科学中的关键参数。特定水域不同藻类光合作用效率、生长速率存在较大差别，不同藻类细胞内叶绿素 a 含量的相对水平也显著不同，各藻种对水中叶绿素 a 总量的贡献程度存在差异。吴忠兴等(2012)对中国淡水水体常见水华束丝藻种类的形态和生理特性进行了系统研究，结果发现柔细束丝藻的叶绿素a含量显著低于束丝藻和依沙束丝藻的叶绿素a含量。胡雪芹等(2012)根据2009年10月～2010年9月进行的淀山湖生态调查资料，探讨了浮游植物叶绿素a含量与浮游植物密度的水平与时间分布特征，通过对叶绿素 a 含量与浮游植物密度的相关性分析表明，浮游植物总密度与叶绿素 a 含量在 0.01 水平下显著相关，蓝藻门、硅藻门、隐藻门浮游植物对叶绿素 a 含量的贡献较高，不同浮游植物对叶绿素 a 含量的贡献率随季节发生变化。Oh 等(2000)研究了铜绿微囊藻生长阶段以及溶液中氮磷比对铜绿微囊藻叶绿素和微囊藻素含量的影响，结果发现，当铜绿微囊藻处于对数生长期时，体内的叶绿素a含量最高。

　　叶绿素a含量的分布变化受光辐强度、温度、透明度和营养盐等因素的影响。有关叶绿素a与理化因子相关性研究已有人做了大量工作。邓河霞等(2011)采用 2010 年贵州高原红枫湖水库叶绿素 a 和理化因子的逐月监测数据分析了叶绿素 a 含量的分布、动态及其与环境因子的关系。研究表明，在时间上，叶绿素a含量排列为夏季>冬季>春季，且在7月含量最高，其原因可能是降雨挟带充足的磷进入红枫湖，使浮游植物迅速增殖；在空间上，由于受红枫湖水库磷污染源的空间分布以及浮游植物生长为磷限制的影响，南湖上游有工业点源和城市生活废水的输入，因此叶绿素 a 含量沿入湖河流至大坝出水逐渐降低，总体上南湖高于北湖。Brown 等(1999)研究了季节变化对印度洋藻类和叶绿素的影响，结果显示，藻类数量与叶绿素含量在雨季结束(11 月)最大，而在旱季结束(3～5 月)最小，11 月叶绿素含量较 5 月高 4 倍。旱季随着海水表面温度的上升以及光照强度的增加，藻类数目和叶绿素含量随之减少；反之，雨季结束后，海水表面的温度下降，光照强度减弱，藻类数目和叶绿素含量显著增加。

　　在国内，叶绿素a多用来评价海洋、湖泊富营养程度(姚云和沈志良，2004；李未等，2016)、鱼塘肥力(黎华寿等，2003)、推算初级生产力(朱明远等，1993；李艳红等，2016)及渔业产量(陈新军和赵小虎，2005)等，但作为主要生态学指标表征梯级水电站的富营养化程度的工作开展较少。为了解澜沧江受梯级水利水电项目影响下的水质情况，预防和减轻水体富营养化程度，保护澜沧江自然景观，提高水源质量，于 2015 年 7 月～2016 年 7月做了理化指标的全面调查，对澜沧江水质进行了综合评价，同时还研究了叶绿素a含量和其他相关理化指标、营养盐含量之间的关系。

　　图 7.26 是监测点 1 年内 7 次水环境监测中叶绿素 a 含量的时间序列，可见澜沧江叶绿素 a 含量有较为显著的季节性变化特征。为分析叶绿素 a 含量的时空分布特征，收集了2015 年 7 月～2016 年 7 月每一到两个月的叶绿素 a 含量，并以典型月份 11 月至次年 1 月、3～5 月、7 月、9～10 月的叶绿素 a 含量分别代表冬、春、夏、秋季节的叶绿素含量分布，同时，为了更详细地描述澜沧江叶绿素 a 含量的时空变化特征，特选取高山河谷——功果

桥，高原山地高坝——小湾和糯扎渡、中山宽谷——景洪等三个典型区域，以及澜沧江干流(11 个断面)和支流(10 个断面)并结合环境动力因素进行分析。

夏季和秋季，叶绿素 a 含量普遍较高，澜沧江流域叶绿素 a 含量分布基本呈现干流高于支流的特征，该特征在 7 月尤为显著。其他季节中，不同监测断面的叶绿素 a 含量波动较大。上、中、下游叶绿素 a 含量差异不明显。

冬季和春季，澜沧江监测断面上叶绿素 a 含量普遍呈现下降趋势，尤其是 5 月，整个澜沧江叶绿素 a 含量基本达到全年的最低值，多个监测断面的叶绿素 a 含量基本降到 0.02μg/L 以下。春季 3 月澜沧江叶绿素 a 含量显著高于 5 月($p < 0.001$，T 检验)。与夏季和秋季相似，冬季和春季上、中、下游叶绿素 a 含量差异不明显。

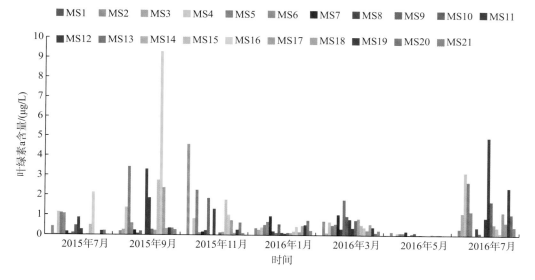

图 7.26　2015～2016 年澜沧江高坝大库水环境监测点叶绿素 a 含量变化

由图 7.27 可知，从地形上分析，功果桥所处的高山河谷区，叶绿素 a 含量受季节变化的影响不明显，最高值出现在 2016 年 7 月，2015 年 11 月和 2016 年 5 月出现极小值。整体来说高山河谷区的叶绿素 a 含量在夏季和秋季较高。小湾和糯扎渡水电站均属于高原山地高坝区，这一区域的叶绿素 a 含量明显高于高山河谷和中山宽谷区，季节性变化趋势不太明显，但 2016 年 5 月仍然出现极小值。该区域整体上也是夏季和秋季的叶绿素 a 含量略高于冬季和春季。景洪库区所处的中山宽谷区，叶绿素 a 含量有较明显的季节性变化，其趋势和以上两个区域基本保持一致，呈现夏季和秋季叶绿素 a 含量较高、冬季和春季叶绿素 a 含量较低的趋势。

澜沧江是一条典型的南北蜿蜒的国际河流，流域上下游间地势高差大，云南段地形以纵横交错的河谷和起伏多变的山地为主(袁希平和何大明，2002)。因此研究澜沧江上、中、下游季节变化特征和地形地貌特征，有助于了解受梯级水电站影响下叶绿素 a 含量的时空变化特征。澜沧江流域云南段上游段地形上可归为高山河谷区，区内气候属温带和寒温带季风气候，地势高，山体坡大险峻，地形相对简单且具有整体一致性，因此水系分布相对

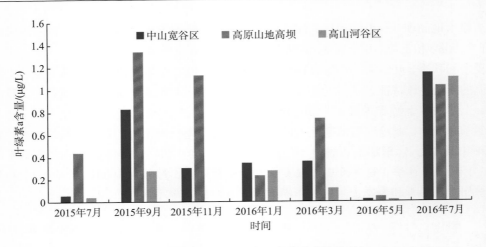

图 7.27   典型区域内叶绿素 a 含量随季节的变化

少而稀疏(袁希平和何大明,2002),其可用于农用耕地的土地仅占土地总量的 8.5%(袁希平和何大明,2002),水体受人为影响较小,加之由于地处温带和寒温带季风季候,导致水中叶绿素 a 含量全年普遍较低。夏季该区域叶绿素 a 含量迅猛升高,2016 年 7 月达到最高值,其原因可能是夏季该区正值汛期,富含营养盐的陆地水源大量注入该区。春季降雨减少,气温也较低,加之冬季河流生物对营养盐的大量消耗,此时水体垂直混合减弱、陆源营养盐也较少(Tang et al.,2004),从而导致春季叶绿素 a 含量较低。这与 Brown 等(1999)的研究结果相似,Brown 等在研究季节变化对印度洋藻类和叶绿素的影响时发现,由于降雨使营养盐大量汇入海洋,加之来自其他藻类的竞争减弱,藻类数量与叶绿素 a 含量在雨季结束(11 月)最大,而在旱季结束(3~5 月)最小,11 月叶绿素 a 含量较 5 月高 4 倍。旱季随着海水表面温度的上升以及光照强度的增加,藻类数目和叶绿素 a 含量随之减少;反之,雨季结束后,海水表面的温度下降,光照强度减弱,叶绿素 a 含量较高的适宜在黑暗中生长的藻类大量繁殖,从而导致藻类数目和叶绿素 a 含量显著增加。

　　流域云南段中游属高原山地高坝区,地表形态起伏较大,境内气候属低纬高原山地中的亚热带季风气候,境内地形地貌的复杂性导致区内气候、土壤等的垂直差异明显,生物环境多样。澜沧江中下游地区尽管地势地貌各不相同,但总体上水系分布相对密集,地形复杂。水库密集分布,导致水体流速减缓、水面面积扩大,加之区域内汇集多条流经人口聚集区的支流,如罗闸河、黑惠江、西洱河等,带来大量营养物质,为藻类发育提供了良好的条件,水体中叶绿素 a 含量高于上游高山河谷区及下游中山宽谷区。

　　澜沧江流域云南段下游的景洪市为中山宽谷区,地处横断山纵谷区南端的澜沧江大断裂带两侧,东部为无量山尾梢,西部是怒山余脉,地势北高南低。境内地貌为高原山地和相间分布的山间盆地,属热带湿润季风气候,常夏无冬,干湿季分明。该区域内全年温度较高,适宜藻类等对叶绿素 a 有较高贡献率的浮游植物生长繁殖。此外,该区域地属山间盆地,适宜农业耕作的土地占土地总量的 58.9%(袁希平和何大明,2002),陆源营养盐以及富含氮磷的农用肥料可能随降雨流入该区域内,促进藻类的大量生长繁殖,从而使该区域内的叶绿素 a 始终保持较高的含量,且受季节变化的影响较为明显。

7.2 流域水温变化

7.2.1 水电工程对河道水温影响研究进展

河流水电工程建设是人类活动影响河流生态系统的最典型形式之一(Braatne et al.，2008)。高坝水库的建设难免给河流生态系统带来前所未有的压力。拦河筑坝破坏了河流的连续性，阻隔了河流生态系统的自然连通性，破坏了部分鱼类产卵场、索饵场、越冬场，大坝阻隔效应会进一步加剧下游洄游鱼类的减少，从而改变库区和下游河段生物的生存与演化环境，继而造成部分物种衰退、濒危和绝迹(任华堂等，2007)。水库蓄水后，太阳辐射和水的理化特性，造成一种与原来天然河流完全不同的水域环境，而水库的调度改变了河流自然水文过程，致使水环境发生一系列变化。水温作为水环境中关键的水文要素，对水生生物乃至水生生态系统有极其重要的影响(Brown，1999)；同时，水温还影响着水体的其他物理特性，如溶解氧和悬浮物浓度(江春波等，2000)；对于农业、渔业也起着关键作用(雒文生和王平，2000)，水温的变化会对其产生较大的影响(王欣，1999；徐毓荣等，1999；戴松晨，2001；鲍其钢和乔兴建，2011；李娟等，2011)；而水温对于自然和人类活动的响应十分敏感(刘兰芬等，2012)。相对于其他泥沙、径流等水文要素，水温所受到的关注历来较少，然而，近年来水温的研究开始引发科学家的关注(蒋红，1999)，尤其是电站建设对库区及坝下河道水温的改变，越来越受到各方的关注(詹晓群等，2005；张士杰等，2011；高学平等，2012；宋策等，2012；姜文婷等，2014；魏小旺等，2014)。

已有研究表明，具有径流量年调节以上性能高坝大库的建成，受大坝泄流及电站运行的影响，库区水温和坝下河道沿程水温将不同于原流域天然河道水温结构(蒲灵等，2006)，进而对水生生物的生长、繁殖造成深远影响；同时还会改变下游河道沿程水温分布规律，出现水体升温迟滞现象(邓云等，2008)；水库特别是大型深水库传统底层取水方式产生的下泄低温水还将影响下游河道鱼类繁殖以及引水灌溉农作物的产量；当连续多个梯级水库联合调度时，流域水温分布的累积影响、下泄水温的累积效应更加突出(任华堂等，2007；刘兰芬等，2012)。以上影响如果不采取有效的生态保护措施，其造成的生态后果将是长期且难以挽回的(Pritchard and Richardson，2007；Van Vliet et al.，2011)。正确认识大型水库等水利设施对水质和生态环境的影响是水利工程发挥最优效益和实现人类社会可持续发展的先决条件，为了使水电工程对流域生态造成的影响降低到最小，准确分析水电站建设对库区及坝下河道沿程水温的影响及水温的变化规律显得十分关键。

针对澜沧江流域大坝建设后库区及下泄水温的研究主要集中于水电工程建设前期的环境影响评价，库区水温预测模型建立方面(王颖等，2003；代荣霞等，2008)；而针对澜沧江流域水电开发水温时空分异特性的研究数据主要依靠水文站提供，或人为短时间序列监测，水温数据类型基本为月均值，研究区多集中于小湾、漫湾和糯扎渡等水电站影响区(王欣，1999；姚维科等，2006；张一平等，2007)，对其他已运行或在建水电站下游河道水温实时连续监测研究极少有报道，基础数据的缺乏成为限制研究澜沧江流域水电站建设对水温时空分异影响的主要问题，为探讨水电站对水温的影响规律，选择具有代表性的水电站及河道进行水温原型观测，并分析水电站对水温的影响规律，可为流域整体水温模型建立提供数据基础。

7.2.2　澜沧江高坝大库运行对水温影响

1. 功果桥-小湾库段水温变化

功果桥水电站位于云南省云龙县境内，是澜沧江干流中下游"两库八级"梯级水电开发的最上游一级水电站，水库正常蓄水位为 1307.0m 时，坝址以上回水长度约为 44km，总库容为 3.16 亿 m³，调节库容为 0.49 亿 m³，为日调节水库，该水电站位于横断山纵谷区，河谷深切，上游为苗尾水电站，下游为小湾库区，在小湾水电站库区回水末端和功果桥水电站之间存在具有明显河道属性的河段。

2014 年 5 月中旬至 2015 年 4 月，对已建成发电的功果桥水电站进行了库区及坝下河段沿程水温观测。该水库回水区域划分为河道型水库，水面平均宽度约为 100m，坝下 40～50km 河段在一年中多数时间呈现天然河流特征，水面平均宽度为 60～80m。大坝至下游江段共布置 5 个断面，其中坝上表层水 1 个断面，坝下 4 个断面，观测范围约为大坝至下游 36km。

根据 2013 年 3 月开展的多个江段水温逐时监测发现，功果桥水电站对水温的影响主要包括水库蓄水对坝上水温的影响和水电站发电下泄水温对坝下河道沿程水温的影响，不受水电站下泄水温影响的河道水温代表了天然水温。为分析水电站建设对库区及坝下河道沿程水温时间变化的影响，本节重点分析了功果桥坝上（MSA 断面）水温、坝址下游 2km 的水文站（MSB 断面）水温（即下泄水温）和坝址下游 36km 的金六公路（MSE 断面）水温（即天然水温）各监测断面的时间分异特性。

功果桥坝上水面年平均水温为 15.39℃，年内月平均最低水温出现在 1 月，为 8.67℃，月平均最高水温出现在 7 月，为 20.56℃。水温自 1 月开始升高，至 7 月的平均递增率为 13.08%；7 月开始至次年 1 月水温逐渐下降，月平均递减率为 16.40%，降温速率高于升温速率。2～3 月，升温速率达到 26.21%，显示此时为全年中水温升高最快时段；温度降低最快时段出现在 10～11 月，相对于 9 月，月平均温度降低约 3.3℃，降温速率达 26.35%。各月平均水温统计见表 7.10，图 7.28 为实测 2014 年 5 月～2015 年 4 月坝上月均水温变化。

表 7.10　功果桥坝上月均水温一览表

月份	月均水温/℃	月份	月均水温/℃
5	18.34	11	12.55
6	20.41	12	9.37
7	20.56	1	8.67
8	19.49	2	10.47
9	18.75	3	14.19
10	15.86	4	16.01

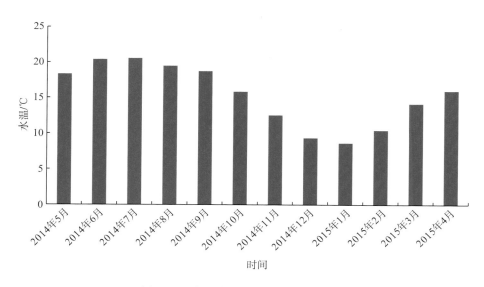

图 7.28 功果桥坝上月均水温年内变化

　　已有研究表明，水库蓄水后，受大坝泄流及水电站运行的影响，库区水温和坝下河道沿程水温将不同于原有天然河道水温结构。蒲灵等(2006)为了探求天然河流水温沿程变化规律以及水电站运行对河道水温的影响，开展了水文水温同步原型观测，分析得出水电站运行方式是影响下游河道水温变化的重要因素；姚维科等(2006)以澜沧江流域漫湾库尾至大朝山坝下的水电工程干扰典型时段为研究对象，利用 2004 年 12 月的水温现场监测数据和收集到的 1978～2005 年澜沧江流域建坝前后水温实测资料分析表层水温和下泄水温的时空分布特征，结果表明水电工程对澜沧江典型河段的水温时空分布存在显著影响。

　　对各断面月平均水温进行分析发现：以 MSD(距大坝下泄口 29km)为分界线，年内水温呈现出两种不同的变化曲线(图 7.29)。从 MSA 到坝下 MSC(距大坝下泄口 19km)河段，水温的年内变化趋势基本一致。7 月水温为全年最高，1 月为水温最低时段。距坝址下游 2km 的 MSB 断面观测数据，除冬季(11 月至次年 1 月)水温接近或略高于 MSA 断面外，其余时段均低于 MSA 断面水温，体现出水电站取水口水温低于水面温度，造成低温下泄现象；其水温变化幅度因季节不同，在 1～2.5℃。MSD 断面至距大坝下泄口 36km 的 MSE 断面，水温变化趋势一致，但与上游其他监测断面变化趋势显著不同。此河段断面水温进入 10 月之后并未快速下降，水温下降幅度较小，与上游河段在 1 月时温差达 7～8℃。MSD 断面以上河段水温与气温高度相关，变化趋势一致，且气温总是高于水温 5～6℃；MSD 断面以下河段水温与气温无显著相关，且出现冬季(10 月至次年 1 月)水温高于气温现象。虽然各断面变化趋势不同，但在 3～7 月与水温变化趋势较为接近，此时段水温从高至低排列为：MSA>MSE>MSD>MSC>MSB，若考虑坝下各监测点距离水电站远近，则呈现距水电站越近，则水温越低的情况。这表明在这一时段内，电站下泄水温仍控制下游 20km 水温，与天然河道水温最为接近，29km 之后断面监测水温相差不到 1℃。每年 3～5 月为澜沧江土著鱼类繁殖产卵季节，水温、流量和流速等因素对鱼类繁衍至关重要，有学者认为，大坝低温水下泄现象，可能导致亲鱼难以繁殖，幼鱼死亡。本书通过观测数据，证明功果桥水电站存在低温下泄情况，但影响范围和幅度有限。

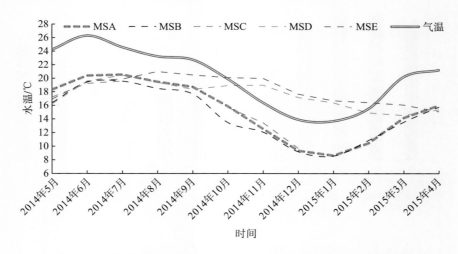

图 7.29　功果桥水电站各监测断面 2014～2015 年月均水温变化曲线

2. 大朝山-糯扎渡库段水温变化

糯扎渡水电站是澜沧江中下游梯级水电站"两库八级"开发方案中的第二库第五级。电站装机规模、年发电量以及水库容积等特性在澜沧江流域所有梯级水电站中均为最大，糯扎渡水电站上游连接的是大朝山水电站，糯扎渡水电站下游尾水连接的是景洪水电站的库首。糯扎渡水电站于 2005 年开工建设，2012 年投产发电，2014 年全部工程完工。糯扎渡水电站的正常蓄水位为 812m，库区的死水位为 765m，水库的总库容为 237.03 亿 m^3，调节库容为 113.35 亿 m^3，水库干流回水长度约为 210km，为多年调节水库。水电站装机 9 台，总容量为 5850MW，保证出力 2406MW，年发电量为 239.12 亿 kW·h。为减小糯扎渡水库下泄低温水对坝下河道生态系统以及鱼类产卵繁殖的影响，水电站在进水口工程建设中，重新设计了进水塔的结构，并投资数亿元修建叠梁门分层取水装置。

通过原型观测手段获取了 2018 年 1～12 月大朝山水文站和糯扎渡水文站断面 30min 间隔的逐日实测水温数据，使用 ONSET HOBO® 水温记录监测仪 U22。大朝山水文站位于糯扎渡库区内大朝山水电站坝下约 3km 的江左岸，糯扎渡水文站位于景洪库区内糯扎渡水电站坝下约 5km 的江右岸，两个水文站均处于库区回水区域上游，受下游水电站回水影响小，因此将两个水文站所处位置视作河道属性，水文站所测得的水温数据具有断面属性。此外，根据两个水电站项目建设环评报告中统计的糯扎渡和大朝山坝址处多年平均历史天然水温数据作为天然河道水温，与实测水温进行对比分析。

图 7.30 为 2018 年大朝山及糯扎渡水电站月平均水温变化过程，大朝山和糯扎渡坝下断面年平均水温分别为 19.35℃ 和 20.64℃，糯扎渡下泄水温高于大朝山下泄水温约 1.29℃，但大朝山下泄水温的年内变化幅度大于糯扎渡。图 7.31 为两个水电站月下泄水温较年平均水温距平值对比,大朝山下泄水温距平值在全年的 8 个月时间均高于糯扎渡。

原因为大朝山水库及上游的漫湾水库调节能力有限，入库流量和出库流量基本上持平；而当大朝山的下泄水进入糯扎渡水库后，由于糯扎渡水库属于高坝大库，水库库容较大且具有多年调节能力，深库影响显现出来，使入库时波动剧烈的水温呈现"坦化"，且出现秋冬季糯扎渡水电站下泄水温高于大朝山水电站下泄水温，春夏季低于大朝山水电站下泄水温的现象。

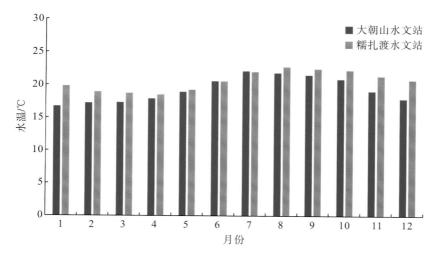

图 7.30　2018 年大朝山和糯扎渡水电站月均下泄水温

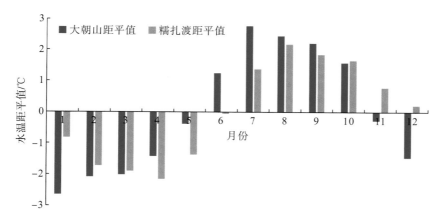

图 7.31　大朝山及糯扎渡水电站 2018 年各月下泄水温距年距平值

与建坝前的历史观测水温对比（图 7.32），可知 2018 年大朝山水电站下泄水温均高于坝址处天然河道水温，最大差值可达 6℃。糯扎渡水电站水温在 1~4 月中旬时间段内高于天然河道水温，最大差值可达 7℃；4 月中旬至 9 月出现糯扎渡水电站下泄水温低于天然河道水温的现象，最大差值可至 1.9℃，而鱼类的生长繁殖以及下游河道取水灌溉的农作物对水温变化较为敏感，此现象有可能会对澜沧江土著鱼类 3~5 月繁殖产卵及水生生物的生长发育产生影响。总体上看，建坝后，在年尺度上，均造成了水温抬升现象，大朝山和糯扎渡分别抬升水温 2.45℃和 2.02℃,抬升时期主要出现在冬春季节。从升温趋势看,大朝山建坝前后升温格局基本一致,但糯扎渡水电站建成后,坝下水温有明显滞后,迟滞 60~80d,降温拐点也发生同步推迟,但受制于现状对比数据仅为 2018 年,样本较少,此结论可能并不精确,仍需更多观测数据验证。

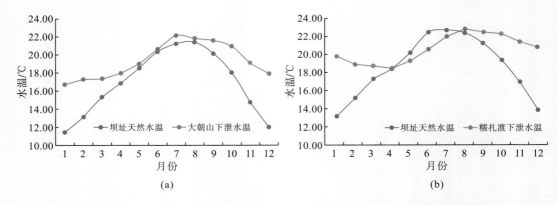

图 7.32   2018 年大朝山(a)和糯扎渡(b)下泄水温与坝址天然河道水温对比

此外,由于小湾水电站和糯扎渡水电站两个高坝大库的存在及所有梯级水电站联合调度运行的影响,水体温度年内变化过程的幅度不同于天然河道水温过程,这也使得建坝后下泄水温年较差缩小,大朝山水电站从天然状态的 9.3℃的变幅缩小至 2.3℃,CV 也从 0.18 降低至 0.07;糯扎渡水电站从天然状态的 10℃的变幅缩小至 5.9℃,与同期天然水温变幅相比,CV 也从 0.21 降低至 0.12(表 7.11),说明水电站修建后,下泄水温变化过程更趋平缓。

表 7.11   水温年内变化幅度特征值对比

名称	CV	名称	CV
大朝山水电站水温	0.07	糯扎渡水电站水温	0.12
大朝山天然水温	0.18	糯扎渡天然水温	0.21

3. 糯扎渡-景洪库段水温变化

糯扎渡-景洪库段的水温研究基于原型观测(prototype observation)和水动力学模型(hydrodynamic model)两种研究手段。基本思路是利用原型观测获取实测数据,通过分析实测数据发现现象及变化规律;并利用该数据为水动力模型提供边界条件、率定和验证信息;进而采用模型对径流和水温数据进行整合,基于模型设置不同环境条件,分析水电站不同工况运行下对河道水温的影响。

景洪水电站位于澜沧江下游,坝址控制流域面积大约为 15 万 km²。景洪库区河段呈西北—东南走向,其间有数个“S”形弯道。河谷支流冲沟发育虽多,但长度、面积均较小。库区较大的支流有南果河、勐养河和纳板河等,除右岸南果河径流面积超过 1000km² 外,其余均较小,产水量不大。景洪水文站多年的观测资料统计计算结果显示,景洪水电站坝址处多年平均流量为 1820m³/s，平均年径流量为 57.4×10⁹m³，20 年一遇洪峰流量为 15100m³/s，天然最枯流量为 388m³/s（1979 年）。

　　景洪水电站属大型水利水电工程，以发电为主。水库面积为 32.81km²，回水长度约为 105km，总库容为 11.4 亿 m³，调节库容为 3.09 亿 m³，死库容为 5.26 亿 m³，正常蓄水位为 602m，死水位为 591m，总装机容量为 1500MW。在小湾、糯扎渡水电站不运行的情况下，景洪水电站保证出力为 346.5MW，多年平均发电量为 6374GW·h（高健，2001；郑江涛，2001；涂向阳等，2006）。景洪水电站主要根据入库流量发电。在上游梯级糯扎渡水库投入运行前，景洪水库在 591～602m 水位间运行，水库水位变幅较大；糯扎渡水库投入运行后，景洪水库可常年在正常蓄水位 602m 附近运行。景洪水库调节能力弱，基本不改变年内径流分配（李玲云，2014）。

　　糯扎渡水文站位于糯扎渡水电站下游，处于景洪水电站回水区上游，站内监测水温不受景洪水库回水水温影响。景洪水文站位于景洪大坝下游约 4km 处，距坝址较近，站内监测水温可表征水库下泄水温。在糯扎渡与景洪水文站测井内布设 HOBOware U22 水温监测仪，监测时间间隔为 30min，获取 2018 年整年连续表层水温。

　　由图 7.33 可知，1～3 月糯扎渡与景洪水电站下泄水温波动较小，水文站水温变幅均不超过 1℃，糯扎渡库区水温受冬季低气温的影响，1～3 月浅层水温出现小幅度的下降，4～6 月水温均呈现出上升趋势，上升较快。7～9 月糯扎渡水文站水温变幅大于景洪水文站，景洪水文站水温在 7～9 月保持平稳状态，8 月糯扎渡水文站与景洪水文站表层水温均达到全年最高值。10 月中旬水温均开始缓慢下降，12 月水温全年最低。两座水文站 4 月平均水温差最大，10 月最小，冬春季温差大于夏秋季，原因为 4 月糯扎渡水文站水温受冬季低气温的影响还处于低温状态，而景洪库区常年气温高于糯扎渡库区，水温受低气温影响小，年内波动不大。10 月糯扎渡水文站经历了夏季高温期后，水温保持在高温状态，与景洪水文站水温差减小。

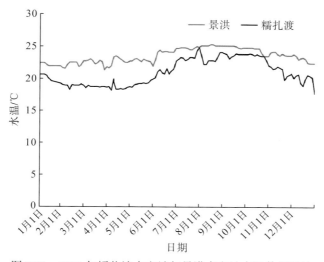

图 7.33　2018 年糯扎渡水文站与景洪水文站水温数据对比

注：糯扎渡水文站为糯扎渡水电站坝下水文站，景洪水文站为景洪水电站坝下水文站；水文站测出的为水电站下泄水温。

糯扎渡水文站与景洪水文站全年水温变化趋势基本相同,景洪水文站全年水温高于糯扎渡水文站,推测原因为景洪水文站监测断面与糯扎渡水文站监测断面处于不同纬度带,景洪水文站年内日照时间长,表层水体吸收太阳短波辐射热量更多,因此水温更高。景洪水库距糯扎渡水库较近,景洪水库库容远小于作为龙头水库的糯扎渡水库,不具备多年调节能力,入库流量与出库流量基本持平,对糯扎渡水库起反调节作用。糯扎渡水库区域的常年平均气温处于 17~19℃,水电站运行的下泄水温本身略低于景洪水库下泄水温,糯扎渡—景洪河段的纬度降低,气温高于糯扎渡库区,糯扎渡水库的下泄低温水流经此河段水温被抬升。

4. 景洪-出境断面水温变化

关累水文站位于景洪大坝下游大约 90km 处,是澜沧江出境前最后一个水文站,景洪水电站下游约 200km 处为清盛水电站,因此关累水文站水温可视为天然河道水温。

由图 7.34 和图 7.35 可看出,除 1 月、2 月、12 月景洪水文站水温高于关累水文站水温外,其余时间景洪水文站水温均低于关累水文站水温,原因为上述三个月处于冬季时期,关累库区气温低且早晚温差大,表层水温白天吸收热量少,夜晚寒冷,低气温导致水温迅速下降。景洪水文站所处地区海拔低,空气温热湿润,水温基本处于平稳状态。3~11 月景洪水文站与关累水文站温差呈现先减小后增大的趋势。两个站点 2 月平均温差最小,8 月最大,2 月一般为年内低温时期,8 月为高温时期,由于景洪水库区域年平均气温低于下游河段气温,从气温上升阶段开始关累水文站水温升高快,并与景洪水文站水温差逐渐增大。关累水文站水温在 6~10 月中旬水温波动较大,该时间段为雨季,雨量充沛,降雨与风的扰动对表层水温的影响增大。

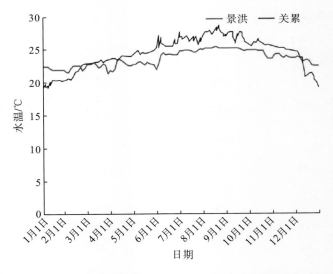

图 7.34 2018 年关累水文站与景洪水文站水温数据对比

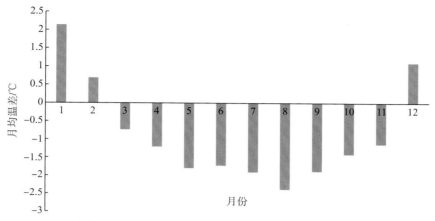

图 7.35　2018 年关累水文站与景洪水文站月均水温差

　　作为澜沧江下游河段的最后一个水电站，景洪河段在建设水电站之前没有调蓄的能力，因此不会明显影响水体在糯扎渡—景洪段内与周围环境的热交换周期。景洪水电站建成之后，由于蓄水发电，下游河道水温发生变化。选取景洪水库建坝前历史水温与建坝后水文站月均观测水温进行探讨和对比。

　　由图 7.36 可看出，建库后景洪水文站观测水温总体高于建坝前历史水温，建坝后观测水温比建坝前历史水温平均升高将近 5℃。推测建坝后水温升高一部分受糯扎渡累积效应影响，但更多受景洪水库自身影响，景洪水库蓄水后水流流速减小，集水区域增大，水体散热慢，建坝后水温较之前升高。建坝前历史水温年内呈现出先升高后下降的变化趋势，而景洪水库建成蓄水后年内实测水温有明显的"坦化"现象。建坝前历史水温 6 月全年最高，而建坝后观测水温 6 月为水温上升期，水温最高值出现时间为 8 月。1～6 月建坝前历史水温与建坝后观测水温间的温差逐渐减小，6～12 月温差增大。关累实测水温变化曲线与建坝前历史水温走势接近，各水文站实测水温年内最高值与最低值出现时间均比建坝前历史水温年内最高与最低水温出现时间滞后。

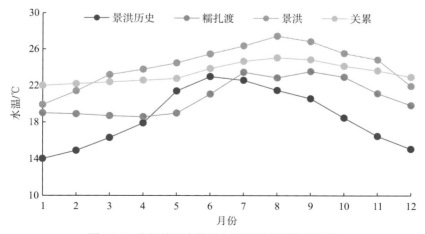

图 7.36　建坝前历史数据与建坝后观测数据比较

由表 7.12 可得出，从距离上看，景洪水电站建设后，糯扎渡—景洪河段的升温速率显著高于下游景洪—关累河段，糯扎渡—景洪河段水流缓慢，气温上升较快，而景洪—关累河段气温变幅不大。从海拔上看，糯扎渡与景洪纬度相差 68m，海拔每降低 1m，水温升高 0.04℃；景洪与关累海拔相差 52m，海拔每降低 1m，水温升高 0.03℃，因此澜沧江流经糯扎渡水电站之后，水温呈现出较高的增温速率。

表 7.12　建坝后河段水温变化

河段水电站	海拔差/m	温度变幅/(℃/m)	河段距离差/km	温度变幅/(℃/100km)
糯扎渡—景洪	68	0.04	100	2.49
景洪—关累	52	0.03	90	2.03

5. 出境后水温变化

基于湄公河委员会提供的湄公河清盛、琅勃拉邦、万象、那空帕农、空坚 5 个水文站点 1985～2016 年的月水温数据，分析澜沧江梯级大坝建设前后水温时空变化规律，图 7.37 展示了各水文站变化趋势，并标注了澜沧江干流水库蓄水时间。2008 年以前仅有漫湾水电站及大朝山水电站投入运行，水电站运行对下游各断面平均水温影响极小；然而自 2008 年澜沧江龙头水库(小湾)蓄水后，2008～2016 年湄公河下游各站点水温出现"坦化"现象，年内水温变幅变小，但平均水温有增加的趋势。此外大坝蓄水后一年内，各断面的水温上升幅度相对明显，且小湾或糯扎渡大型水电站蓄水后引起水温升高程度强于其他水电站。

同时，对比各水文站 1985～2007 年(建坝前)和 2008～2016 年(建坝后)月平均水温(图 7.38)，可知：清盛站建坝后 4～6 月的平均水温明显低于建坝前，而 10 月至次年 2 月则高于建坝前年；琅勃拉邦站建坝后 4 月、5 月的实测水温低于建坝前，而 10 月至次年 2 月的实测水温高于建坝前；万象站建坝后水温仅在 4 月略低于建坝前，其他月份均高于建坝前；那空帕农站建坝后除 4 月和 5 月水温略低于建坝前外，均高于建坝后；空坚站除 5 月外，建坝后河流实测水温基本均略高于建坝前。

综上所述，2008 年之前(建坝前)澜沧江水电站运行对下游各断面影响较小，2008 年后(建坝后)表现出有一定程度影响，主要表现为：整体上，出境后湄公河河段 2008～2016 年平均水温较之前增加了 0.45～0.83℃；时间上，该河段降温作用主要发生在 4 月、5 月，而升温作用主要发生在 10 月至次年 2 月；空间上，从上游到下游，月尺度上的降温作用明显减弱，只在清盛站和琅勃拉邦站观察到较弱的降温作用，月尺度增温月数增多，但增温程度沿程减弱。虽然湄公河下游 2008～2016 年的水温有一定程度变化，但并非单纯由水电站建设及运行造成，与各区域气候变化有一定关系。

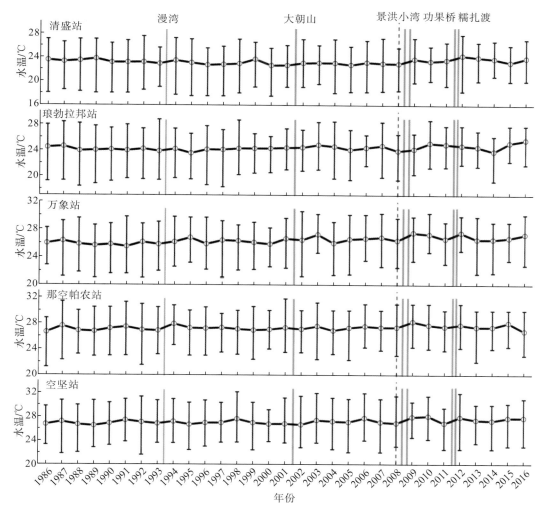

图 7.37 湄公河水温时间序列

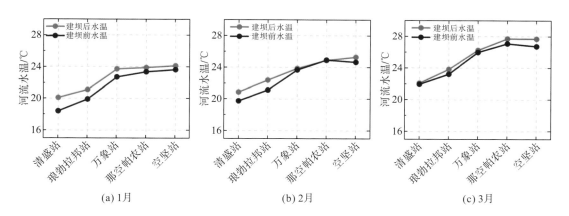

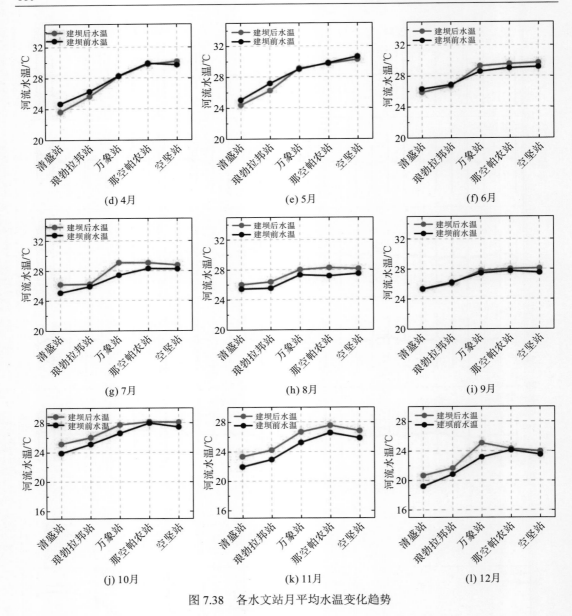

图 7.38　各水文站月平均水温变化趋势

7.3　流域水环境智能监测与优化方案

7.3.1　澜沧江数字流域

1. 水环境数字流域设计思路

澜沧江水环境数字流域主要集成发布历史数据及实时监测数据,并实现数据的二维和水位三维动态展示。功能模块主要包括多元信息集成,水雨情信息查询、水库运行、河段和库区三维实时水位仿真。研发的主要技术思路如下。

(1)采用元数据驱动平台架构,根据信息资源管理统一平台——数据平台的特点,在地理信息系统(geographic information system,GIS)基础软件与实际应用系统之间增加一层统一的由元数据驱动的应用平台,对数据和元数据加以描述,开发元数据驱动的应用组件(应用组件首先通过访问元数据来控制对具体数据库的访问),实现数据调取和常规图形分析。当数据扩展时,通过修改平台的元数据,实现应用组件对新扩展数据的访问和处理,对于功能的扩展,通过定制元数据驱动的功能扩展插件的方式实现,使数据库具有较强的可扩展性。

(2)考虑相关应用部门需要,充分保证数据的共享和功能互操作,水环境数字流域还要具备良好的可维护性和扩展性。水环境数字流域平台主要包括操作系统平台、数据库平台、地理信息系统平台和应用平台,且均采用统一平台,可避免不必要的系统间数据的转换、功能的接口以及系统升级扩展时大量的维护工作,保证数据库的一致性和稳定性。

(3)充分利用现有最新数据发布技术,将实时监测数据采用 WebService 接口方式实现实时水环境信息数据的提取和传输,采用 SQL Server 构建实时雨水情数据库和基础库,采用 ArcSDE 构建空间数据库,基于 ArcGIS Server 构建 Web 服务和应用;将图层分离与图层叠加方式相结合,实现实时水环境和气象信息等多源信息融合。

(4)澜沧江水环境数字流域的研发涉及流域边界、行政边界、水系、居民点、地形等基础地理数据和水位、降水量及水情采集站点相关资料专题等属性数据,其中空间基础地理数据从基础地理数据中提取。水雨情站点专题数据库包括测站编码、测站名称、测站类型等相关特征属性数据。

2. 水环境数字流域总体结构

系统架构在 WebGIS 的底层 ArcGIS Server 之上,地图显示及相应的地图操作以 ArcGIS API 为依托。采用三层体系结构,以数据库为基础,采用中间件和组件技术,实现数据管理、区划成果分析等应用,并提供良好的人机交互界面。系统采用浏览器-服务器(browser/server,B/S)架构开发,模式的管理系统有数据的入库、数据的组织维护、图件与报表的组织生成和数据信息输出等功能。运用本数据库可以方便地查询各类信息,对查询结果进行统计、输出。总体结构示意见图 7.39。

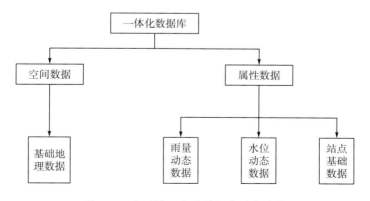

图 7.39　水环境一体化数据库总体结构

3. 基础数据库与空间数据库建设

基础数据库主要服务于系统管理及维护和系统空间数据维护。

1)系统管理及维护

系统管理及维护类数据表主要保存用户管理(新增用户、删除用户、用户信息变更)、基面管理(基面转换参数调整,水电站、监测站基面转换规则新增、删除或变更)、水环境信息管理(监测数据新增、删除、更新)等记录。

2)系统空间数据维护

系统空间数据维护表主要保存包括空间要素更新,如水电站、监测站数据添加、删除,属性编辑等记录信息。

4. 水环境数字流域界面及操作

水环境数字流域系统采用 B/S 构架,须经由授权登录,权限分为三级:用户、超级用户和管理员。系统左侧为二级菜单管理,包括基础地理、水环境报表、水环境模型(预留接口)、数据分析等,数据包括华能澜沧江水电股份有限公司历史数据和在线监测数据。基础地理数据包括 ArcGIS 自定义更新数据、天地图应用程序接口(application programming interface,API)接入数据或 ESRI 遥感数据图层。可通过点击水环境测站(断面)或水电站,显示目标的基本信息和历史数据选项框。通过选择时间尺度和水电站,水环境要素可通过折线图、饼图、柱状图等进行分析。系统预留了水动力模型接入端口,可实现径流量、河道及库区水温预测。操作界面见图 7.40。

图 7.40　系统操作界面

7.3.2　澜沧江流域水环境监测优化方案

通过澜沧江水环境各要素监测，显示出目前水电开发影响下，水环境指标的变化特点以及存在的区域差异，建立符合澜沧江流域环境管理特点的水环境监测指标体系，对澜沧江及类似的国际河流监测和管理具有重要现实意义。

1. 基本原则

1）上下游兼顾原则

在确定监测指标范围时要兼顾跨境河流各方对监测指标重视程度的差异性。深刻认识澜沧江水环境问题的紧迫性和复杂性，国际河流水环境问题成因复杂，既有人为因素，也有环境因素，治理难度大，监管能力弱，水污染具有造成国际影响的隐患，下游国家对水环境问题的关注程度不断提高，反映强烈。下游国家的水环境监测长期依赖湄公河委员会，其监测虽然较为系统，但具体执行过程监管有限，统计口径不一，与我国监测方法和数据一致性上存在诸多差异。考虑到下游各国自身水环境监测执行能力的差异和现阶段发展水平，有必要在监测指标和监测方法的选择上，放眼全流域，以经济、高效、快速、普适为原则设计监测示范方案，以期未来在"澜湄合作"深化情景下，将其在全流域推广。

2）国家和地方兼顾原则

在确定监测指标范围时，选择国家和地方水环境质量标准中所要求控制的污染物，既可以满足国家对污染物的控制要求，也可以解决地域性特征水环境污染物的控制要求，实现澜沧江流域水资源安全利用。

3）指标合理性原则

澜沧江水环境监测指标的选择应首先满足经济可行性、操作可行性和问题针对性等原则。在不大幅增加国家、地方和企业成本基础上，适当增加前瞻性监测指标，指标的优化需充分考虑全面监测结果、监测工作的技术要求和污染物来源等因素，选择适当的监测主体，开展长期连续监测，积累水环境关键要素历史数据。

2. 澜沧江中下游水环境监测体系确定方法

1）监测指标选定方法

以水位、电导率、pH、水温、DO 及水质达标率 6 项为主要监测指标，其中水质达标率涉及监测亚指标共 15 项，包括：TURB、COD、BOD_5、氨氮、总氮、总磷、叶绿素 a，以及砷、镉、六价铬、铅、锰、铜、锌、粪大肠菌群。除水位、水温外，监测方法参照《地表水环境质量标准》（GB 3838—2002）。根据监测断面污染源和生产生活干扰的实际情况，选定监测指标范围。

2）监测指标分类方法

将选定的监测指标，针对不同水期水量和水质的差异，在监测区内分别按照各断面和研究区分为常规监测项目、优化监测项目和选测项目 3 个类型。

针对澜沧江流域，水环境常规监测项目主要指营养盐及 pH、DO 等理化指标，优化监测项目主要指垂向水温和水体重金属等，选测指标则大多为泥沙重金属含量。常规监测项目每年按照要求监测 3～6 次（丰、平、枯水期）；优化监测项目每年仅在该指标最不利（超标）月份监测 1～2 次（丰水期或枯水期）；选测项目在掌握本底值的情况下，可选择进行监测或不测。

3）监测指标确定方法

根据流域各断面的实际监测结果、监测目的和各个断面指标物质来源特点，分别选择 3 个类型指标，最终确定各个断面的常规监测项目、优化监测项目和选测项目。确定要求见表 7.13。

表 7.13　指标类型监测确定方法

类型	实际监测结果	监测要求	污染风险	监测断面
常规监测项目	超标项目	要求必测或未要求必测	有风险或无风险	全部断面
常规监测项目	检出但未超标	要求必测	有风险	全部断面
优化监测项目	检出但未超标	要求必测	无风险	小湾以下断面
选测项目	检出但未超标	未要求必测	有风险	库区坝首断面
选测项目	未检出	要求必测或未要求必测	有风险或无风险	泥沙重金属超标断面

3. 澜沧江干流及重要支流监测指标体系优化

1）监测指标选定

根据目前的监测情况和实际监测项目技术要求，选定的监测指标为《地表水环境质量标准》（GB 3838—2002）109 项中的 18 项，即河流健康水质表征系统，详见表 7.14。

表 7.14　澜沧江水环境监测指标对比

监测目的	河流健康水质表征系统	水文局常规监测项目指标	水电工程后环评水环境指标
水温	✓	✓	✓
pH	✓	✓	✓
DO	✓	✓	✓
COD	✓	✓	✓
BOD	✓	✓	✓
氨氮	✓	✓	✓
TP	✓	✓	✓

监测目的	河流健康水质表征系统	水文局常规监测项目指标	水电工程后环评水环境指标
TN	✓	✓	✓
叶绿素 a	✓		
铜	✓	✓	✓
锌	✓	✓	✓
硒		✓	✓
砷	✓	✓	✓
汞	✓	✓	✓
镉	✓	✓	✓
铅	✓	✓	✓
铁		✓	✓
锰		✓	✓
氟化物		✓	✓
氰化物		✓	✓
硫化物		✓	✓
粪大肠菌群	✓	✓	✓
硫酸盐		✓	
石油类		✓	✓
电导率	✓		
底泥重金属	✓		
监测指标数	18	23	22

18 项监测指标包含了《地表水环境质量标准》(GB 3838—2002)中的基本项目,排除了与水库运行相关的铁、锰、氟化物、石油类等常规非环保类监测项目,满足了基于环境保护角度对澜沧江水质关注的需求。

2) 监测断面选定

水环境断面布设的基本原则包括准确性、代表性和可行性原则,根据本书获得的监测数据,对监测断面进行了优化选择,同时兼顾华能澜沧江水电股份有限公司代管的现有水文站和敏感断面。

所设断面主要涵盖功果桥、小湾、糯扎渡和景洪水电站,所处环境基本代表了澜沧江已建干流水电站河道环境的基本类型,即:高山河谷型(功果桥)、高原山地高坝型(小湾水电站、糯扎渡)和中山宽谷型(景洪)。在断面选择时既充分考虑现行国控、省控和华能澜沧江股份有限公司建立的监测断面,又在前期监测基础上保留易超标控制断面。

基于以上考虑,在前期布设的 21 个监测点中去除补远江汇口(MS20),将珠街监测断面(MS7)上移至田口水文站,最终优化为 20 个监测断面(表 7.15)。

表 7.15 监测点优选方案

监测编号	断面名称	优选结果
MS1	兔峨	保留
MS2	沘江入口	保留
MS3	功果桥水文站	保留
MS4	莽街渡大桥	保留
MS5	小湾水电站	保留
MS6	漾濞江汇口	保留
MS7	珠街	迁移至田口水文站
MS8	小湾坝下	保留
MS9	景临桥	保留
MS10	右岸小黑江	保留
MS11	左岸小黑江	保留
MS12	碧云桥	保留
MS13	黑河	保留
MS14	糯扎渡水电站	保留
MS15	糯扎渡坝下	保留
MS16	思茅港	保留
MS17	景洪水电站	保留
MS18	允景洪	保留
MS19	曼安	保留
MS20	补远江汇口	取消
MS21	关累	保留

20 个监测断面的布设，涵盖了华能澜沧江水电股份有限公司规划环评所设断面(7个)、中国电建集团昆明勘测设计研究院有限公司所设断面(3 个)以及云南大学监测断面(5个)；除干流外，考虑到临江工矿业、渔业养殖与城镇污染，在干支流交汇口布设断面，保留了自设的支流沘江、漾濞江、左右岸小黑江及黑河等监测断面，用于辨识污染源来源。各监测断面相对均匀分布，平均相距约 60km(河道距离)，4 个断面位于水文站，5 个断面位于公路桥下，便于采样。糯扎渡水电站 7 个监测断面的布设，与中国水利水电科学研究院监测断面匹配，涵盖环评监测断面，保证了采样工作的通达性和数据的连续性。功果桥及景洪水电站监测断面分别位于小湾、糯扎渡水电站的上下游，作为两座下游龙头水库能量、物质和污染源承载力计算的入口和出口给予保留。

从表 7.16 监测断面指标优化可以看出，各个指标监测断面数有所差异，从 320 个常规监测断面减少为 238 个。常规断面数最少的监测指标是粪大肠菌群，4 个断面位于景洪库段，主要考虑景洪水库为景洪市饮用水源，需满足集中式生活饮用水特定监测项目；优化监测断面数 90 个，主要指标为水体和泥沙重金属，监测断面主要位于功果桥—小湾库段。

表 7.16 监测断面指标优化统计 （单位：个）

监测目的	常规断面数	优化监测断面数	选测断面数
水温	20	0	0
pH	20	0	0
DO	20	0	0
COD	20	0	0
BOD	16	4	0
氨氮	20	0	0
总磷-TP	20	0	0
总氮-TN	20	0	0
叶绿素 a	16	4	0
铜	6	10	4
锌	6	10	4
砷	6	10	4
汞	6	10	4
镉	6	10	4
铅	6	10	4
粪大肠菌群	4	12	4
电导率	20	0	0
底泥重金属	6	10	4
监测断面合计	238	90	32

3）监测指标体系优化结论

通过监测指标与断面的优化，整体上澜沧江流域常规监测项目不同程度地减少，体现出有的放矢、重点关注。各个监测断面指标也进行了优化，选测指标主要是水体和泥沙重金属，选测断面主要集中在重金属污染较多的景临桥以下，糯扎渡至关累河段。

参 考 文 献

包晔，蔡建平，沈陆娟. 2014. 杭州市水环境安全评价与预警模型[J]. 数学的实践与认识，44(20): 148-155.

鲍其钢，乔光建. 2011. 水库水温分层对农业灌溉影响机理分析[J]. 南水北调与水利科技，9(2): 69-72.

陈守煜，李亚伟. 2005. 基于模糊人工神经网络识别的水质评价模型[J]. 水科学进展，16(1): 88-91.

陈新军，赵小虎. 2005. 西南大西洋阿根廷滑柔鱼产量分布与表温关系的初步研究[J]. 大连水产学院学报，20(3): 222-228.

代荣霞，李兰，李允鲁. 2008. 水温综合模型在漫湾水库水温计算中的应用[J]. 人民长江(16): 25-26.

戴会超，毛劲乔，张培培，等. 2015. 河道型水库富营养化及水华调控方法和关键技术[J]. 水利水电技术，46(6): 54-58, 66.

戴松晨. 2001. 宝珠寺水库蓄水前后水温、水质变化回顾分析[J]. 水电站设计，17(4): 58-60, 76.

邓河霞, 夏品华, 林陶, 等. 2011. 贵州高原红枫湖水库叶绿素 a 浓度的时空分布及其与环境因子关系[J]. 农业环境科学学报, 30(8): 1630-1637.

邓云, 李嘉, 李克锋, 等. 2008. 梯级电站水温累积影响研究[J]. 水科学进展, (2): 273-279.

杜书栋, 关亚楠, 李欣, 等. 2022. 基于熵权法改进的综合污染指数的水质评价——以白云湖为例[J]. 环境科学学报, 42(1): 205-212.

高健. 2001. 景洪水电站枢纽区工程地质条件[J]. 云南水力发电(1): 14-16, 22.

高学平, 张少雄, 张晨. 2012. 糯扎渡水电站多层进水口下泄水温三维数值模拟[J]. 水力发电学报, 31(1): 195-201, 207.

高玉荣. 1992. 北京四海浮游藻类叶绿素含量与水体营养水平的研究[J]. 水生生物学报, 16(3): 237-244.

耿雷华, 刘恒, 钟华平, 等. 2006. 健康河流的评价指标和评价标准. 水利学报, 37(3): 253-258.

弓晓峰, 陈春丽, 赵晋, 等. 2006. 鄱阳湖乐安河流域水质监测优化布点[J]. 湖泊科学, 18(5): 545-549.

国家环境保护局, 中国环境监测总站. 1990. 中国土壤元素背景值[M]. 北京: 中国环境科学出版社.

胡雪芹, 王强, 马明睿, 等. 2012. 淀山湖叶绿素a分布特征及其与浮游植物密度的相关性[J]. 华东师范大学学报(自然科学版), (4): 149-156, 163.

江春波, 张庆海, 高忠信. 2000. 河道立面二维非恒定水温及污染物分布预报模型[J]. 水利学报, 31(9): 20-24.

姜文婷, 逄勇, 陶美, 等. 2014. 下泄低温水对下游水库水温的累积影响. 水资源与水工程学报, 25(2): 111-117.

蒋红. 1999. 水库水温计算方法探讨[J]. 水力发电学报, 18(2): 60-69.

黎华寿, 聂呈荣, 方文杰, 等. 2003. 浮床栽培植物生长特性的研究[J]. 华南农业大学学报(自然科学版), 24(2): 12-15.

李国英. 2004. 黄河治理的终极目标是"维持黄河健康生命"[J]. 中国水利(1): 6-7, 5.

李基明, 陈求稳. 2013. 边界河流水环境监测指标体系与断面布设优化[M]. 北京: 中国环境出版社.

李娟, 李兰, 杨梦斐, 等. 2011. 水库不同取水方案对下游河道水生态影响的预测分析[J]. 中国农村水利水电(3): 21-25.

李林, 周孝德, 宋策. 2012. 基于三维水温模型预测有支流影响下的水库水温[J]. 水土保持通报, 32(2): 159-161.

李玲云. 2014. 景洪水电站表孔消力池底板缺陷及其处理[J]. 云南水力发电, 30(6): 27-29.

李未, 秦伯强, 张运林, 等. 2016. 富营养化浅水湖泊藻源性湖泛的短期数值预报方法——以太湖为例[J]. 湖泊科学, 28(4): 701-709.

李艳红, 葛刚, 王茂林, 等. 2016. 垂向归纳模型下鄱阳湖丰、枯水期初级生产力特征及与环境因子相关性分析[J]. 湖泊科学, 28(3): 575-582.

李怡庭. 1999. 我国水环境(水质)监测工作的回顾与展望[J]. 水文, 19(5): 24-26.

刘冬燕, 宋永昌, 陈德辉. 2003. 苏州河叶绿素a动态特征及其与环境因子的关联分析[J]. 上海环境科学, 22(4): 261-264.

刘兰芳, 李红霞, 李韧, 等. 2012. 大浪淀水库周边浅层地下水动态分析及调控措施[J]. 海河水利(3): 39-40.

刘潇, 薛莹, 纪毓鹏, 等. 2015. 基于主成分分析法的黄河口及其邻近水域水质评价[J]. 中国环境科学, 35(10): 3187-3192.

陆颖, 何大明, 陈庄彦, 等. 2016-08-24. 一种高坝大库水温分层自动监测装置: CN105890803A[P].

雒文生, 王平. 2000. 磁化用于有机废水处理的实验研究[J]. 武汉水利电力大学学报, 33(5): 1-4.

马飞, 蒋莉. 2006. 河流水质监测断面优化设置研究——以南运河为例[J]. 环境科学与管理, 31(8): 171-172.

孟伟, 张楠, 张远, 等. 2007. 流域水质目标管理技术研究(Ⅰ)——控制单元的总量控制技术[J]. 环境科学研究, 20(4): 1-8.

蒲灵, 李克锋, 庄春义, 等. 2006. 天然河流水温变化规律的原型观测研究[J]. 四川大学学报(自然科学版), 43(3): 614-617.

任华堂, 陈永灿, 刘昭伟. 2007. 大型水库水温分层数值模拟[J]. 水动力学研究与进展 A 辑(6): 667-675.

宋策, 周孝德, 唐旺. 2012. 水库对河流水温影响的评价指标[J]. 水科学进展, 23(3): 419-426.

唐摇影, 黄显峰, 方国华. 2014. 基于组合权重的模糊物元评价模型在丰县水质评价中的应用[J]. 水电能源科学, 32(6): 37-41.

涂向阳, 郭磊, 张晨, 等. 2006. 景洪水电站典型日运行对下游河道影响预测[J]. 中国农村水利水电(10): 121-125.

王刚, 李兆富, 万荣荣, 等. 2015. 基于多元统计分析方法的西苕溪流域水质时空变化研究[J]. 农业环境科学学报, 34(9): 1797-1803.

王辉, 孙家君, 孙丽娜, 等. 2014. 贴进度法的改进及在浑河干流水质监测断面优化中应用[J]. 生态学杂志, 33(12): 3470-3474.

王珮, 谢崇宝, 张国华, 等. 2013. 村镇饮用水水源地安全评价研究进展[J]. 中国农村水利水电(4): 5-7, 12.

王欣. 1999. 漫湾水库水温水质的回顾评价[J]. 水电站设计, 15(3): 71-75.

王颖, 臧林, 张仙娥. 2003. 河道水温模型及糯扎渡水库下游河道水温预测[J]. 西安理工大学学报, 19(3): 235-239.

王昱, 卢世国, 冯起, 等. 2020. 梯级筑坝对黑河水质时空分布特征的影响[J]. 湖泊科学, 32(5): 1539-1551.

魏小旺, 陈青生, 马中良. 2014. 设置生态机组对水库水温及下泄水温的影响[J]. 水电能源科学, 32(3): 175-179.

翁笑艳. 2006. 山仔水库叶绿素 a 与环境因子的相关分析及富营养化评价[J]. 干旱环境监测, 20(2): 73-78.

吴忠兴, 曾波, 李仁辉, 等. 2012. 中国淡水水体常见束丝藻种类的形态及生理特性研究[J]. 水生生物学报, 36(2): 323-328.

徐毓荣, 徐钟际, 向申, 等. 1999. 季节性缺氧水库铁、锰垂直分布规律及优化分层取水研究[J]. 环境科学学报, 19(2): 147-152.

晏志勇, 顾洪宾, 喻卫奇, 等. 2008. 澜沧江中下游梯级电站环境影响研究和评价报告[R]. 北京: 中国水利水电科学研究院.

杨员, 张新民, 徐立荣, 等. 2015. 美国水质监测发展历程及其对中国的启示[J]. 环境污染与防治, 37(10): 86-91, 97.

姚维科, 崔保山, 董世魁, 等. 2006. 水电工程干扰下澜沧江典型段的水温时空特征[J]. 环境科学学报, 26(6): 1031-1037.

姚云, 沈志良. 2004. 胶州湾海水富营养化水平评价[J]. 海洋科学, 28(6): 14-17, 22.

尹海龙, 徐祖信. 2008. 河流综合水质评价方法比较研究[J]. 长江流域资源与环境, 17(5): 729-733.

于海燕, 周斌, 胡尊英, 等. 2009. 生物监测中叶绿素 a 浓度与藻类密度的关联性研究[J]. 中国环境监测, 25(6): 40-43.

袁希平, 何大明. 2002. 澜沧江流域典型案例区地形地貌对比分析研究[J]. 昆明理工大学学报, 27(6): 1-5.

袁振辉, 李秋华, 何应, 等. 2019. 基于贝叶斯方法的贵州高原百花水库水体营养盐变化及评价(2014—2018 年)[J]. 湖泊科学, 31(6): 1623-1636.

詹晓群, 陈建, 胡建军. 2005. 山口岩水库水温计算及其对下游河道水温影响分析[J]. 水资源保护, 21(1): 29-31, 35.

张士杰, 刘昌明, 王红瑞, 等. 2011. 水库水温研究现状及发展趋势[J]. 北京师范大学学报(自然科学版), 47(3): 316-320.

张小君, 徐中民, 宋晓谕, 等. 2013. 几种水环境质量评价方法在青海湖入湖河流中的应用[J]. 环境工程, 31(1): 117-121.

张一平, 高富, 何大明, 等. 2007. 澜沧江水温时空分布特征与下湄公河水温的比较[J]. 科学通报, 52(S2): 123-127.

张远, 林佳宁, 王慧, 等. 2020. 中国地表水环境质量标准研究[J]. 环境科学研究, 33(11): 2523-2528.

章鑫灿. 2001. 潮阳市练江水质监测优化布点效果分析[J]. 汕头科技, (4): 59-61.

郑江涛. 2001. 浅谈景洪水电站的开发任务[J]. 云南水力发电, 17(1): 19-22.

周劲, 董吉文, 张平. 2005. 最优分割分析在水环境监测优化布点中的应用[J]. 济南大学学报(自然科学版), 19(4): 316-318.

朱明远, 毛兴华, 吕瑞华, 等. 1993. 黄海海区的叶绿素 α 和初级生产力[J]. 黄渤海海洋, 11(3): 38-51.

庄世坚. 1992. 环境监测优化布点的一种新方法[J]. 数理统计与管理, 11(5): 8-11.

Arthur R, Mees C, Halls A. 2010. Assessing the impacts of fisheries management science: a review of the department for international development's fisheries management science programme[J]. Journal of Development Effectiveness, 2(1): 158-172.

Béchet Q, Shilton A, Guieysse B. 2013. Modeling the effects of light and temperature on algae growth: state of the art and critical assessment for productivity prediction during outdoor cultivation[J]. Biotechnology Advances, 31(8): 1648-1663.

Braatne J H, Rood S B, Goater L A, et al. 2008. Analyzing the impacts of dams on riparian ecosystems: a review of research strategies and their relevance to the Snake River through Hells Canyon[J]. Environmental Management, 41(2): 267-281.

Brown B E, Dunne R P, Ambarsari I, et al. 1999. Seasonal fluctuations in environmental factors and variations in symbiotic algae and chlorophyll pigments in four Indo-Pacific coral species[J]. Marine Ecology Progress Series, 191: 53-69.

Hurley T, Sadiq R, Mazumder A. 2012. Adaptation and evaluation of the canadian council of ministers of the environment water quality index (ccme wqi) for use as an effective tool to characterize drinking source water quality[J]. Water Research, 46(11): 3544-3552.

Li P Y, He S, He X D, et al. 2018. Seasonal hydrochemical characterization and groundwater quality delineation based on matter element extension analysis in a paper wastewater irrigation area, Northwest China[J]. Exposure and Health, 10(4): 241-258.

Oh M H, Kim Y J, Lee C H. 2000. Leaf senescence in a stay-green mutant of Arabidopsis thaliana: disassembly process of photosystem I and II during dark-incubation[J]. Journal of Biochemistry and Molecular Biology, 33(3): 256-262.

Olsen S, Chan F Y, Li W, et al. 2015. Strong impact of nitrogen loading on submerged macrophytes and algae: a long-term mesocosm experiment in a shallow Chinese lake[J]. Freshwater Biology, 60(8): 1525-1536.

Pritchard D, Richardson C N. 2007. The effect of temperature-dependent solubility on the onset of thermosolutal convection in a horizontal porous layer[J]. Journal of Fluid Mechanics, 571(571): 59-95.

Rao N S, Sunitha B, Adimalla N, et al. 2020. Quality criteria for groundwater use from a rural part of Wanaparthy District, Telangana State, India, through ionic spatial distribution (ISD), entropy water quality index (EWQI) and principal component analysis (PCA)[J]. Environmental Geochemistry and Health, 42(2): 579-599.

Szoszkiewicz K, Buffagni A, Davy-Bowker J, et al. 2006. Occurrence and variability of river habitat survey features across europe and the consequences for data collection and evaluation[J]. Hydrobiologia, 566(1): 267-280.

Tang D L, Ni I H, Müller-Karger F E, et al. 2004. Monthly variation of pigment concentrations and seasonal winds in China's marginal seas[J]. Hydrobiologia, 511(1-3): 1-15.

Thirumalaivasan D, Karmegam M, Venugopal K. 2003. AHP-DRASTIC: software for specific aquifer vulnerability assessment using DRASTIC model and GIS[J]. Environmental Modelling & Software, 18(7): 645-656.

USEPA. 2002. Pocket guide: protecting drinking underground water through injection control (EPA 816-K-020001) [R]. United States Environmental Protection Agency.

Van Vliet M, Heymans M W, Von Rosenstiel I A, et al. 2011. Cardiometabolic risk variables in overweight and obese children: a worldwide comparison[J]. Cardiovascular Diabetology, 10: 106.

Zhang J, Zhang C L, Shi W L, et al. 2019. Quantitative evaluation and optimized utilization of water resources-water environment carrying capacity based on nature-based solutions[J]. Journal of Hydrology, 568: 96-107.

第8章 澜湄流域水文变化对鱼类生态影响及保护

澜沧江-湄公河是典型纵向发育大河，其纬度跨越大、海拔悬殊、气候多样，地形多变，特殊地理环境孕育出了独特多样的生物群落。由于丰富的生物多样性，该流域被列为全球 34 个生物多样性热点地区和优先保护区之一（Myers et al.，2000），其鱼类多样性尤为丰富，在全球仅次于亚马孙河流域（Baran et al.，2012）。相比于其他动物，鱼类生活空间受到水系的隔绝，更易于受栖息地环境变化的影响，特别是人类活动造成的环境突然改变会直接影响鱼类的生存繁衍。近年来，流域人类活动和气候变化驱动下的水文变化对水域生态系统和鱼类的影响引起了学界和社会的高度关注（He et al.，2006；Ziv et al.，2012），在此背景下探索高强度人类活动影响下水文变化对鱼类资源的生态影响，是水生生态系统保护和管理的科学基础。

8.1 流域鱼类多样性

近三十年来，国内外学者从不同空间尺度研究了澜沧江-湄公河流域鱼类区系和多样性。刘振华等（1987）研究了澜沧江中游地区鱼类多样性，记录鱼类 49 种。褚新洛和陈银瑞（1989，1990）编著的《云南鱼类志》，收录澜沧江鱼类 124 种。何舜平等（1999）整理了澜沧江中上游土著鱼类 124 种，隶属于 18 科，68 属。Kottelat（2001）编著老挝鱼类专著 *Fishes of Laos*，记录鱼类 481 种或亚种。Kang 等（2009）系统整理了澜沧江鱼类 173 种，并分析了其鱼类多样性与海拔梯度关系。姚景龙（2010）记录澜沧江鱼类 174 种，其中包含了外来鱼类 19 种。Phomikong 等（2015）系统整理了下湄公河 3 条支流（蒙河、颂堪河、甘河）的鱼类组成，记录淡水鱼类 124 种。Zhang 等（2018）对澜沧江鱼类组成进行系统整理，记录鱼类 184 种，其中外来鱼类 22 种。李雪晴等（2019）整理湄公河流域中上游鱼类 745 种，并研究了鱼类空间格局和区系组成。Kang 和 Huang（2022）整理澜湄流域淡水鱼类 899 种。本章在系统整理澜沧江和下湄公河鱼类名录的基础上，对湄澜流域鱼类区系组成、多样性格局等进行系统分析。

8.1.1 澜沧江鱼类多样性

1. 区系组成

澜沧江流域共记录淡水鱼类 184 种，隶属 11 目 26 科 102 属，包括土著鱼类 162 种，外来鱼类 22 种。其中，鲤形目（Cypriniformes）鱼类最多，共 129 种，占物种总数的 70.1%，隶属 4 科 70 属；其次为鲇形目（Siluriformes），共 31 种，占物种总数的 16.8%，隶属 7 科 16 属；鲈形目（Perciformes）鱼类占第三位，共 14 种，占物种总数的 7.6%，隶属 6 科 7 属。其余 8 目共 10 种，占物种总数的 5.4%。其中，颌针鱼目（Beloniformes）1 科 1 属 2 种；合鳃鱼目（Synbranchiformes）2 科 2 属 2 种；鳗鲡目（Anguilliformes）、脂鲤目（Characiformes）、鳉形目（Cyprinodontiformes）、鲼形目（Myliobatiformes）、胡瓜鱼目（Osmeriformes）和鲀形目（Tetraodontiformes）均为 1 科 1 属 1 种（图 8.1）。

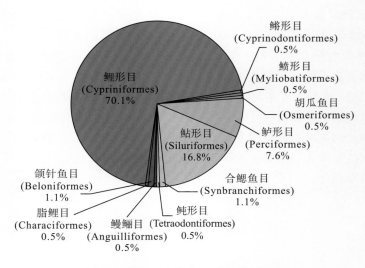

图 8.1　澜沧江鱼类的区系组成（分目）

注：因四舍五入，百分比总和不为 100%。

从科的组成来看（图 8.2），澜沧江鱼类组成以鲤科（Cyprinidae）鱼类为主，共 83 种，占物种总数的 45.1%；爬鳅科（Balitoridae）次之，共 38 种，占物种总数的 20.7%；鮡科（Sisoridae）第三，共 17 种，占物种总数的 9.2%；鳅科（Cobitidae）第四，占物种总数的 3.8%，这四个科的种类占物种总数的 78.8%，其他 22 个科的物种仅有 1～4 种。在鲤科鱼类中，鲃亚科（Barbinae）鱼类 15 属 28 种，占鲤科鱼类总数 33.7%；野鲮亚科（Labeoninae）9 属 16 种，占鲤科鱼类总数 19.3%；波鱼亚科（Rasborinae）6 科 12 种，占鲤科鱼类总数 14.5%；裂腹鱼亚科（Schizothoracinae）3 属 6 种，占鲤科鱼类总数 7.2%；爬鳅科中条鳅亚科（Nemacheilinae）6 属 29 种，占爬鳅科鱼类总数 76.3%；鮡科中纹胸鮡亚科（Glyptosterninae）5 属 15 种，占鮡科鱼类总数 88.2%。

从属的组成来看，物种数排列在前 10 位的属分别是南鳅属（*Schistura*）、结鱼属（*Tor*）、纹胸鮡属（*Glyptothorax*）、墨头鱼属（*Garra*）、荷马条鳅属（*Homatula*）、鲃属（*Danio*）、孟加拉国鲮属（*Bangana*）、裂腹鱼属（*Schizothorax*）、吻鰕虎鱼属（*Rhinogobius*）、鮡属（*Pareuchiloglanis*），其他属的物种数均在 4 种以下。

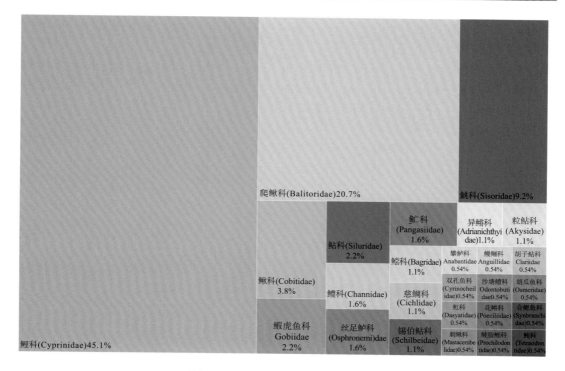

图 8.2　澜沧江鱼类区系组成（分科）

2. 分布格局

　　澜沧江复杂的地形组合导致了复杂的水系构成,形成了流域多样而独特的鱼类区系结构。He 等(2020)的研究将澜沧江分为两个动物地理分布区,上游为亚洲高海拔地区(high central Asia region),此区鱼类区系组成简单,种类相对较少,在功果桥以上江段,共有鱼类 44 种,隶属 4 目 6 科 28 属,以适应高原上高寒和急流生境的裂腹鱼类、高原鳅类以及鳅鮡鱼类为主。其中夹杂着经过长期进化后适应当地环境的地方特有种,包括纹胸鮡属的德钦纹胸鮡(*Glyptothorax deqingensis*)、鮡属的兰坪鮡(*Pareuchiloglanis myzostoma*)等。功果桥以下的澜沧江中游鱼类种类开始增加,共有鱼类 73 种,隶属 7 目 15 科 52 属,并且出现由上游的高原冷水性鱼类向下游热带暖水性江河鱼类过渡的趋势,既存在裂腹鱼亚科这类冷水性鱼类,喜温的鲃亚科和野鲮亚科鱼类也开始出现,纹胸鮡属(*Glyptothorax*)以及南鳅属(*Schistura*)鱼类大量存在,巨鿱(*Bagarius yarrelli*)和鿱(*Bagarius bagarius*)等大型鲇形目鱼类也能够洄游到这一区域。景临桥以下进入澜沧江的下游,这里鱼类物种繁多,共 162 种,隶属 11 目 25 科 96 属,意味着澜沧江所有目的鱼都在这一河段分布,同时澜沧江下游鱼类区系存在明显的热带泛洪平原区系特点,3 种鲇形目鿱属鱼类以及 2 种鮡科鿱属鱼类能够从下湄公河流域上溯到这一区域,南鳅属鱼类成为这一区域内鳅类的主要物种, 另外鲃亚科和野鲮亚科鱼类如裂峡鲃(*Hampala macrolepidota*)、长臀鲃(*Mystacoleucus marginatus*)、长背鲃(*Labiobarbus leptocheilus*)、舌唇鱼(*Lobocheilus melanotaenia*)、澜沧湄公鱼(*Mekongina lancangensis*)也在这一区域分布。

利用历史到现在澜沧江干流古水到关累之间的鱼类分布数据，进行聚类分析可以发现（图8.3），澜沧江鱼类区系可以分为3组：古水到黄登之间的干流河段分为一组；黄登到糯扎渡之间的干流河段分为一组；糯扎渡以下到关累分为一组。澜沧江干流古水-关累段鱼类组成非度量多维尺度（non-metric multidimensional scaling，NMDS）分析排序反映的结果与聚类分析结果一致（图8.4），压力系数（stress）为0.004。对比过去以功果桥和景临桥划分澜沧江河段的方法，从鱼类区系角度来说，澜沧江流域上中游的分界点应为黄登，黄登以上为上游河段，符合高原鱼类区系的特点；黄登到糯扎渡之间为中游河段，鱼类区系呈现上游向下游过渡的特点，高原冷水鱼类与热带江河鱼类混杂；糯扎渡以下为下游河段，具有明显热带鱼类区系特征。

3. 特有鱼类和入侵鱼类

在中国仅见于澜沧江（即在其他五大水系和省外均无分布）的科有3个：双孔鱼科、鲏科、粒鲇科。在中国仅分布于澜沧江的属有31个：双孔鱼属（*Gyrinocheilus*）、裸鲃属（*Gymnodanio*）、大鳍鱼属（*Macrochirichthys*）、罗碧鱼属（*Paralaubuca*）、裂峡鲃属（*Hampala*）、方口鲃属（*Cosmochilus*）、短吻鱼属（*Sikukia*）、盘齿鲃属（*Discherodontus*）、高须鱼属（*Hypsibarbus*）、高体鲃属（*Barbonymus*）、圆唇鱼属（*Cyclocheilichthys*）、长臀鲃属（*Mystacoleucus*）、鲃鲤属（*Puntioplites*）、野鲮属（*Labeo*）、长背鲮属（*Labiobarbus*）、单吻鱼属（*Henicorhynchus*）、舌唇鱼属（*Lobocheilus*）、湄公鱼属（*Mekongina*）、安巴鳅属（*Ambastaia*）、马头鳅属（*Acanthopsis*）、拟长鳅属（*Acanthopsoides*）、原爬鳅属（*Balitoropsis*）、棱唇条鳅属（*Sectoria*）、缺鳍鲇属（*Kryptopterus*）、细丝鲇属（*Micronema*）、叉尾鲇属（*Wallago*）、半鲇属（*Hemisilurus*）、鲏属（*Pangasius*）、粒鲇属（*Akysis*）、线足鲈属（*Trichogaster*）及单孔鲀属（*Monotreta*）。

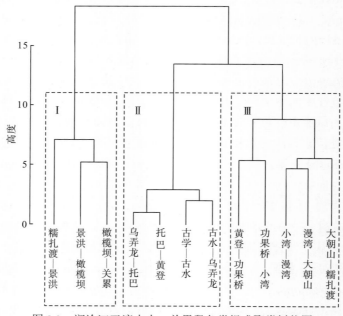

图8.3　澜沧江干流古水—关累段鱼类组成聚类树状图

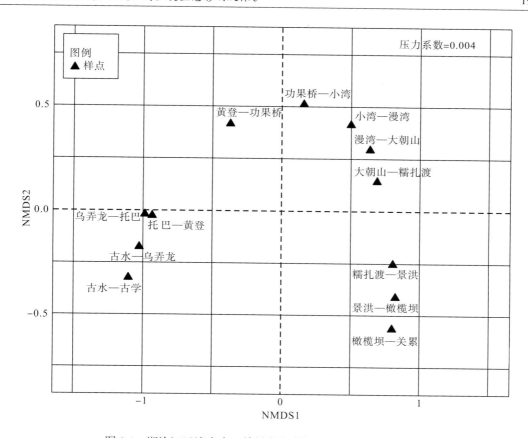

图 8.4　澜沧江干流古水—关累段鱼类组成 NMDS 分析排序图

目前，外来鱼类已成为澜沧江鱼类组成的重要部分，部分外来鱼类已经在澜沧江建群并形成了较大的种群，威胁到澜沧江流域土著鱼类的生存。澜沧江主要的入侵鱼类共 22 种，主要分布在中下游干流以及各个支流和附属湖泊中，而在上游区域，入侵鱼类较少，主要是棒花鱼、麦穗鱼等。其原因在于，一方面由于河流上游水温低，流速快等，限制了罗非鱼和鰕虎鱼等喜温的外来鱼类生存；另一方面，这一地区经济发展相对落后，交通较为封闭，人类干扰少，客观上也防止了外来鱼类入侵。而河流中下游由于水温较高，支流及附属湖泊众多，加之养殖鱼类逃逸等因素，使澜沧江下游成为热带鱼类如尼罗罗非鱼、莫桑比克罗非鱼主要入侵水域。这些入侵种在澜沧江流域不断繁殖，建立种群，通过捕食和饵料竞争等威胁土著鱼类。

4. 濒危及重点保护鱼类

澜沧江流域被列入《中国濒危动物红皮书（鱼类）》的鱼类有 14 种，其中红鳍方口鲃（*Cosmochilus cardinalis*）、湄南缺鳍鲇（*Micronema cheveyi*）、短须粒鲇（*Akysis brachybarbatus*）、镰鲃鲤（*Puntioplites falcifer*）、长丝鲶（*Pangasius sanitwongsei*）被评估为稀有（rare），裂峡鲃（*Hampala macrolepidota*）、裸腹叶须鱼（*Ptychobarbus kaznakovi*）、鮡（*Bagarius bagarius*）、线足鲈（*Trichogaster trichopterus*）、春鲤（*Cyprinus longipectoralis*）被评估为易

危（VU），大鳍鱼（*Macrochirichthys macrochirus*）、大理裂腹鱼（*Schizothorax taliensis*）、大眼鲤（*Cyprinus megalophthalmus*）、双孔鱼（*Gyrinocheilus aymonieri*）被评估为濒危（EN）。被列入《中国物种红色名录》的鱼类共 15 种，其中裂峡鲃、细纹似鱤（*Luciocyprinus striolatus*）、红鳍方口鲃、裸腹叶须鱼、春鲤、湄南缺鳍鲇、长丝鲢、鮡、短须粒鲇、丝尾鳠（*Hemibagrus wyckioides*）、镰鲃鲤（鲃鲤）被评估为易危（VU），大鳍鱼、澜沧裂腹鱼（*Schizothorax lantsangensis*）、大理裂腹鱼、大眼鲤、双孔鱼、细尾鳅（*Pareuchiloglanis gracilicaudata*）、兰坪鳅（*Pareuchiloglanis myzostoma*）被评估为濒危（EN）。除此之外，澜沧江流域中大理裂腹鱼列入国家Ⅱ级重点保护动物名录，双孔鱼、大鳍鱼、春鲤、洱海鲤（*Cyprinus barbatus*）、长丝鲢列入云南省Ⅱ级保护动物名录。

8.1.2 下湄公河鱼类多样性

1. 区系组成

下湄公河流域共记录鱼类 738 种，分属于 24 目 71 科 255 属。下湄公河鱼类区系中鲤形目（Cypriniformes）鱼类共 391 种，占鱼类总数的 53.0%；鲇形目（Siluriformes）135 种，占鱼类总数 18.3%；鲈形目（Perciformes）鱼类共 92 种，占鱼类总数的 12.5%，这三个目的种类占全体的 83.8%。攀鲈目（Anabantiformes）、鳗鲡目（Anguilliformes）、颌针鱼目（Beloniformes）、鲱形目（Clupeiformes）、刺鱼目（Gasterosteiformes）、鲼形目（Myliobatiformes）、骨舌鱼目（Osteoglossiformes）、鲽形目（Pleuronectiformes）、合鳃鱼目（Synbranchiformes）、海龙目（Syngnathiformes）、鲀形目（Tetraodontiformes）11 目，共 100 种，占鱼类总数的 13.6%。银汉鱼目（Atheriniformes）、真鲨目（Carcharhiniformes）、脂鲤目（Characiformes）、鳉形目（Cyprinodontiformes）、海鲢目（Elopiformes）、鼠鱚目（Gonorynchiformes）、马鲅目（Polynemiformes）、锯鳐目（Pristiformes）、鲭形目（Scombriformes）、棘背鱼目（Gasterosteiformes）10 目，均为 1 科 1 属 1 种，占鱼类总数的 1.4%。

湄公河鱼类区系的另一个特点是其科的数量非常多，下湄公河现有鱼类 71 科，在全世界河流中数量最多。其中，鲤形目鲤科（Cyprinidae）鱼类最多，共 249 种，占鱼类总数的 33.7%；其次为鲤形目条鳅科（Nemacheilidae）鱼类，共 79 种，占鱼类总数的 10.7%；鲈形目鰕虎鱼科（Gobiidae）43 种，占鱼类总数的 5.8%；鲇科（Siluridae）31 种，占鱼类总数的 4.2%；鲿科（Bagridae）28 种，占鱼类总数的 3.8%；鳅科（Cobitidae）、鲇科（Pangasiidae）、鲱科（Sisoridae）均为 19 种，分别占鱼类总数的 2.6%；爬鳅科（Balitoridae）和四齿鲀科（Tetraodontidae）均为 16 种，分别占鱼类总数的 2.2%；鲱科（Clupeidae）14 种，占鱼类总数的 1.9%；粒鲇科（Akysidae）、沙鳅科（Botiidae）、丝足鲈科（Osphronemidae）均为 13 种，分别占鱼类总数的 1.8%。以上 14 科共有鱼类 572 种，占下湄公河流域物种总数的 77.5%。

从属的组成来看，下湄公河流域物种数排在前 10 的属依次为：南鳅属（*Schistura*）、波鱼属（*Rasbora*）、吻孔鲃属（*Poropuntius*）、鲇属（*Pangasius*）、鳠属（*Mystus*）、大丹鱼属（*Devario*）、墨头鱼属（*Garra*）、半鲿属（*Hemibagrus*）、舌唇鱼属（*Lobocheilus*）、纹唇鱼属（*Osteochilus*）。10 属共有鱼类 175 种，占鱼类总数 23.7%，其余 245 个属的物种数均在 10 种以下。

2. 入侵鱼类

外来种入侵通常是引发一个区域生物多样性危机的主要因素。下湄公河流域的 738 个物种中，有 12 种外来入侵鱼类，分别是：棒花鱼（*Abbottina rivularis*）、卷须鲮（*Cirrhinus cirrhosus*）、鲤（*Cyprinus carpio*）、唇鲬（*Hemibarbus labeo*）、露斯塔野鲮（*Labeo rohita*）、尼罗罗非鱼（*Oreochromis niloticus*）、莫桑比克罗非鱼（*Oreochromis mossambicus*）、尖齿胡子鲇（*Clarias gariepinus*）、花鲬（*Hemibarbus maculatus*）、黑颊非鲫（*Sarotherodon melanotheron*）、条纹鲮脂鲤（*Prochilodus lineatus*）以及扁加秋司鲨鲇（*Pangasius pangasius*）。以上 12 种都是一些偏好温暖水体生境的物种，具有广阔的生态位，能够很好地适应下湄公河流域，并建立种群定居。

虽然下湄公河流域外来入侵鱼类相对较少，但应该注意到这 12 种外来鱼类大多为渔业生产常见的养殖鱼类，它们大都具有生长快、产量高、生产潜力大的特点，因此从土著鱼类保护以及全流域生态安全角度来看，应当留意养殖鱼类和外来引种对流域土著物种的影响，减少生物入侵带来的负面作用。

3. 生态类群

与澜沧江上游适应高寒气候的冷水性鱼类区系相比，下湄公河流域地处赤道与北回归线之间，属于热带气候，因此形成了截然不同的热带江河鱼类区系。下湄公河流域共有热带鱼类 702 种，占物种总数的 95%，它们通常生活在下游干支流、附属湖泊和河口生境中，这里水温高，河面宽阔，初级生产力高，形成了物种高度丰富的淡水生态系统。除此之外，还有亚热带及温带鱼类 36 种，占鱼类总数的 5%，它们生存的水体水温相对较低，大都分布在下湄公河的上游地区，即与中国接壤的中南半岛北部，这里纬度相对较高，并且海拔较高。主要有鲱鲇属的长臀鲱鲇（*Clupisoma longianalis*）和白甲鱼属的南方白甲鱼（*Onychostoma gerlachi*）、鳑属的短须鳑（*Acheilognathus barbatulus*）等。这里还是众多支流的发源地，同时也是鳅类适宜的生境，包括间吸鳅属的彭氏间吸鳅（*Hemimyzon pengi*）、荷马条鳅属的拟鳗荷马条鳅（*Homatula anguillioides*）和南鳅属的短头南鳅（*Schistura breviceps*）等。

两个或多个群落之间（或生态地带之间）的过渡区域称为生态交错区（牛翠娟等，2013）。河口湿地作为河流和海洋生态系统的交错区，是世界上生产力最高的生物群落区之一（Costanza et al.，1997）。下湄公河河口共有鱼类 170 种，占物种总数的 23%，隶属 20 目 52 科 121 属。其中鲈形目（62 种）最多，鲇形目（28 种）次之，鲤形目 22 种，鲱形目 14 种；从科的水平上看，鰕虎鱼科（33 种）最多，其次为鲤科（18 种）、鲱科（11 种），其他 49 科物种数均在 10 种以下。比较典型的河口鱼类有尖吻鲨属（Rhizoprionodon）的尖吻鲨（*Rhizoprionodon acutus*）、锯鳐属（Pristis）的小齿锯鳐（*Pristis microdon*）、仰口鲾属（Secutor）的仰口鲾（*Secutor ruconius*）等。

4. 洄游鱼类

下湄公河流域位于典型的热带季风气候区，全流域几乎都受季风的影响。季风带来的暴雨使得下湄公河流域中下游形成面积广阔的洪泛平原，而大多数的热带洪泛平原河流都有洄游鱼类的分布，这些鱼类在不同的栖息地之间进行着季节性或非季节性的洄游。鱼类洄游最主要是为了利用三种生境——索饵场、产卵场、越冬场。

下湄公河流域的鱼类因为生活史的不同而具有不同的洄游模式。一类通常称为"黑鱼"，如攀鲈(*Anabas testudineus*)、蟾胡鲇(*Clarias batrachus*)、线鳢(*Channa striata*)等，它们只在洪泛平原上的永久性水体和季节性水体间做短距离洄游，这些鱼类通常具有较强的缺氧耐受性，能够在低水位和缺氧生境中存活较长时间；另一类通常称为"白鱼"，如暹罗印度鲤(*Catlocarpio siamensis*)、杜氏圆唇鱼(*Cyclocheilichthys enoplos*)、穗须原鲃(*Probarbus jullieni*)，湄公河巨型鲇鱼(*Pangasianodon gigas*)等，这些都是大型"白鱼"，它们一年中的大部分时间都生活在水面宽阔的主河道中，在雨季来临时沿河道上溯，到达产卵场后产出大量的漂浮性卵，这些"白鱼"通常生态位狭窄，对水体的温度、溶氧的变化耐受性不高。

8.1.3　澜沧江与下湄公河鱼类区系关系

澜湄流域的澜沧江流域与下湄公河流域，其水系是一个连通的整体，但其水域环境特征的纵向差异突出，分析澜沧江与下湄公河共有鱼类的组成和特点，对高环境梯度纵向国际大河流域鱼类资源管理和保护具有重要意义。

澜沧江与下湄公河有 102 种共有的鱼类，隶属 8 目 21 科 71 属。其中，脂鲤目鲮脂鲤科 1 属 1 种；鳗鲡目鳗鲡科 1 属 1 种；鲼形目缸科 1 属 1 种；颌针鱼目异鳞科 1 属 2 种；合鳃鱼目的合鳃鱼科 1 属 1 种，刺鳅科 1 属 1 种；鲈形目的鰕虎鱼科、攀鲈科均为 1 属 1 种，丝足鲈科 2 属 2 种，慈鲷科 1 属 2 种，鳢科 1 属 3 种；鲇形目的胡子鲇科、鲿科均为 1 属 1 种，锡伯鲇科 1 属 2 种，魟科 1 属 3 种，鲇科 4 属 4 种，鮡科 4 属 7 种；鲤形目双孔鱼科 1 属 1 种，鳅科 7 属 7 种，爬鳅科 7 属 16 种，鲤科 32 属 44 种。这 102 种中，鳗鲡属的双色鳗(*Anguilla bicolor*)，鲃属的鲃(*Bagarius bagarius*)和巨鲃(*Bagarius yarrelli*)，鲇属的长丝鲇(*Pangasius sanitwongsei*)、短须鲇(*Pangasius micronemus*)、贾巴鲇(*Pangasius djambal*)均为长距离洄游鱼类。

从不同的分类水平来看，102 个共有种中，鲤形目鱼类最多，共 68 种，占总数的 66.7%；鲇形目 18 种，占总数的 17.6%；鲈形目 9 种，占总数的 8.8%，这三目占总数的 93.1%。从属的组成来看，南鳅属鱼类最多，共 9 种，占总数的 8.8%，其次为结鱼属，共 5 种，占总数的 4.9%；墨头鱼属 4 种，占总数的 3.9%；其他属物种数均在 4 种以下。

8.2　水文条件变化背景下的鱼类生态响应

8.2.1　数据来源与整理

整理澜沧江流域历史时期(20 世纪 90 年代以前)和现在时期(2006～2015 年)鱼类物种分布数据，通过比较历史时期和现在时期鱼类功能特征组成及其结构变化，量化分析澜沧江水文等环境变化下的鱼类生态响应。

鱼类分布数据一方面来自文献检索，包括所有可用的专著、已发表的论文、调查报告等，另一方面通过 2006 年至今 30 多次现场采样获取。依据文献 Froese 和 Pauly（2021）对数据进行校订，以避免无效物种以及同义词和同音异义。选取了 17 个与鱼类生态功能密切相关的功能性状（图 8.5，表 8.1），用分类和连续数据表示，包括偏好水温、偏好水层、移动能力、体型、食性、口位、营养级、最大体长、体高/体长、头长/体长、尾柄长/体长、吻长/头长、眼径/头长、眼间距/头长、尾柄高/尾柄长、世界自然保护联盟（International Union for Conservation of Nature，IUCN）分类、商业价值，构建一个功能特征数据矩阵：一方面在流域内进行野外采样，依据样点水深选择合适的渔具进行采样，采样后现场进行渔获物分析并拍照，进行形态学参数测定；另一方面从文献中查阅物种的摄食习惯、生境类型等数据，通过 R（Version 3.5.1）"rFishbase"加载包从 Fishbase 数据库获取，并结合已发表文献书籍进行校对，初步构建完成后由鱼类学专家对数据进行校订。当一个物种的信息无法获得时，我们将该属的数据类推到物种层面。对于形态参数这一类的连续数据，若给定物种有多个值可用时，计算每个物种相应参数的平均值。在进行形态学参数测定时，一般以鱼体左侧为准，基于 Gatz（1979）提出的方法，大于 200mm 的可量性状采用直尺测量，精度为 0.1mm；小于 200mm 的可量性状则采用游标卡尺测量，精度为 0.01mm；而对于分类数据，由于目前没有统一的分类方式，本书依据 Pool 等（2010）和 Wiedmann 等（2014）提供的分类方法，对获得的原始数据进行整合分类。

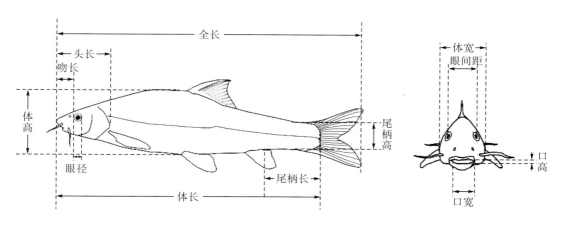

图 8.5　鱼类功能形态特征测量图

表 8.1　鱼类功能特征分类及描述

特征/描述	类别	数据来源	数据类型
IUCN 红色名录	渔业相关	FishBase	分类（EX，CR，EN，VU，NT，LC，DD）
商业价值	渔业相关	FishBase	分类（无兴趣，低价值，中等价值，高价值）
水温	栖息地	FishBase	分类（温带，亚热带，热带）
水层	栖息地	FishBase	分类（上层，中下层，底层）
食性	营养	FishBase	分类（草食性，食虫，食虫-食鱼，杂食性，肉食性）

特征/描述	类别	数据来源	数据类型
口位	营养	FishBase	分类(上位，亚上位，端位，亚下位，下位)
体型	运动	FishBase	分类(蛇形，圆筒形，梭形，扁平形，扁圆形)
移动能力	运动	FishBase	分类(不移动，短距离，长距离)
营养级	营养	FishBase	数值型
最大体长	运动	现场测量/文献	数值型
体高/体长	运动	现场测量/文献	数值型
头长/体长	运动	现场测量/文献	数值型
尾柄长/体长	运动	现场测量/文献	数值型
吻长/头长	运动	现场测量/文献	数值型
眼径/头长	运动	现场测量/文献	数值型
眼间距/头长	运动	现场测量/文献	数值型
尾柄高/尾柄长	运动	现场测量/文献	数值型

为研究鱼类响应与环境的关系，本书共搜集测量了 9 个环境因子(表 8.2)，其中经度、纬度、海拔通过现场采样测量，河段长度通过文献数据获取。根据样点的经纬度信息，利用 R 软件，获取其他环境因子数据。水温数据(1960～2010 年)和流量数据(1979～2014 年)利用"nasapower"加载包通过美国 NASA 兰利研究中心的 NASA/POWER 项目(https://power.larc.nasa.gov/)获得。气象数据(1984～2015 年)通过"ncdf4"包从 Unidata(https://www.unidata.ucar.edu/)获取。根据鱼类名录的年代划分，2006 年之前设定为历史时期数据，2006～2015 年为现在时期数据，对每一项数据求平均值，得到历史时期和现在时期的环境因子矩阵。

表 8.2 澜沧江不同河段的环境因子

河段名称	河段长度/km	平均海拔/m	平均经度	平均纬度	多年平均空气温度/℃	多年平均相对湿度/%	多年平均降水/mm	多年平均流量/(m³/s)	多年平均水温/℃
古学—古水	69.3	2235	98.7°E	28.86°N	4.02	59.02	85.64	1100.18	6.4
古水—乌弄龙	94.3	2127	98.84°E	28.28°N	5.97	68.09	110.23	1143.34	6.44
乌弄龙—托巴	108.2	1960	99°E	27.6°N	8.65	71.15	127.26	1210.15	7.63
托巴—黄登	96	1649.5	99.1°E	26.9°N	9.86	69.84	130.72	1321.21	9.07
黄登—功果桥	144	1388	99.22°E	26.01°N	12.84	69.01	143.04	1508.53	10.89
功果桥—小湾	170	1154.5	99.72°E	25.09°N	15.8	67.39	145.1	1801.39	13.77
小湾—漫湾	58.3	1003	100.29°E	24.64°N	16.3	66.69	139.26	1987.64	16.25
漫湾—大朝山	90.6	913.5	100.47°E	24.31°N	16.65	67.32	146.9	2045.74	18.04
大朝山—糯扎渡	215	776.5	100.46°E	23.34°N	17.95	70.11	178.42	2396.44	19.43
糯扎渡—景洪	105	623.5	100.6°E	22.44°N	19.42	72.45	198.71	2735.52	20.75
景洪—橄榄坝	33.4	532.5	100.78°E	22.13°N	19.94	72.65	195.12	2823.78	20.8
橄榄坝—关累	54.08	508.5	101°E	21.81°N	20.73	71.16	182.41	2998.83	20.64

8.2.2　数据分析方法

首先把物种分布矩阵和物种功能矩阵转化为样点的功能特征矩阵(行为样点，列为特征值)，对比每一个样点在历史时期和现在时期每一个特征值的变化。数值型的连续数据采用直接对比，而分类变量则采用每一个亚变量占比前后变化进行对比。然后对得到的功能特征矩阵使用高尔距离(Gower's distance)计算功能距离矩阵参数，高尔距离是一个能够容纳标准值、序数值、连续值和缺失值的度量(Pavoine et al.，2009)。最后，利用排序分析来表示鱼类功能性状所占据的多元性状空间(Villéger et al.，2013)。

群落数据一般是多维数据，多元统计分析是群落生态学常用的分析方法，排序(ordination)是多元统计最常用的方法之一(赖江山和米湘成，2010)。排序方法最初用于分析群落之间的连续分布关系，经过不断发展，不仅可以排列样方，也可以排列物种和环境因子，用于研究群落之间、群落与其环境之间的复杂关系(张金屯，2004)。只使用物种组成数据的排序叫作间接排序(indirect ordination)，同时使用物种和环境因子组成数据的排序叫作直接排序(direct ordination)。在现代的排序方法中，最常用的有两类：一类是基于线性模型的主成分分析(principal component analysis，PCA)及其衍生出来的冗余分析(redundancy analysis，RDA)(赖江山和米湘成，2010)，另一类为基于非线性模型的对应分析(correspondence analysis，CA)及其直接梯度分析版本"典范对应分析"(canonical correspondence analysis，CCA)(赖江山和米湘成，2010)。进行排序分析之前，首先要判断是选择线性模型还是单峰模型(Etten，2003)，一般来说，如果物种分布变化大，选择单峰模型效果较好，在 R-vegan 里面，用 DCA 分析来判别。本书利用 DCA 分析，对得到的功能距离矩阵进行判别，前四个轴最大值小于 3，因此选择主成分分析(PCA)进行排序。

8.2.3　澜沧江鱼类功能特征对水文条件变化的响应

对澜沧江历史时期和现在时期鱼类群落的连续型功能特征值进行比较(图 8.6)。历史时期，澜沧江鱼类最大体长介于 18～36cm，平均体长 26.11cm，从上游到下游最大体长呈现逐渐增加的趋势。现在时期，鱼类最大体长介于 20～45cm，平均体长 31.16cm，而土著物种体长介于 20～42cm，平均体长 30.29cm，最大体长从上游到下游基本呈逐渐增加的趋势。对比历史时期，现在时期同一河段的平均体长均增加，且未建坝区鱼类平均体长增加极显著($t=-7.10$，$p<0.01$)，建坝区平均体长增加显著(土著种：$t=-3.28$，$p=0.02$；所有种：$t=-3.45$，$p=0.02$)(图 8.7)。体高/体长在历史时期的平均值为 0.203，现在时期的土著种和所有种分别为 0.206、0.213，未建坝区变化极显著($p<0.01$)，建坝区土著物种变化不明显($t=-1.35$，$p=0.39$)，所有物种变化明显($t=-3.46$，$p=0.02$)。头长/体长历史时期(0.230)小于现在时期土著种(0.233)和现在时期所有种(0.236)，未建坝区变化不显著($t=-1.99$，$p=0.13$)，建坝区土著种变化显著($t=-3.00$，$p=0.03$)，所有种变化极显著($t=-4.07$，$p<0.01$)。历史时期的尾柄长/体长为 0.178，现在时期的这一数值在土著种(0.170)和所有种(0.172)都减小，未建坝区变化不显著($t=2.27$，$p=0.13$)，建坝区土著物

种变化显著（$t = 2.58$，$p = 0.01$），所有物种变化不显著（$t = 1.34$，$p = 0.15$）。吻长/头长历史时期比值为 0.422，现在时期这一数值减小为土著种 0.417，所有种 0.405，总体上未建坝区的这一数值减小不显著（$t = 1.75$，$p = 0.12$），而建坝区土著种（$t = 1.15$，$p = 0.69$）和所有种（$t = 3.02$，$p = 0.04$）均减小，且变化显著。眼径/头长变化较小，历史时期平均值为 0.167，而现在时期略微增加，为 0.170，在未建坝区所有种减小但变化不显著（$t = 1.76$，$p = 0.12$），而建坝区土著物种增加不显著（$t = -1.14$，$p = 0.22$）。眼间距/头长历史时期为 0.352，而现在时期土著种增加，为 0.355，而所有种反而减少为 0.350，未建坝区所有种显著增加（$t = -5.31$，$p = 0.02$），建坝区土著种减少不明显（$t = 0.74$，$p = 0.22$），所有种减少明显（$t = 2.64$，$p < 0.01$）。历史时期的尾柄高/尾柄长为 0.588，现在时期土著种和所有种都为 0.607，而未建坝区总体增加极显著（$t = -6.20$，$p < 0.01$），建坝区增加不显著（土著种：$t = -1.56$，$p = 0.49$；所有种：$t = -1.64$，$p = 0.65$）。

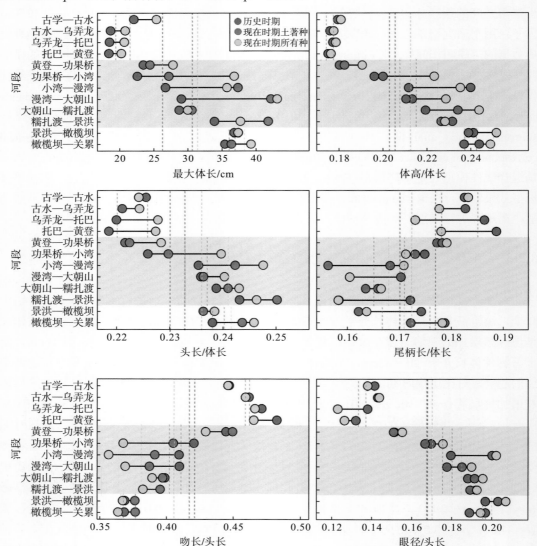

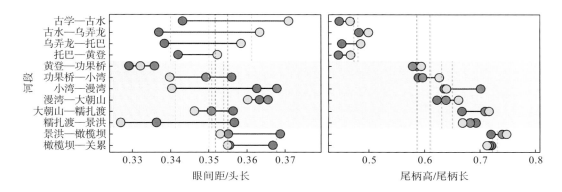

图 8.6　水文等环境条件变化下不同河段鱼类功能特征的变化

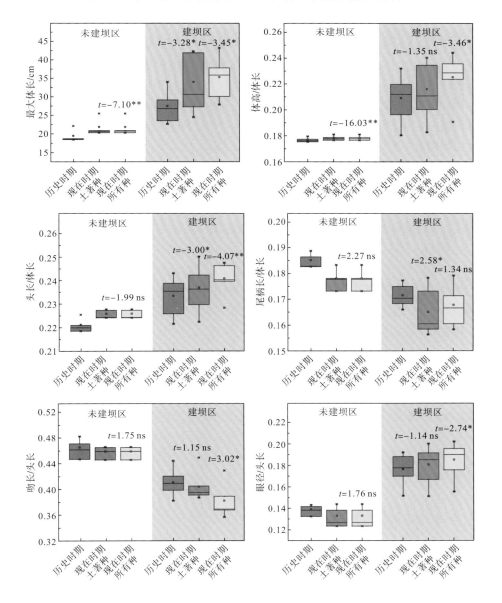

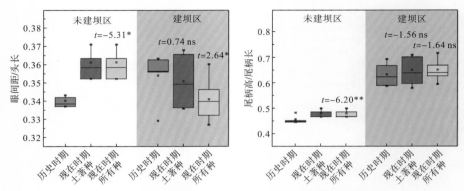

图 8.7　建坝区和未建坝区鱼类功能特征变化箱型图
注：**表示差异极显著，*表示差异显著，ns 表示差异不显著。

上游未建坝区不受外来物种的影响，现在时期的所有物种和土著物种变化一致，而最大体长、体高/体长、头长/体长、眼间距/头长、尾柄高/尾柄长较历史时期相比，均呈现增加的趋势，其他特征减小，其中吻长/头长现在时期土著种较历史时期增加，而现在时期所有物种较历史时期反而减小。中游建坝区最大体长、体高/体长、头长/体长、眼径/头长、尾柄高/尾柄长均高于历史时期，并且所有物种的变化较土著种更明显。建坝下游区域变化趋势同建坝区一致。

从与营养相关的口位方面看，在未建坝区，历史时期仅存在下位(95%)和亚下位(5%)两种类型的鱼，现在时期具有亚下位的种类已经灭绝，上游未建坝区所有的鱼均是下位，未建坝区前后两个时期口位的变化均不显著。而建坝区的鱼类口位相对丰富，历史时期下位的鱼占 67.2%，亚下位(13.9%)和端位(12.3%)的鱼紧接其后，上位(3%)和亚上位(3%)的鱼相对较少。建坝区的土著种中，下位(77.35%)和亚下位(14.3%)的比例增加，其他口位比例下降，上位的鱼都消失。而现在时期所有种除了下位(64.1%)比例减少，端位(18.5%)比例增加外，其余几乎没有变化，其中土著种与历史时期对比，上位和亚下位变化显著；所有种同历史时期相比，下位、端位和亚上位变化显著。食性方面的变化同口位一致，在未建坝区，历史时期大多数鱼类食性以食虫(50%)为生，其他鱼类为杂食性(35%)或草食性(15%)；现在时期三种食性比例略微发生变化。而建坝区鱼类的食性较为多样化，历史时期以杂食(43.4%)和食虫(32.8%)为主，而现在时期土著种中除草食性和食虫的比例稍微增加，其他食性鱼类比例均下降，现在时期所有物种比例几乎没有发生变化。前后两个时期相比较，未建坝区杂食性和食虫性变化极显著，而建坝区草食性和现在时期土著种的食鱼性变化显著。

鱼类物种的体型和移动能力与其运动有关。未建坝区的鱼类以圆筒形(95%)为主，大多数是定居(80%)，只有少部分在栖息地之间进行短距离移动(20%)，历史时期和现在时期对比，梭形鱼类消失，体型和移动能力变化均显著。同样地，建坝区历史时期也以圆筒形(61.5%)和梭形(35.2%)鱼类为主，有较少的鱼类是蛇形和扁圆形，相比于历史时期，土著种中梭形(30.7%)鱼类比例减少，圆筒形(66.7%)鱼类比例增加，而所有种没有较大的变化，其中建坝区的变化均为极显著。就移动能力而言，建坝区也以定居(68.9%)鱼类为主，有少量短距离移动(31.1%)鱼类，前后时期相比，定居(72.8%)鱼类比例略有增加，变化均不显著。

　　与栖息地相关的两个变量(栖息水层和水温偏好)均没有发生明显的变化,历史时期未建坝区以底层(55.0%)鱼类为主,而现在时期中下层(50.0%)鱼类比例增加,底层减少且变化显著。历史时期建坝区以中下层(59.0%)鱼类为主,也有少量鱼类喜栖息在上层(4.9%);而现在时期土著种的上层鱼类减少为1.3%,中下层增加到63.0%,变化极显著,所有种比例没有明显变化。在偏好水温方面,未建坝区喜热带(5.0%)鱼类少,喜温带(75.0%)鱼类占大多数,前后时期相比,除了少量喜热带物种消失外,没有明显变化;而建坝区历史时期喜温带(17.32%)鱼类少,热带(45.1%)和亚热带(37.7%)鱼类比例较大,前后时期对比,亚热带(25.3%)鱼类增加,变化极显著(图8.8)。

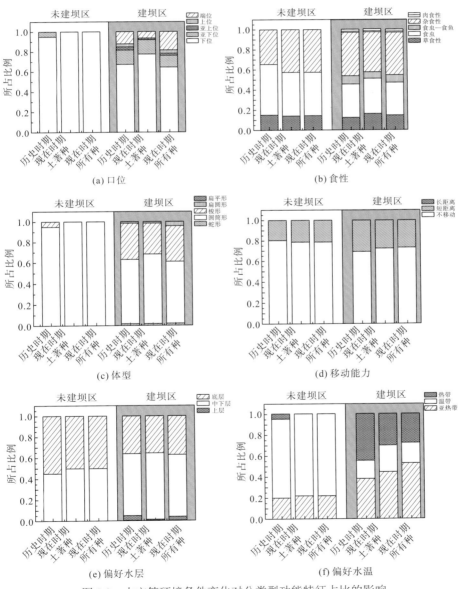

图 8.8　水文等环境条件变化对分类型功能特征占比的影响

8.2.4　澜沧江鱼类功能特征响应与环境因子的关系

　　RDA 分析可将研究对象(用质心表示)排序和环境因子(用箭头表示)排序表示在一个图上,可以直观地显示它们之间的关系,箭头所处的象限表示环境因子与排序轴之间的正负相关性,箭头连线的长度代表某个环境因子与研究对象分布相关程度的大小,连线越长,代表这个环境因子对研究对象的分布影响越大。箭头之间的夹角越大代表环境因子的相关性越小;夹角越小,相关性越大。箭头与排序轴的夹角代表某个环境因子与排序轴的相关性大小。首先可以看出,平均海拔与平均纬度呈较强的正相关关系(图 8.9),与其他的环境因子呈明

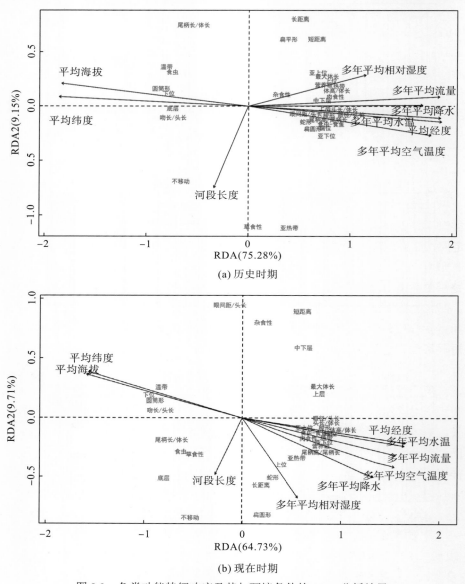

(a) 历史时期

(b) 现在时期

图 8.9　鱼类功能特征响应及其与环境条件的 RDA 分析结果

显的负相关关系。并且历史时期，大多数与形态与营养相关的参数分布在一四象限，与海拔及纬度没有明显相关性。而现在时期环境因子在第四象限，主要对与营养、体型相关的性状影响较大。河段长度与其他环境因子的相关性增强，但对于特征值的影响变小。

　　总体上，澜沧江鱼类历史时期和现在时期的功能特征在纵向梯度上的分布格局发生了一定的变化，上游的功能特征较为单一，中下游功能特征多样化。在水文等环境条件变化的背景下，上游未建坝区鱼类体长增加，体型为梭形，口下位的鱼类消失，杂食性鱼类比例增加。中下游建坝区鱼类体长增加，体型为圆筒形的鱼类增加，生活在上层的鱼类减少，移动能力减弱，口下位鱼类增加，其中土著种的变化不显著，所有种变化显著。现在时期的鱼类功能特征变化的主要原因是水电开发在一定程度上改变了河道的水文条件，库区流水变为静水(Kummu and Sarkkula, 2008)，自然季节流量改变，坝下区域水温较低(Räsänen et al., 2017)，影响或破坏了部分鱼类物种的洄游、栖息、索饵和繁殖的条件(Helms et al., 2011)。另外，大多数的外来鱼类物种可能无法适应澜沧江上游地区的低温或急流环境，而中下游区域低海拔和适宜的环境促进了许多外来鱼类物种的成功定居，而水电开发引起水文条件改变使得外来种比土著种更容易扩散和繁殖(Zhang et al., 2018)，从而使土著种减少甚至丧失(Mouillot et al., 2013)。

8.2.5　下湄公河鱼类对水文变化的可能响应

1. 洄游鱼类对水文变化的可能响应

　　鱼类洄游是指鱼类为满足不同生活史阶段对生活条件的需要(摄食、产卵、越冬等)，定期、定向、集群地由一个水体进入另一个水体的行为。鱼类可在海洋到河流、河流不同河段间、干流-支流之间洄游，洄游距离从几千米到几千千米。由于洄游鱼类必须通过洄游完成整个生活史过程，因此，洄游通道阻断可能会对这类鱼类种群产生严重影响甚至导致灭绝。在澜沧江鱼类中，目前未发现有海洋至江河之间的河海洄游型鱼类，但部分鱼类有产卵和摄食洄游的习性。按照洄游路线的长短，可以将澜沧江洄游鱼类分为长距离洄游鱼类和短距离洄游鱼类两种。

　　澜沧江中典型的长距离生殖洄游鱼类为鲶科鱼类，是澜沧江-湄公河中体型最大的一类鱼类，一般个体重达 60～80kg，多在下湄公河中生长发育，它们每年随着江水暴涨，便从湄公河上溯经勐松进入澜沧江南斑河、补远江等支流进行产卵活动，这些鱼类溯河的路程较长，常常要越过许多急流险滩等障碍，有较强的游泳能力。繁殖以后大量摄食并逐步沿河回到湄公河的开阔水域。每年 5 月上溯到澜沧江及其支流南斑河。在澜沧江流域，有过采样记录的种类为长丝鲶(*Pangasius sanitwongsei*)、贾巴鲶(*Pangasius djambal*)、短须鲶(*Pangasius micronemus*)，采样记录为：1960 年采到 4 尾；1978 年采到 3 尾，体重分别为 62kg、72kg 和 84kg；1993 年采到 1 尾(杨君兴等，2007)。这些标本的捕获时间都集中于 4～5 月。捕获季节与鲶科鱼类产卵繁殖季节吻合，表明鲶科鱼类洄游到澜沧江下游，属于产卵洄游，而非索饵洄游。捕获记录主要在 20 世纪 60～70 年代，20 世纪 80 年代后捕获数量很少。下湄公河也有类似递减的情况，分布于泰国与老挝交界处的巨鲶

(*Pangasianodon gigas*)，1986～1993 年中最多的一年捕到 62 尾，1994 年只捕到 18 尾，1995 年 16 尾。这种状况已经成为湄公河流域各国共同关心的问题，因为鲶类是湄公河重要的渔业对象。

鲶科鱼类的减少发生在我国澜沧江修建电站以前，从采样点来看，鲶科鱼类主要洄游至景洪下方的澜沧江河段及支流补远江，目前该区域尚未建设水电站，鲶科鱼类繁殖洄游路线并未阻断，因此，澜沧江目前的梯级开发对鲶科鱼类繁殖洄游的影响较小。另外，澜沧江下游仅是上湄公河洄游系统的一小部分(Coates et al.，2000)，其主要产卵场不在中国境内，由此可见，澜沧江梯级开发对鲶科鱼类的影响因其在该河段已十分稀少而变得较小。近二十年来，澜沧江-湄公河鲶科鱼类的种群衰退，推测原因可能为：①湄公河流域的过度捕捞。近年来，湄公河下游各河段渔业产卵不断提高，鱼类捕捞压力增大。例如，在过去的 50 年，湄公河渔获量增加了一倍，而人口增加了 3 倍。洞里萨湖总的渔获量从 1940 年的 125000t 增加到 1995 年的 235000t，在此期间渔民的数量从 360000 人增加到 1200000 人，每个渔民的渔获量从 347kg 下降到 196kg(van Zalinge et al.，2003)。一方面人类直接捕捞了鲶科鱼类；另一方面，对鲶科鱼类的饵料鱼的大量捕捞，会造成鲶科鱼类饵料不足，引起种群减小。相似的现象也见于怒江-萨尔温江流域的云纹鳗鲡(*Anguilla nebulosa*)。云纹鳗鲡是一种河-海洄游鱼类，它们在印度洋产卵，洄游到中国境内怒江干流及支流，历史上为常见种。目前，尽管中国尚未在怒江干流建坝，但云纹鳗鲡已经近十年未捕获到。

澜沧江中、下游短距离洄游鱼类种类较多，包括鲤形目中鲤科、鳅科、平鳍鳅科以及鲇形目鲇科、鲿科、鮡科等种类，经过长期自然选择与适应，亲鱼在繁殖季节仅进行很短距离的生殖洄游，如沿干流上溯一段或上溯到附近的支流，寻找合适的附卵基质及水流条件，便可完成繁殖的过程，它们在急流或缓流的砾石滩上产沉黏性卵，仔鱼孵出后多在产卵场附近进行索饵，即受水流影响向下漂流，其距离也不远。目前，短距离洄游鱼类中，巨鮥、中华刀鲇、中国结鱼等仍然是澜沧江下游的主要渔获物，特别是在补远江中这类鱼类的生物量非常大。澜沧江下游补远江等支流连通性的保持，有效地缓解了干流水文变化对短距离洄游鱼类的影响。

2. 水文变化对下湄公河渔业的影响

洪水脉冲作用对洞里萨湖生态系统和下湄公河流域渔业生产力具有重要影响(Junk 1997；Kummu and Sarkkula，2008)，较高的洪水位和较长的持续时间对湄公河鱼类非常重要，是渔业产量的保障。洪泛平原上季节性的生境由雨季带来的洪水泛滥所形成，是湄公河的主要鱼类育肥和繁殖场所(Sverdrup-Jensen，2002)。这些地区在洪水泛滥期间有大量的营养物质、食物和庇护场所，并且大多数湄公河鱼类在其生命周期的早期要依赖这些资源。湄公河流域内最重要的洪泛平原复合体是柬埔寨的洞里萨河/洞里萨湖系统和越南的湄公河三角洲。在流域上半部分的泰国和老挝，洪泛区的面积要小得多，并且主要是跟湄公河的支流关联。再往上游走，也就是从万象以上洪泛平原生境越来越少，河流逐渐变为一条典型的两岸山体陡峭的山地河流(陈丽晖和何大明，2000)。

已有的研究表明，澜沧江小湾、糯扎渡电站运行后，下湄公河主要水文站月平均水位相对于天然时期的水位变化，总体上表现为：2013～2014 年枯水期清盛站、琅勃拉邦站、万象站、那空帕农站、穆达汉站、巴色站、上丁站和桔井站平均水位分别增加了 1.3m、1.4m、1.07m、0.68m、0.76m、0.82m、0.7m 和 1.67m；到桔井站以下，水文站点水位变化较小，金边站平均水位增加 0.29m。2013 年洪水期清盛站、琅勃拉邦站、万象站、那空帕农站和穆达汉站平均水位分别减小 1.38m、1.43m、1.01m、0.81m 和 0.76m，2014 年洪水期平均水位分别减小 1.33m、1.64m、1.3m、1m 和 0.9m。穆达汉站以下干流水位变化受上游澜沧江水电站的影响不明显(Lu and He，2019)。由此可以看出，从水位变化来看，清盛站至桔井站在枯水期水位上升约 1m，洪水期下降 1m 以上，但梯级电站建设对水位的影响随着距离增加而减小。到穆达汉站以下，洪水期水位变化不大，因而对最重要的柬埔寨的洞里萨河/洞里萨湖系统和越南的湄公河三角洲影响不大。枯水期水位的升高，对于一些定居性鱼类，如攀鲈(*Anabas testudineus*)、蟾胡鲇(*Clarias batrachus*)、线鳢(*Channa striata*)等，能够提供更多的产卵场所和栖息空间，有利于这类鱼类产量的提高。

8.3　流域鱼类资源综合保护实践与模式

8.3.1　鱼类资源保护实践

1. 梯级电站的科学规划与生态调度

通过梯级开发方案的优选，取消对鱼类影响较大的梯级电站，降低一些梯级水坝的坝高，保留鱼类关键分布区的干流天然河道。此外，根据 2012 年环境保护部批复的《澜沧江水电开发环境影响及对策研究报告》，结合各梯级开发河段鱼类区系特点和河流环境特征，在侧格、约龙、班达、如美库尾及卡贡河段规划了天然河道，在乌弄龙至古水间保留了 51.9km 的天然河道，托巴至里底梯级之间保留了约 26km 的干流为天然河道，橄榄坝到南腊河出境口段也保留了天然河道。在澜沧江规划的梯级电站全面开发完成以后，澜沧江干流保留的天然河段分布在澜沧江上游至下游的各个梯级河段之间，能够有效地保障河流纵向梯度上鱼类群落对干流水环境的需求(图 8.10)。

基于澜沧江下游关键生态敏感对象"经济和特有鱼类"，本书揭示了关键鱼类的水温、水位、流量等环境要素需求，研发糯扎渡、景洪、橄榄坝三个梯级水电工程的联合生态调度技术和鱼类洄游通道工程调控技术。

以澜沧江中下游地区糯扎渡、景洪、橄榄坝三座电站为研究对象，将补远江作为生态节点，探究三座水库调蓄的经济效益(发电量)和生态效益关系。该调度方案主要分为两大步骤。第一步骤，发电调度。将允景洪电站 1987～2003 年的日径流资料数据作为目标电站日流量数据。以发电量最大为调度目标，以库容、水量平衡、下泄量非负、水位-库容关系、爬坡、发电时数、水轮机出力等为约束条件，建立单目标非线性优化模型。上述提到的约束参数是通过各类文献搜集而得，各数据间矛盾之处以发表时间较新的文献为主。第二步骤，耦合生态模型。目标函数不变，将月均流量、月基本流量作为生态调度的主要参考指标,将它们列入约束方程。将自然情况下与模拟调度情况下的月均流量变动率控制在一定的范围之内,达到生态调度的目的。

2. 支流保护与生境替代

在水能利用效率高的干流进行兼顾生态环境保护的水电开发,在与之相通的众多支流中选择适宜的河流建立鱼类保护区,以保护受干流开发影响的鱼类,即支流生境替代保护的基本思路。选择澜沧江下游生态环境较好的补远江流域,评估该流域鱼类生境适宜性,规划设计鱼类保护区,并开展保护区建设和管理示范;随后,提出在受小型电站影响的支流,开展河流连通性修复和栖息地保护的规划,并在建有电站的南腊河和基独河开展前期调研工作。在相关项目的支持下,本书还具体实施了南腊河生境替代适宜性评价技术和基独河生态修复及效果评价技术的研究(图 8.10)。

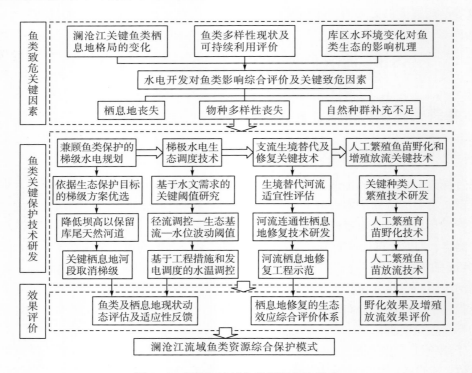

图 8.10　澜沧江流域鱼类资源保护模式

1) 鱼类保护区规划与管理技术

澜沧江流域最早开展栖息地保护的是糯扎渡水电站,根据鱼类保护需要,华能澜沧江水电股份有限公司委托云南大学开展了上述保护区的科考和相关规划工作,于 2010年 6 月完成《澜沧江橄榄坝—南腊河河口鱼类科学考察与保护规划研究》报告,并上报西双版纳州农业局(现西双版纳州农业农村局)。目前,橄榄坝至南腊河河口段的干支流均维持了较好天然生境,鱼类保护效果明显。西双版纳州渔政监督管理站在 2012 年对补远江进行了两次鱼类调查，共调查到鱼类 25 种，至 2014 年调查发现已达 37 种，鱼类种类资源得到一定改善。特别是补远江和南腊河两条较大的支流，为澜沧江下游鱼类提供了足够的生存环境，维持了水生生物的多样性，为整个澜沧江下游鱼类的保护发挥了重要作用。

罗梭江州级鱼类保护区成立于 2007 年。保护区包括罗梭江全长 46km、小黑江一段 14km 和曼赛河全长 30km，总长度为 90km。核心保护区为罗梭江河流，全长 46km，起点为罗梭江与澜沧江交界处，终点为磨者河和罗梭江交界处；实验保护区为两河段，一段为小黑江磨者河口至曼赛河口之间，河段长度为 14km，另一段为曼赛河，全长约 30km。保护对象：大鳍鱼、长丝鲇、红鳍方口鲃、裂峡鲃、鲃鲤、湄南缺鳍鲇、叉尾鲇、丝尾鳠、巨魾、长臀刀鲇、中国结鱼等。

栖息地保护是个长期的工作，在实际工作中，由于保护区面积较大，且往往位于贫困的山区，给后期的管理和维护带来了较大的困难。一方面，栖息地保护区内农民电鱼、炸鱼、毒鱼事件常有发生；另一方面，有些少数民族有放生的习惯，在栖息地保护区内放生一些外来种类，也可能会对土著种类产生威胁，弱化栖息地保护的作用（李昀和魏耀东，2010）。为了杜绝上述事件的发生，在后期管理中要加强与相关主管部门的沟通和协调，通过宣传教育，提高民众的环境保护意识。2011 年华能澜沧江水电股份有限公司资助西双版纳州渔政监督管理站成立了澜沧江下游河段鱼类保护管理所，在澜沧江下游橄榄坝—南腊河河口河段、补远江、南腊河主要鱼类栖息地设置保护标识牌，开展鱼类保护日常巡查及栖息地环境调查工作，并进行鱼类保护法律法规宣传，取得了一定效果。

2010 年，即建立保护区 3 年后，通过对补远江水文情势、河流水质、生物群落、生境质量等 4 类一级指标和 10 类二级指标的综合分析，表明澜沧江下游支流罗梭江鱼类保护区的建设使其支流替代生境保护效果综合评价结果为 0.43，根据多属性综合评价标准，其替代保护效果达到了良好状态，对受水电开发影响的干流重要鱼类起到了很好的替代保护作用。

2) 支流生境修复示范及恢复效果评估技术 —— 以基独河为例

基独河是澜沧江中游左岸一级支流，发源于大湾子山麓脚下，河源海拔 3508.4m，河流由河源自北向南流，经兰坪县期井、大山阱、空顺坪后经老火房，并在此流向由北向南转为由东向西，最后汇入澜沧江，地理位置介于 $99°09'\sim99°21'E$，$26°12'\sim26°27'N$。基独河流域东南部与澜沧江支流沘江东北部相邻，河口与澜沧江右岸一级支流丰甸河河口隔澜沧江干流相对。流域呈长条形，流域面积为 238.9km²，长度为 40.9km，河道平均比降为 45.3‰。

经调查研究，基独河水生生物主要为高原鳅属鱼类、鳎鲱鱼类和裂腹鱼类等。第四级水电站建成前基独河有高原鳅、鲱和裂腹鱼等鱼类栖息，主要为鳅科鱼类，其次为鲱科鱼类，丰水期有裂腹鱼上溯进入基独河。目前有部分鲱科和鳅科鱼类能够在该支流中栖息、繁殖，且规模较小，主要为鳅科鱼类和少量的鲱科鱼类，裂腹鱼仅见于电站厂房至河口。前期评估结果表明，基独河建成的第四级水电站阻断了河流的纵向连通性，使得河流中的鱼类不能自由迁移，鱼类多样性严重丧失。为恢复河流连通性，对已建成四级电站进行拆除。在电站拆除河段区域，对河道连通性进行完全恢复，使其与上下游河段自然衔接。电站拆除后，根据保护的目标鱼类栖息地环境需求，拟定栖息地修复方案。

在基独河电站拆除后，开展河流水环境、底栖动物、浮游动物、藻类和鱼类的生态响应评估，结果表明，基独河电站的拆除，有效恢复了受电站影响河段的水环境，鱼类多样性、密度和生物量显著增加，表明在建有电站的支流，通过拆坝可以有效地恢复鱼类栖息地，生态恢复的效果较好。

3. 关键受胁鱼类增殖放流关键技术与效果评价

1) 关键受胁鱼类人工繁殖及增殖放流技术研发

目前已成功人工驯养繁殖出澜沧江土著鱼类叉尾鲇、丝尾鳠、中国结鱼、光唇裂腹鱼等数种鱼类，于2012~2014连续3年放流鱼苗超过150万尾，为有效保护和补充澜沧江-湄公河鱼类种群数量、促进资源的稳定和恢复、增加渔业产量和渔民收入提供了较有效的保障。而且，多年云南省相关政府部门、社会团体、学校、新闻媒体等积极参加放流仪式，各界人士保护生态环境和自然资源的意识有所增强。同时，澜沧江-湄公河下游国家驻华领事、官员、嘉宾等也参与增殖放流活动，为澜沧江-湄公河流经国共同保护和利用自然资源提供了一个交流平台。2014年在澜沧江及景洪电站库区、罗梭江、南木窝河、普文河、勐旺河、南肯河等支流开展了7次渔业资源增殖放流活动。2014年9~10月，澜沧江下游中国结鱼人工繁殖工作取得成功，繁殖鱼苗1000余尾。

2) 国际合作进行增殖放流以减缓跨境影响

为有效保护澜沧江下游鱼类资源，通过与下游国家的跨境合作，开展联合渔业管理、增殖放流等，促进澜沧江下游渔业资源保护。例如，与下游流域国老挝签订了《渔业资源保护合作协议》，合作协议的签署标志着澜沧江流域的渔业资源保护工作由国内区域性管理向国际合作化管理的迈进，该协议划定了中老两国40km的界江为共同保护区水域，协议对双方今后的合作制定了框架内容，并明确了中老双方的责任、义务和合作事项。协议的签订将对双方建立长期友好合作机制奠定良好的基础。此外，中老之间通过鱼类增殖放流和共同渔业执法等，协作进行流域渔业保护。例如，2015年7月1日老挝邀请西双版纳州相关人员于2015年7月12~14日到南塔省访问，并出席保护水生动物的放生仪式。澜沧江下游渔业管理部门西双版纳州农业局于2015年7月12日组成代表团赴老挝南塔省参加该省举办的"保护水生动物放生仪式"；2015年的放生仪式由老挝南塔省自然资源和环保厅和西双版纳州农业局共同举办，放生仪式所需土著鱼苗由我国西双版纳州农业局负责提供，此次活动中中方赠送鲤鱼6万尾，丝尾鳠0.2万尾。通过一系列的活动，促进流域各方更加重视这条国际河流的生态环境和珍稀名贵土著鱼类资源保护，携手合作，共同维护国际水域的生态体系，有效促进湄公河水域野生珍稀鱼类种群数量逐步恢复。今后，依据合作规划，中老双方要进行资源养护、养殖技术培训、共同巡逻等实质性工作，在实践中逐步完善双方合作机制，为边境地区渔业资源管理和渔政执法工作摸索经验，总结教训，并为维护国家形象和保护国家渔业权益做出渔政人应有的努力。

8.3.2　鱼类资源综合保护与调控模式

在澜沧江水电开发过程中，为减小梯级水电开发对鱼类多样性和渔业资源的影响，采取了水电开发业主、地区渔业管理部门、科研院所分工协作的方式，共同保护澜沧江鱼类资源的模式(图 8.10)。

首先，在澜沧江梯级规划方面，开发企业与科研规划部门通力合作，充分论证规划方案的环境影响。为保护鱼类资源，多次修改梯级开发方案，降低一些潜在影响较大的水坝高度，甚至取消梯级，从而使得澜沧江干流在梯级开发后，能够保存一部分自然河段和重要鱼类栖息地。其次，在梯级开发后，在充分分析水电开发对鱼类影响的基础上，解析水电开发对鱼类资源的主要威胁影响因素，研究鱼类对相关水文过程需求的关键阈值，并有针对性地研发减缓梯级水电开发影响的生态调度方案：通过联合调度以保障鱼类生存繁衍的环境基流、水位波动范围；通过工程措施减小下泄水温对鱼类的负面影响等。

其次，在上述基于生态保护的梯级水电开发规划方案和梯级水电生态调度的基础上，仍然不能避免对一些对栖息地环境要求较高的鱼类的影响，针对此可采取支流生境替代的策略。我们在澜沧江下游生态较为完好的补远江规划并建立了鱼类保护区。在建有电站的澜沧江重要支流南腊河，开展支流生境替代的适宜性评价，以判断南腊河作为生境替代河流的适宜性，作为未来用于支流生境替代的候选河流。在澜沧江中上游，选择河岸带植被较好、鱼类资源丰富的建有水坝的基独河作为生境替代河流，通过拆坝恢复基独河的连通性，利用河道生态修复恢复鱼类栖息地，并开展修复工程示范和修复效果评价。

再次，在采取上述措施之后，仍然有一些关键种类因产卵场大量丧失，导致鱼类种群补充不足的问题。为此，通过与渔业专业机构合作，对这些关键种类开展人工繁殖技术研发，并形成一套集鱼类人工繁殖、鱼苗野化、增殖放流和效果评价的关键技术，解决关键受胁鱼类物种的种群补充问题。

综上所述，在澜沧江流域鱼类资源保护中，采取了梯级规划优选—生态调度与调控—支流生境替代保护—关键种类增殖放流等一系列关键技术措施，形成了澜沧江独有的流域鱼类资源综合保护技术体系和模式。这一系列保护技术的实施，有效减小了梯级水电开发对澜沧江独特的鱼类多样性及其栖息地的影响。值得注意的是，这是一个开放的、动态的鱼类保护模式，其有效性将继续受到澜沧江鱼类资源动态评估的检验，这一保护模式也会随着未来鱼类资源变动和保护成效反馈而得以不断调整和完善。

参 考 文 献

陈丽晖, 何大明. 2000. 澜沧江—湄公河水电梯级开发的生态影响. 地理学报, 55(5): 577-586.

褚新洛, 陈银瑞. 1989. 云南鱼类志, 上册[M]. 北京: 科学出版社.

褚新洛, 陈银瑞. 1990. 云南鱼类志, 下册[M]. 北京: 科学出版社.

何舜平, 王伟, 陈银瑞, 等. 1999. 澜沧江中上游鱼类生物多样性现状初报[J]. 云南地理环境研究(1): 26-29.

赖江山, 米湘成. 2010. 基于 vegan 软件包的生态学数据排序分析[C]. 福建: 全国生物多样性保护与持续利用研讨会.

李雪晴, 孙赫英, 何德奎, 等. 2019. 澜沧江-湄公河中上游淡水鱼类多样性[J]. 生物多样性, 27(10): 1090-1100.

李昀, 魏耀东. 2010. 重庆市鱼类自然保护区建设管理现状和问题分析[J]. 重庆水产(1): 12-17.

刘振华, 何纪昌, 江望高. 1987. 云南澜沧江中游地区鱼类调查研究[J]. 云南大学学报(9): 146-150.

牛翠娟, 娄安如, 孙儒泳, 等. 2013. 基础生态学[M]. 2 版 北京: 高等教育出版社.

杨君兴, 陈小勇, 陈银瑞. 2007. 中国澜沧江(鱼芒)科鱼类种群现状及洄游原因分析[J]. 动物学研究, 28(1): 63-67.

姚景龙. 2010. 澜沧江流域鱼类多样性与土著鱼类中华刀鲶的生物学[D]. 武汉: 中国科学院水生生物研究所.

张金屯. 2004. 数量生态学[M]. 北京: 科学出版社.

Baran E, Chum N, Fukushima M, et al. 2012. Fish biodiversity research in the Mekong Basin[C]//The Biodiversity Observation Network in the Asia-Pacific Region. Tokyo: Springer.

Coates D, Poulsen A F, Viravong S. 2000. Governance and transboundary migratory fish stocks in the Mekong River Basin, paper presented at the MRC Third Fisheries Technical Symposium[Z]. Phnom Penh, Cambodia: Mekong River Commission.

Costanza R, d'Arge R, de Groot R, et al. 1997. The value of the world's ecosystem services and natural capital[J]. Nature, 387(6630): 253-260.

Etten E V. 2003. Multivariate analysis of ecological data using canoco[M]. Cambridge: Cambridge University Press.

Gatz A J Jr. 1979. Ecological morphology of freshwater stream fishes[J]. Tulane Stud Zool Bot, 21: 91-124.

Froese R, Pauly D. 2021. Fishbase: version (12/2021)[DB]. https://fishbase.mnhn.fr/search.php.

He D K, Sui X Y, Sun H Y, et al. 2020. Diversity, pattern and ecological drivers of freshwater fish in china and adjacent areas[J]. Reviews in Fish Biology and Fisheries, 30(2): 387-404.

He D M, Feng Y, Gan S, et al. 2006. Transboundary hydrological effects of hydropower dam construction on the Lancang River[J]. Chinese Science Bulletin, 51(Supp.): 16-24.

Helms B S, Werneke D C, Gangloff M M, et al. 2011. The influence of low-head dams on fish assemblages in streams across Alabama[J]. Journal of the North American Benthological Society, 30(4): 1095-1106.

Junk, W J. 1997. The central amazon floodplain: ecology of a pulsing system[M]. Berlin: Springer.

Kang B, He D M, Perrett L, et al. 2009. Fish and fisheries in the Upper Mekong: current assessment of the fish community, threats and conservation[J]. Reviews in Fish Biology and Fisheries, 19(4): 465-480.

Kang B, Huang X X. 2022. Mekong fishes: biogeography, migration, resources, threats, and conservation[J]. Reviews in Fisheries Science & Aquaculture, 30(2): 170-194.

Kottelat M. 2001. Fishes of laos[M]. CoIombo: Wildlife Heritage Trust Publications.

Kummu M, Sarkkula J. 2008. Impact of the Mekong River flow alteration on the Tonle Sap flood pulse[J]. Ambio, 37(3): 185-192.

Mouillot D, Graham N A J, Villéger S, et al. 2013. A functional approach reveals community responses to disturbances[J]. Trends in Ecology & Evolution, 28(3): 167-177.

Myers N, Mittermeier R A, Mittermeier C G, et al. 2000. Biodiversity hotspots for conservation priorities[J]. Nature, 403(6772): 853-858.

Pavoine S, Vallet J, Dufour A B, et al. 2009. On the challenge of treating various types of variables: application for improving the measurement of functional diversity[J]. Oikos, 118(3): 391-402.

Phomikong P, Fukushima M, Sricharoendham B, et al. 2015. Diversity and community structure of fishes in the regulated versus unregulated tributaries of the Mekong River[J]. River Research and Applications, 31(10): 1262-1275.

Pool T K, Olden J D, Whittier J B, et al. 2010. Environmental drivers of fish functional diversity and composition in the Lower Colorado River Basin[J]. Canadian Journal of Fisheries and Aquatic Sciences, 67(11): 1791-1807.

Räsänen T A, Someth P, Lauri H, et al. 2017. Observed river discharge changes due to hydropower operations in the Upper Mekong Basin[J]. Journal of Hydrology, 545: 28-41.

Sverdrup-Jensen S, 2002. Fisheries in the Lower Mekong Basin: status and perspectives.MRC Technical Paper No. 6[R]. Phnom Penh: Mekong River Commission.

van Zalinge N P, Deap L, Ngor P, J, et al. 2003. Mekong flood levels and Tonle Sap fish catches. Abstract submitted to the Second International Symposium on the Management of Large Rivers for Fisheries[R]. Phnom Penh: Mekong River Commission.

Villéger S, Grenouillet G, Brosse S. 2013. Decomposing functional β-diversity reveals that low functional β-diversity is driven by low functional turnover in European fish assemblages[J]. Global Ecology and Biogeography, 22(6): 671-681.

Wiedmann M A, Aschan M, Certain G, et al. 2014. Functional diversity of the Barents Sea fish community[J]. Marine Ecology Progress Series, 495: 205-218.

Lu Y, He D. 2019. Transboundary environmental effects of hydropower: hydrology[C]//Yu X, He D, Phousavanh P. Balancing River Health and Hydropower Requirements in the Lancang River Basin. Singapore: Springer.

Zhang C, Ding L Y, Ding C Z, et al. 2018. Responses of species and phylogenetic diversity of fish communities in the lancang river to hydropower development and exotic invasions[J]. Ecological Indicators, 90: 261-279.

Ziv G, Baran E, Nam S, et al. 2012. Trading-off fish biodiversity, food security, and hydropower in the Mekong River Basin[J]. Proceedings of the National Academy of Sciences of the United States of America, 109(15): 5609-5614.